全国电力行业“十四五”规划教材　新形态教材

U0831060

火电厂集控运行

主　编　王　磊　鲁冠军
副主编　雷施轩　李仁杰
参　编　邱　明　居艳勇　徐皎瑾
主　审　谢　新

中国电力出版社
CHINA ELECTRIC POWER PRESS

内 容 提 要

本书从超临界机组实际运行的角度出发，讲述了超临界火电机组启动、停止、运行维护和事故处理的全过程；对机组机、炉、电系统的构成及原理也进行了详尽的阐述。主要内容包括火电机组集控运行认知、机组辅助系统投运、机组启动及升负荷、机组运行监视与调整、机组停运及维护、单元机组保护与试验、机组事故分析与处理。本书可作为高等职业教育专科热能动力工程技术专业、发电运行技术专业和发电厂及电力系统专业的实训教材，也可作为高等职业教育本科热能动力工程专业的教材，还可以作为电厂运行人员的培训教材。

图书在版编目（CIP）数据

火电厂集控运行/王磊，鲁冠军主编．—北京：中国电力出版社，2023.3（2025.7 重印）

ISBN 978-7-5198-6108-7

Ⅰ.①火…　Ⅱ.①王…　Ⅲ.①火力发电—发电机组—集中控制—运行—高等职业教育—教材
Ⅳ.①TM621.3

中国版本图书馆 CIP 数据核字（2021）第 221924 号

出版发行：中国电力出版社
地　　址：北京市东城区北京站西街 19 号（邮政编码 100005）
网　　址：http://www.cepp.sgcc.com.cn
责任编辑：吴玉贤
责任校对：黄　倍　李　楠
装帧设计：赵姗姗
责任印制：吴　迪

印　　刷：固安县铭成印刷有限公司
版　　次：2023 年 3 月第一版
印　　次：2025 年 7 月北京第四次印刷
开　　本：787 毫米×1092 毫米　16 开本
印　　张：13.25
字　　数：326 千字
定　　价：45.00 元

扫一扫

扫码获取资源

前　言

本书是专为高等职业教育专科热能动力工程技术专业、发电运行技术专业、发电厂及电力系统专业和高等职业教育本科热能动力工程专业所编写的实训教材。书中详细讲解了机组各主要系统的工作原理，全面阐述了机组的启动、停止、运行维护和事故处理的过程和操作方法，其目的是让学生在有限的实训期间，最大限度地掌握机组系统的构成和理论，学会运行操作及主要的事故分析和处理，以提高其专业技能和素质。

本书共分为七个项目，以培养学生职业技能为依据，紧密结合现场实际，注重新知识、新技术在现场的应用。为了加深读者对所学知识的理解，本书配备了一百多个数字资源，形式为三维动画、微课讲解、现场设备及故障视频、仿真操作、拓展知识、VR巡检录屏、PPT课件等，可在相应位置扫码获取。

本书由重庆电力高等专科学校、中国人民解放军陆军航空兵学院、吉林电子信息职业技术学院的教师和江苏华电昆山热电有限公司工程师共同编写。项目一和项目二由鲁冠军编写；项目三和项目四由王磊编写；项目五和项目六由李仁杰和徐皎瑾编写；项目七由雷施轩编写；教材中微课和动画脚本由邱明和居艳勇编写。王磊主编并负责全书的统稿工作。本书由武汉电力职业技术学院谢新教授主审，主审老师提出了很多意见和建议，在此深表感谢。

本书在编写过程中，得到电厂运行技术人员诸多宝贵建议，参考了兄弟院校、科研院所和发电企业的诸多文献和科研成果，并得到有关院校教师和同事们的热情帮助，在此一并表示感谢。

由于编者水平所限，书中难免存在不妥之处，恳请读者批评指正。

编者

2023年1月

目　　录

项目一　火电机组集控运行认知

任务一　单元机组及仿真系统认知

【学习目标】

（1）能复述单元机组的概念及当前机组的发展趋势。
（2）能说出超临界机组锅炉、汽轮机、发电机-变压器组（简称发变组）的主要参数。
（3）能简述仿真机组的技术特点。
（4）能熟练对仿真机教练员站及操作员站进行工况装卸载操作。

【任务描述】

本节任务是了解单元机组相关概念和超临界机组主要设备参数，熟悉仿真软件的教练员站及操作员站的主要功能，熟练对仿真机进行工况装卸载操作。

本任务建议采用项目教学法组织教学，其实施过程参考表 1-1。

表 1-1　　教学实施过程

序号	步骤名称	教学内容	学生活动	教师活动	时间分配	工具与材料	课内/课外
1	任务布置	分析工作任务背景、主要工作内容、教学目标及教学过程	看、记录	上传任务		QQ/微信	课外
2	线上预习	单元机组的组成及运行特点 认识仿真主机设备 仿真实训系统组成	自学	指导		在线开放课程/教材	课外
3	线上答题	网上测试	测试	检查		在线开放课程/教材	课外
4	交流答疑	检查预习内容，讲解难点	交流、记录	讲授		PPT 课件/教材	课内
5	实施	填写操作票，完成任务内容	填写、操作、记录	指导		仿真机/教材	课内
6	检查	对照评估指标，检验操作结果	展示、提交	指导		仿真机/操作票	课内
7	评估	开展自评、互评，评价任务完成质量	自评、互评	点评		检查评估表	课内

【知识导航】

一、单元机组的组成

火力发电厂中，锅炉与汽轮发电机之间的联系存在着两种模式：母管制和单元制。

在母管制系统中，将所有锅炉产生的蒸汽集中到蒸汽母管，再将蒸汽由蒸汽母管分配到各汽轮机和其他用汽处。母管制系统中锅炉和汽轮机之间没有一一对应关系，每台汽轮机所需要的蒸汽来自一组锅炉，每台锅炉只承担一台汽轮机所需蒸汽的一部分，负荷变化对每台锅炉的影响较小。因此，在母管制系统中，锅炉和汽轮机的控制系统是相互独立的。为了方便控制，电厂会将一定数量的锅炉设为定压运行锅炉，将剩余的设定为调压运行锅炉。当发电量或用汽量发生变化时，首先通过改变汽轮机的调节汽门开度满足负荷要求，然后通过改变调压锅炉的燃烧率来保持主蒸汽母管压力的稳定。母管制系统结构复杂，主蒸汽管道较长、阀门多、投资费用比较大，适合参数不太高且汽轮机、锅炉容量不完全配套的供热机组，以及大型企业自备电厂。

随着经济的快速发展，电能需求不断增长，高效、低污染的大容量火电机组已成为发电的主力机组。随着机组容量的增加，母管制系统存在的问题越来越突出。同时，对机组的可靠性提出了更高的要求，于是出现了单元制机组（以下简称单元机组）。

（一）单元机组的构成

所谓单元机组，即由一台锅炉配合一台汽轮机、一台发电机和主变压器（简称主变），构成炉、机、电纵向联系的独立单元。如图 1-1 所示，单元机组系统中锅炉产生的蒸汽直接供给与其配套的汽轮机，汽轮机驱动发电机，发电机所发的电功率经一台升压变压器送往电力系统，组成独立单元。各独立单元之间除了启停用的公用蒸汽系统外，无横向联系。

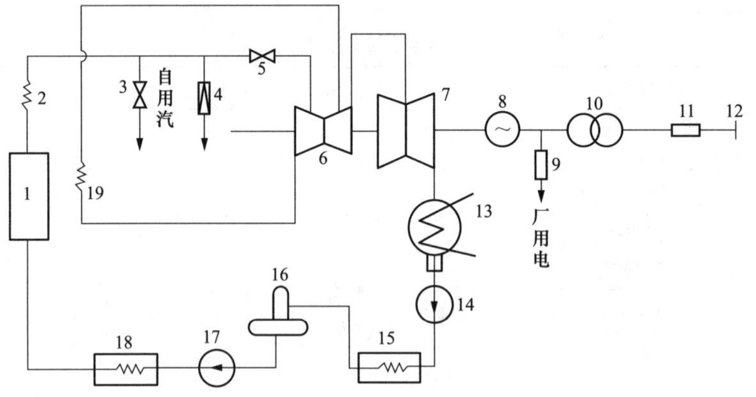

图 1-1　单元机组系统

1—锅炉；2—过热器；3—阀门；4—减压阀；5—主汽阀；6—汽轮机高、中压缸；7—汽轮机低压缸；8—发电机；9—厂用电开关设备；10—升压变压器；11—发电机开关设备；12—母线；13—凝汽器；14—凝结水泵；15—低压加热器；16—除氧器；17—给水泵；18—高压加热器；19—再热器

（二）单元机组运行特点

与母管制系统相比，单元机组具有系统简单，蒸汽管道短，阀门和管道附件少，发电机母线短，投资少，操作简单，系统事故可能性小，便于机组采用滑参数启停和变压运行方式，也便于炉、机、电运行集中控制的优点。

但在单元制系统运行中，当任一主要设备停运或者主要辅助设备发生故障导致主要设备停运时，都可能引起整个单元机组被迫停运，且相邻单元机组之间不能互相支援和切换运行。这就导致单元机组在运行过程中操作灵活性和负荷适应性较差。

为适应高效益、低排放和资源节约型、环境友好型发展的需要，我国目前将优先发展单机容量在600MW以上的超临界及超超临界压力机组，限制发展单机容量300MW以下的纯凝汽轮机组。新建发电厂安装容量为200MW以上机组时，一般采用单元制系统。对于采用再热式机组的发电厂，主蒸汽管道和再热蒸汽管道往返于锅炉和汽轮机之间，各机组的再热蒸汽压力随机组负荷而变化，不可能保持一致，无法并列运行。因此，对于再热式机组，也必须采用单元制。

二、主机设备概述

20世纪70年代以前，中国的火电机组单机容量普遍在100MW以下，蒸汽参数以10MPa/540℃为主，20世纪末，我国的火电机组以引进技术国产化为主，建设了一批超临界参数大容量发电机组，经过多年的运行实践，已经掌握了超临界火电机组的运行及检修技术。在火力发电机组的发展过程中，超临界机组和超超临界机组是同时开发和交叉发展的。国内外经过近半个世纪的研究、发展和完善，超临界和超超临界机组已经进入了成熟和商业化运行的阶段。下面以某电厂为例，简要介绍超临界火电机组主机情况，表1-2（本项目末扫码获取）为超临界和超超临界压力锅炉的容量和参数。

（一）锅炉概述

某机组锅炉为东方锅炉股份有限公司（简称东方锅炉厂或东锅）引进技术制造的国产超临界参数、变压、直流、本生型锅炉，型号为DG1900/25.4-Ⅱ1型。锅炉为单炉膛、一次中间再热、尾部双烟道、固态排渣、全钢构架、全悬吊结构、平衡通风、露天布置，采用内置式启动分离系统的直流炉。

锅炉设计燃用混煤（贫煤与烟煤），发热量 $Q_{net,ar}$=22 570kJ/kg。锅炉在最大连续蒸发量（BMCR）工况下运行，燃料消耗量约为245t/h。

过热汽温主要通过调节燃料和给水配比并配合一、二级减温水调整。再热汽温主要通过置于尾部烟道的调温烟气挡板调节，必要时也使用事故喷水减温调节。

机组带基本负荷并参与调峰，30%～90%额定负荷段滑压运行，其余负荷段定压运行。

采用双进双出钢球磨煤机冷一次风正压直吹式制粉系统，每台炉配置6套制粉系统，5套运行1套备用。

采用HT-NR3旋流燃烧器，前后墙布置、对冲燃烧。在炉膛前后墙各分3层，每层4只，全炉共布置24只燃烧器。每只燃烧器均设有小出力点火油枪，在中层各燃烧器中心设有启动油枪，用于启动和维持低负荷燃烧。在最上层燃烧器的上部布置了燃尽风喷口，防止火焰贴墙，使燃烧完全。

机组配置两台50%BMCR汽动给水泵（简称汽泵或汽动泵），一台30%BMCR容量的电动给水泵（简称电泵或电动泵）；配备了30%BMCR容量高、低压串联的汽轮机旁路系统。

锅炉设计最低不投油稳燃负荷不大于45%BMCR负荷。

1. 锅炉主要设计参数

锅炉主要设计参数见表1-3（本项目末扫码获取）。

2. 燃烧设备

燃烧设备规范见表1-4（本项目末扫码获取）。

（二）汽轮机概述

600MW汽轮机为上海汽轮机厂有限公司（简称上海汽轮机厂或上汽）生产的超临界、

单轴、三缸四排汽、一次中间再热、凝汽式汽轮机，型号为 N600-24.2/566/566。汽轮机具有冲动式调节级和反动式压力级的混合型式。汽轮机转子共 48 级叶轮，其中高压缸 1+11 级，中压缸 8 级，低压缸 2×2×7 级，具有 8 段不调整抽汽。主蒸汽通过汽轮机两侧的高压主汽阀-调节阀组件进入汽轮机，其中高压进汽管两根接在上缸，两根接在下缸，分别经进汽套管连接到高压缸上。

1. 汽轮机主要设计参数

汽轮机主要设计参数见表 1-5（本项目末扫码获取）。

2. 汽轮机抽汽参数

汽轮机各级抽汽参数见表 1-6（本项目末扫码获取）。

3. 轴系临界转速

汽轮机轴系临界转速及其振动值见表 1-7（本项目末扫码获取）。

（三）发电机概述

600MW 发电机为上海汽轮机厂有限公司生产的 QFSN-600-2 水氢氢汽轮发电机。发电机定子铁芯采用高导磁、低损耗的无取向冷轧硅钢板冲制并绝缘叠装而成，紧固成整体。发电机定子共设 42 槽，每槽设上、下两层线棒，线圈由空、实心铜导线由 1∶2 的比例交叉组成线棒。为保证氢气的冷却并防止氢气外漏，在两端各设有两组氢气冷却器和一个双流双环式密封瓦。发电机励磁系统采用静态自并励方式：发电机出口励磁变压器经励磁功率柜整流调节后由磁场开关通过发电机集流器送入发电机转子。励磁调节器为双自动通道加双手动通道。励磁功率柜按 n-1 方式配置，共设 5 柜。定子线圈采用水内冷，定子铁芯及定子端部采用氢外冷，转子采用氢内冷。

发电机主要设计参数见表 1-8（本项目末扫码获取）。

三、仿真实训系统

该系统包括硬件（图 1-2）、软件和培训功能，具体内容本项目末扫码获取。

【任务引导】

学习完相关知识后，需回答下列问题：

（1）请简要说明单元制机组与母管制机组的区别。

（2）本仿真软件的三大主机铭牌是什么？并说明其意义。

（3）仿真系统中为什么设置就地操作站和操作员站？

【任务实施】

（1）课前学生自行观看在线开放课程，并完成网上自测。

（2）依据 MUSE 实时计算支撑系统——教练员站使用手册，以运行小组为单位填写“仿真系统教练员站认识”项目任务书，内容包括教练员站的启动、工况的调用、保存及运行。指导教师负责检查改正。

（3）根据“仿真系统教练员站认识”项目任务书启动仿真软件，熟悉教练员站。指导教师负责检查、评分。

（4）填写实训报告。

【检查评估】

检查任务完成情况，检查评估表见表 1-9。

表 1-9　单元机组及仿真系统认知任务检查评估表

评估内容	评价标准	评价人	权重	评分	总评
预习测试	课程平台自动评分	平台	10		
学习态度	出勤情况：迟到扣 2 分，缺勤扣 5 分	班委	10		
	课堂表现：积极发言，表达清晰、流利	教师	10		
任务实施	工作内容				
	编写“仿真系统教练员站认识”项目任务书	小组成员	20		
	熟练操作教练员站的启动、工况调用、保存及运行	教师	30		
团队协作	与小组成员一起分工合作	小组成员	10		
学生自评	客观评价自己	自己	10		

资源 1.1.1：火力发电厂简介

资源 1.1.2：机组事故

任务二　集控运行内容及岗位职责认知

【学习目标】

（1）能简述电厂集控运行的内容。

（2）能背诵“两票三制”和集控运行岗位职责。

（3）能熟练打开仿真机 DCS 和就地操作界面，并找到主要系统操作界面。

【任务描述】

本节任务在了解单元机组集控运行技术概念和运行内容的基础上，借助仿真机熟悉单元机组控制系统的组成和功能，并参考现场运行班组人员配置组建课程学习小组，了解班组管理制度和岗位职责，通过 DCS 操作界面熟悉集中控制的对象，掌握 DCS 操作方法。

本任务建议采用项目教学法组织教学，其实施过程参照教学实施过程表（见表 1-1）。

【知识导航】

一、火电机组集控运行的概念和内容

随着我国电力工业的发展和技术水平的提高，高参数、大容量的火电机组已成为主力机组。大容量的火电机组几乎全部采用集中控制。以“4C”技术为基础的现代火电机组集中

控制技术也相应得到了迅速发展。“4C”技术是指计算机（computer）技术、控制（control）技术、通信（communication）技术、阴极射线管（cathode-ray tube，CRT）显示技术。

（一）火电机组集控运行的概念

集中控制是相对于单独控制而言的。采用中、小容量机组的老式电厂一般采用单独控制，即锅炉、汽轮机、发电机都有单独的控制室，各控制室之间通过热工信号、联络信号和电话联系。也有些电厂虽然把控制室放在一起，但从控制方式上来讲，各设备之间仍然相对独立。这种旧的控制方式是与当时的设备水平相适应的。

单元制火电机组中，锅炉、汽轮机、电气纵向联系已相当密切，相互构成了一个不可分割的整体。如在启停过程中，炉、机、电的操作是交替进行的。如果仍采用单独控制，各控制室只能通过信号彼此联络，不可能及时、准确地掌握情况，势必产生操作上的被动盲目和不协调。因此，在单元机组的运行中，必须把锅炉、汽轮机、电气看成一个独立的整体来进行监视和控制，也就是所谓的单元机组集控运行，现在称为主控。采用集中控制，炉、机、电可以密切配合，协调操作，便于运行管理的统一指挥，有利于机组的安全经济运行。

火电厂集控运行的控制对象一般包括锅炉及其燃料供应系统、汽轮机及其冷却系统、给水除氧系统、抽汽回热加热系统、凝结水系统、润滑油系统、发电机-变压器组系统及厂用电系统等。全厂公用系统，如水处理系统、燃料运输系统、灰渣处理和输运系统、烟气处理系统等仍然采用就地控制或车间集中控制，现在称为辅控。

（二）火电机组集控运行的内容

对运行人员来说，集中控制与独立控制的要求已大不相同。集中控制机组的运行人员应能够总揽全局，掌握所有主要设备和辅助设备的工作原理和运行特点，熟悉燃料、烟风、汽水、电气、控制等主要系统，并要有丰富的运行经验。只有这样，才能保证机组安全、经济运行。

有人曾给集中控制下了这样一个定义，即把有关的主、辅设备集中到一个控制中心进行集中监视和控制，但这远远不是集中控制的全部内容。这样做仅仅可以算作集中办公或控制的集中，真正的集中控制有着更深刻的内涵。由于机组容量的增大和实行集中控制，机组的信息量和操作量也大大增加。当机组容量从50MW增加到600MW时，信息量增大了10倍，操作量增大了6倍。一台600MW机组从启动初期开始到带负荷，需要运行人员进行1000个动作，其中近500个是操作动作，近500个为监视动作，在最紧张的时候，要求运行人员在5min内必须完成40个操作动作。因此要求操作人员只靠双手、双眼去有效控制机组是不现实的，一旦发生紧急情况也不可能进行完善处理，必须借助自动控制手段，使机组运行监视和操作部分由自动化控制代为执行，这才是机组真正实现集中控制的技术保证。现代化的大型机组普遍采用分散控制系统，可实现数据的自动采集，设备的自动调节和顺序控制，主、辅机的自动保护，还可以对生产信息进行自动处理，供管理人员做决策时参考。

（1）自动检测。机组启、停过程中和正常运行工况下，自动地检查和测量运行工况，并进行显示、记录、报警、打印制表及性能计算等，以监视机组运行的生产情况和趋势。主要通过数据采集系统（DAS）来完成。

（2）自动调节。自动保持最佳运行参数，以维持机组安全、经济运行；同时满足电力系统对机组的发电负荷和运行方式的要求，如机组负荷协调控制系统（CCS）、数字电液调节系统（DEH）等系统的投入。

（3）程序控制。根据值班员的指令，自动完成整个机组或局部工艺系统的程序启、停，即顺序控制系统（SCS）及发变组控制系统（ECS）等系统所完成的内容，例如送、引风机顺序控制，吹灰系统顺序控制，顺控自动同期等。

（4）自动保护。当机组运行情况发生异常或者参数超过允许值时，及时发出警报或者必要的保护动作（如自动切换设备和系统以及机组跳闸），以避免发生设备事故和危及人身安全，即炉膛安全保护系统（FSSS）、汽轮机安全监控系统（TSI）、旁路控制系统（BPS）等系统的投入。

火电机组集中控制应能满足以下要求：在就地配合下，对机组实现各种方式的启动、停运；在机组正常运行情况下，对设备的运行进行监视、控制、维护，以及对有关参数进行调整；能进行机组事故的报警、保护和紧急事故处理。集控运行的功能如图 1-3 所示。

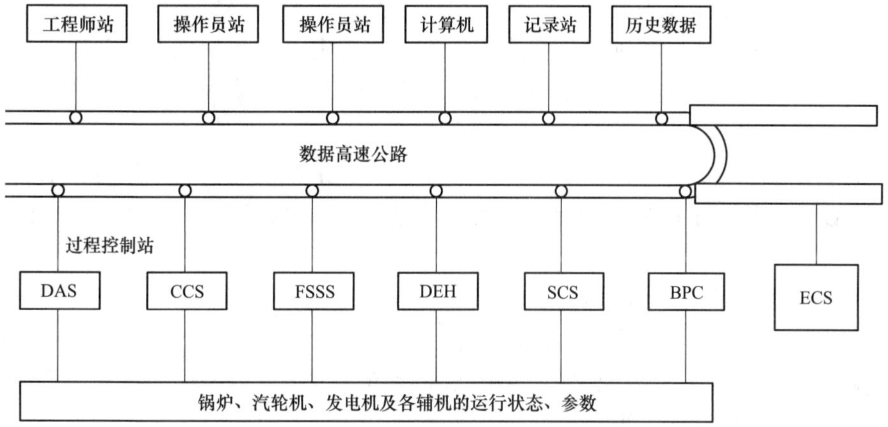

图 1-3　集控运行的功能

二、电厂生产运行管理制度

电力行业对火电厂集控运行制定了许多行之有效的管理制度，以保证单元机组的安全、经济运行。其中工作票制度、操作票制度、交接班制度、设备巡回检查制度、设备定期试验和轮换制度，被称为两票三制。

1. 安全生产制度

为了保证机组安全运行，运行人员必须执行“电力生产，安全第一”及“预防为主”的方针，严格遵守《电业安全工作规程》（以下简称《安规》）。《安规》是电力行业法规之一，凡是从事发、供电的电业职工必须学习《安规》，并且定期考试；凡是担任独立工作的人员，必须考试合格；新人员和调动到新岗位的人员，必须学习《安规》有关部分，并且考试合格，才能开始工作。

2. 岗位责任制

发电厂根据岗位特点、设备状况、工作量大小划分为不同的运行岗位，根据不同岗位制定相应制度，使每个运行人员清楚本岗位职责，提高工作效率。岗位责任制的内容一般包括岗位职责、工作标准和任职条件。

3. 工作票及设备验收制度

工作票是准许在设备上工作的书面命令，是执行保证安全技术措施的书面依据。工作票是电力系统几十年用血和泪总结出来的。严格执行工作票，减少了电力系统事故的发生，减少了人为因素造成的人身伤害和设备损失，规范了人员的工作行为，提高了发电设备检修的安全管理水平和检修工作质量和效率，对电力生产安全起到了一定的保障作用。

工作票包括：热机工作票、电气第一种工作票、电气第二种工作票、电气线路第一种工作票、电气线路第二种工作票、热控工作票、一级动火工作票、二级动火工作票、继电保护安全措施票、热控保护安全措施票。

工作票签发人、工作许可人和工作负责人必须符合《电业安全工作规程》所要求具备的条件，并按规定考试合格，经领导批准后书面公布。

4. 操作票联系制度

操作票是防止误操作的主要措施，包括电气倒闸操作票和热机操作票（见表1-10，本项目末扫码获取）两种。电气倒闸操作票适用于发电厂内电气设备的状态转变以及位置改变的操作；热机操作票主要应用于火力发电厂的水、汽、油、灰、渣等设备系统及设备的投入及退出运行的操作。

操作票必须由两人执行，一人操作，一人监护，其中对设备比较熟悉者作监护人。每张操作票只能填写一个操作任务，由操作人填写，监护人和值班负责人逐级审查合格后方可执行。

5. 作业安全措施票（简称措施票）制度

工作票制度是由运行人员来确保检修人员人身安全的制度，而措施票是作业人员确保自身安全的制度。措施票是与工作票制度和操作票制度同等重要的制度，现在很多电厂已把过去的“两票三制”扩展为“三票三制”。

使用措施票的目的是加强作业中的安全管理，促进安全责任和安全措施的具体落实，进一步强化和明确作业安排人、作业小组负责人和作业班成员的安全责任，提高作业人员的自保、互保意识，防止发生人身事故。

6. 交接班制度

全体运行人员应按厂批准的运行人员值班表的规定进行值班，必须严格执行集体交接班制度。交班人员必须向接班人员详细介绍设备运行方式、存在的设备缺陷和异常运行情况，以及已采取的安全措施等。对于重要的设备异动或设备缺陷，应在现场交代清楚。接班人员对于任何疑点必须了解清楚。接班单元长应根据上一班生产运行状况，布置当班工作任务；针对设备存在的缺陷和季节性特点，提出事故预想和安全防范措施。自接班人员签字起，运行值班工作由接班人员负责。

交接班制度内容包括：①交接程序；②交接班的主要项目；③值长召开班前会；④交班后召开生产总结会。

交接班的主要项目包括：①设备、系统运行方式；②设备检修、缺陷处理和异常情况；③保护自动装置运行和变更情况；④事故处理和倒闸操作，以及未完的操作指令；⑤岗位运行日志和记录；⑥安全用具、材料备品、钥匙；⑦运行报表、规程、资料，以及上级的通知和要求等。

7. 设备巡回检查制度

运行值班人员应严格执行巡回检查制度，以加强对设备的监视，及时了解和掌握设备运行情况，及时发现和消除事故隐患，保证设备正常运行。当班运行人员必须按规定对自己管辖的设备进行巡回检查工作（巡检卡见表 1-11，本项目末扫码获取），检查工作要认真、细致、不漏项，不允许延长检查的间隔时间，更不允许因故不进行巡回检查。

巡回检查类别包括接班前检查、定时巡回检查和重点项目检查。

（1）接班前检查是指运行人员在接班前对设备、系统运行状态和主要参数的重点性检查。通过检查，对上一班设备、系统运行状态和主要参数做到心中有数，便于接班后做好运行监视、调整和操作。

（2）定时巡回检查是指运行人员每隔规定时间进行的周期性巡回检查。通过检查，及时发现和处理设备异常情况，保证设备在良好的状态下运行。

（3）重点项目检查是指对影响设备安全运行的重点部位，设备异常情况下运行、新设备投运初期或设备检修后试运行等特殊情况下的检查。

8. 设备定期试验和轮换制度

设备定期试验及切换制度是提高备用设备的可靠性和运行寿命管理的一项重要措施。一切备用中的设备，电气和热工自动装置、信号装置及危机保安装置等，都必须进行定期试验和切换使用，设备定期试验及切换制度是保证安全生产的一项重要工作。表 1-12（本项目末扫码获取）为某机组汽轮机专业设备定期试验与切换表。运行人员必须遵照厂部制订的定期试验图表中规定的时间对运行设备的安全保护装置、警报、信号，以及处于备用状态下的转动设备进行试验、试运转或切换工作，以确保设备处于完好状态。

9. 运行分析制度

运行人员必须按规定格式认真、正确、实事求是地填写现场设备的各种运行记录，并根据各种仪表的指示、巡回检查结果和定期试验结果进行分析，了解各设备的运行情况及经济指标，对运行出现的不正常情况进行分析，查明原因并采取相应的有效措施。

10. 经济工作制度

机组运行必须在坚持安全生产的基础上，实行节约的原则，努力节约燃料、蒸汽量和厂用电。积极开展群众性的运行小指标竞赛活动，以促使运行人员在值班中认真监盘，精心调整。

三、集控运行岗位职责

现代电力企业根据生产需要进行机构精简，每个电厂的机构设置不尽相同，普遍设有生产运行部、生产策划部、检修部，厂部设厂长 1 名，总工程师 1 名，副总工程师若干名，运行部设若干专业工程师和多名运行岗位人员，如图 1-4 所示。

依据职责和工作内容，从事集控运行的岗位主要有值长（或机组长）、主值、副值、巡检等，如某火力发电厂为 2×600MW 机组配备的集控运行人员共 55 人，其中值长 1 人×5 值、（主值 1 人、副值 2 人、巡检 2 人）×5 值×2 机。

1. 值长

值长全面负责全值的安全和经济运行，负责全值的行政、思想、劳动纪律、文明生产等管理工作。值长是全值安全生产的运行操作、经济调度、事故处理等方面的具体指挥者。

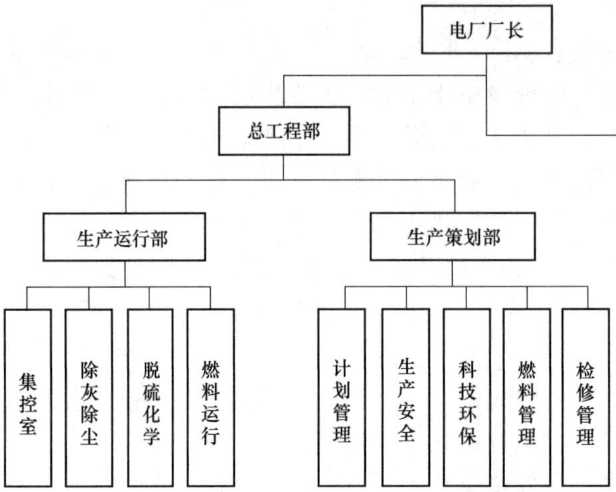

图 1-4 电厂机构设置

2. 集控主值班员（主值）

集控主值班员直接接受并执行值长的命令。主值在当班期间，全面负责机组各系统的安全文明生产和经济运行工作。值长不在现场时代行值长职权。主值负责协调安排机组人员各项工作，负责协调汽轮机、锅炉、电气、燃料、化学各专业的运行。

主值应正确无误地完成值长发布的各项操作命令，重要操作时要亲自操作或做好监护工作。主值的具体工作包括：当班期间，应按照机组负荷、运行方式和燃料的品种、设备的状况等变化情况及时、正确地调整机组运行；经常检查主控室内机组的所有设备、仪表、控制装置等处于正常工作及安全可靠状态；负责完成机组的启停、调整，主要辅助设备的切换操作及监护，对于操作的正常运行及过程中的安全承担责任；对副值班员及以下岗位运行人员进行具体工作安排和业务指导；发生事故时，在值长领导监护下，负责指挥运行人员完成事故处理。

3. 集控副值班员（副值）

集控副值班员接受值长和主值的直接领导，是主值的助手，负责协助主值完成机组安全经济运行。

副值的具体工作包括：协助主值完成机组的监视与调整，指导并协助巡检员完成其操作和巡检工作；配合主值分析、处理机组运行中存在的隐患、异常等不安全因素，调整参数和运行方式；协助主值完成事故处理；对巡检员进行具体工作安排和业务指导。

4. 巡检员

巡检员接受值长、主值、副值的领导，负责就地操作和调整；负责机组设备和系统的巡回检查工作；负责汽轮机、锅炉、电气、燃料设备操作巡检和运行维护；负责厂内燃料输送系统的运行；协助副值具体做好各种记录工作。

【任务引导】

学习完相关知识后，需回答下列问题：

（1）什么是火电厂集控运行？

（2）火电厂集控运行的功能有哪些？

（3）什么是火电厂“两票三制”？

（4）从事集控运行的岗位有哪些？各自的主要任务是什么？

【任务实施】

（1）课前学生自行观看在线开放课程，并完成网上自测。

（2）依据从事集控运行的岗位，组建运行小组，分配岗位角色。

（3）熟悉操作员站和就地操作站，组长及组员共同填写“认识仿真系统操作界面”项目任务书，内容包括DCS操作主菜单和就地控制面板。DCS操作主菜单包含“汽轮机工艺”“锅炉工艺”“电气系统”“公用系统”“跳闸首出”“FSSS帮助”“SCS帮助”“MCS帮助”“火焰总貌”“DEH/MEH”；就地控制面板包括“锅炉”“汽轮机房”“电气房”。指导教师负责修改指正。

（4）根据“认识仿真系统操作界面”项目任务书，启动仿真软件，熟悉仿真系统操作界面，指导教师负责检查和评分。

（5）填写实训报告。

【检查评估】

检查任务完成情况，检查评估表见表1-13。

表1-13　集控运行内容及岗位职责认知任务检查评估表

评估内容	评价标准	评价人	权重	评分	总评
预习测试	课程平台自动评分	平台	10		
学习态度	出勤情况：迟到扣2分，缺勤扣5分	班委	10		
	课堂表现：积极发言，表达清晰、流利	教师	10		
任务实施	工作内容				
	编写“认识仿真系统操作界面”项目任务书	教师	20		
	熟练调用各种操作界面	教师	30		
团队协作	与小组成员一起分工合作	小组成员	10		
学生自评	客观评价自己	自己	10		

任务三　单元机组启停方式的选择

【学习目标】

（1）能简述单元机组不同启停方式及其特点。

（2）能简述汽轮机金属温度水平，能合理选择启动方式。

（3）能解释机组滑参数启动曲线各阶段的含义。

（4）能背诵仿真机组冷态滑参数启动的主要步骤。

【任务描述】

本节任务是在了解单元机组不同启停方式及其特点的基础上，掌握选择机组启停方式的原则，并能按照机组状态和运行要求合理选择机组启停方式，为开展机组整体启动任务做好准备。

本任务建议采用项目教学法组织教学，其实施过程参照教学实施过程表（见表 1-1）。

【知识导航】

一、单元机组启停的概念

单元机组启动是指从锅炉点火开始，经历升温升压、暖管，当锅炉出口蒸汽参数达到要求值时，对汽轮机冲转，将汽轮机转子由静止状态升速到额定转速，发电机并网并接带负荷的全部过程。停运过程与启动过程相反，要经历减负荷、降温降压、机组解列、锅炉熄火、汽轮机降速直至停转等全部过程。

单元机组多为大容量、高参数机组，其体积庞大、结构复杂，各设备及部件在启停过程中所处条件不同，使各部件本身沿金属壁厚方向或部件之间产生温差，温差导致膨胀不均，从而产生热应力，降低设备的使用寿命。因此，对单元机组的启停应寻求合理的方式，使机组在启停过程中各部件的热应力、热变形、热膨胀以及机组振动维持在较好的水平。

二、单元机组的启动方式

（一）按冲转参数分类

按启动过程采用的冲转参数不同，可分为额定参数启动和滑参数启动。

1. 额定参数启动

额定参数启动是指从冲转到机组带额定负荷的整个启动过程中，汽轮机自动主汽门前的蒸汽参数始终为额定值的启动方式。这种启动方式存在下列一些问题：①额定参数启动时蒸汽的压力、温度相当高，它与汽缸和转子等金属部件的温差很大，为了设备的安全，在这种条件下只能将进汽量控制得很小，这样节流损失增加，同时汽轮机必须延长升速和暖机的时间，使经济性降低；②汽轮机调节级后温度变化剧烈，零部件受到很大的热冲击，热应力也大，各部件受热不均易产生热弯曲；③在锅炉升温升压过程中，由于没有很大的蒸汽负荷，锅炉水循环差，使汽包产生较大的温差和热应力；④由于阀门前主蒸汽参数达到额定值后，汽轮机才能冲转，所以在整个启动过程中将损失大量的燃料，降低发电厂的效益。因此额定参数启动仅适用于母管制的机组，不适用于单元制发电机组。

2. 滑参数启动

滑参数启动是指汽轮机主汽门前的蒸汽参数伴随着汽轮机转速和负荷的升高而升高，直至启动结束，蒸汽参数达到额定值的启动过程。这种启动方式的主要优点：①滑参数启动时，采用容积流量大的低参数蒸汽加热设备部件，金属温差小，对锅炉汽包、汽轮机转子和汽缸等加热比较均匀，温升平稳，热应力小，机组启动的可靠性好；②滑参数启动的经济性好，在滑参数启动过程中，主蒸汽管道上的阀门全开，减少了节流损失；锅炉不必大量对空排汽，减少了工质和热量损失，从而减少燃料消耗；自锅炉点火至机组并网带负荷时间短，辅机用电量减少；③滑参数启动时间短，这样就提高了设备的利用率，增加了机组运行调度的灵活性；④在滑参数启动过程中，汽轮机可以采用全周进汽，调节阀处于全开位置，操作调节简化；⑤滑参数启动过程中减少了蒸汽排放所产生的噪声，改善了环境。

由于滑参数启动与额定参数启动相比具有很多优点，因此单元机组大都采用滑参数启动方式。滑参数启动又可分为真空法和压力法两种方式。

（1）滑参数真空法启动。机组在启动前全开自动主汽门和调节汽门，真空区一直到锅炉汽包。锅炉点火后炉水在真空状态下汽化，在不到0.1MPa的汽压下就可以冲动汽轮机，在真空法启动过程中，利用低参数来暖管、暖机、升速和带负荷，由于汽温从低到高逐渐上升，所以允许通汽流量较大，有利于暖管和暖机；可使过热器、再热器充分冷却；促进锅炉水循环及减少汽包壁的温差；使锅炉产生蒸汽得以充分利用；且缩短启动时间。

但在真空法启动时，全部启动过程由锅炉控制，比较困难；这种启动方式真空系统庞大，抽真空也比较困难；在启动初期蒸汽的过热度低，汽轮机容易发生水冲击事故。另外，对具有中间再热的单元机组，因为真空法进入汽轮机的蒸汽汽温低，高压缸排汽温度也低，再热器一般在低温区，使再热汽温无法提高，低压缸也因为蒸汽温度低而使最后几级叶片水分过大；且真空法启动时疏水比较困难。因此，目前单元机组很少采用真空法启动，而采用压力法启动。

（2）滑参数压力法启动。锅炉点火前，关闭自动主汽阀和调节阀，只对汽轮机抽真空，锅炉点火后，自动主汽阀前的蒸汽参数达到要求时，开冲转阀进行冲转、升速，机组并网后，全开调节阀，机组滑压运行，由锅炉控制主蒸汽参数，随主蒸汽参数的提高，机组负荷增加。此种启动克服了真空法启动的缺点，但也存在一定的问题，如冲转时蒸汽温度与金属温度匹配不理想，有一定程度的热冲击，降低了汽轮机的寿命；定速后汽缸温度水平不高，需要在低负荷下长时间暖机。为了解决上述压力法启动中存在的问题，一些国外的机组在启动前采用盘车暖机预热高压汽缸，选择比较高的冲转参数，主蒸汽压力为4～6MPa、主蒸汽温度300～350℃。总的来说，目前大容量机组几乎都采用滑参数压力法启动。

（二）按启动前汽轮机设备金属温度水平或停机时间分类

1. 按启动前汽轮机设备金属温度水平分类

高压缸启动时按调节级金属温度划分（中压缸启动时按照中压缸第一压力级处金属温度划分）。东方汽轮机厂生产的600MW机组规定：

（1）冷态启动：冲转前高压内缸内下壁调节级处金属温度＜204℃。

（2）温态启动：204℃≤高压内缸内下壁调节级处金属温度＜350℃。

（3）热态启动：350℃≤高压内缸内下壁调节级处金属温度＜450℃。

（4）极热态启动：高压内缸内下壁调节级处金属温度≥450℃。

2. 按停机后至再启动的时间不同来分类

（1）冷态启动：停炉时间≥72h。

（2）温态启动：10小时≤停炉时间＜72h。

（3）热态启动：1小时≤停炉时间＜10h。

（4）极热态启动：停炉时间＜1h。

上述划分的标准，各国及各制造厂家也不尽相同，但大致都在该水平左右。关于冷态、热态的划分原则主要是考虑汽轮机转子材料的性能。转子金属材料的冲击韧性随温度的下降而显著降低，呈现冷脆性，这时即使在较低的应力作用下，转子也有可能发生脆性断裂破坏。热态启动时金属温度已超过转子材料的脆性变形温度，可以避免产生转子的脆性破坏事故。

（三）按冲转时汽轮机进汽方式分类

对于中间再热式汽轮机，按冲动转子时的进汽方式分为高中压缸联合启动和中压缸启动两种方式。

1. 高中压缸联合启动

高压缸和中压缸同时进汽冲转。这种启动方式对高、中压合缸的机组，可使分缸处加热均匀，降低热应力，并能缩短启动时间，但再热汽温低，但会造成中压缸升温缓慢，限制了启动速度。

2. 中压缸启动

中压缸启动是指汽轮机从冲转到带初始负荷期间，高压缸暂时不进汽，只有中、低压缸进汽，高压缸处于预暖或隔离状态，直到机组带到一定负荷（或转速）后，再切换到常规的高中压缸联合进汽方式的一种启动方式。

该启动方式对控制机组相对胀差有利，可以将高压缸的相对胀差排除在外，但是操作比较复杂。一方面，采用中压缸启动时，高压缸无蒸汽通过，鼓风作用产生的热量将使高压缸温度升高，因此需引入少量冷却蒸汽，系统较复杂。另一方面，中压缸进汽门尺寸大，冲转时转速不易控制，启动时间较长。切缸时，汽轮机所受的热冲击也较大，国内机组很少采用。国外引进机组中较多采用，如引进 300、330、600MW 部分机组，原制造厂规定采用中压缸方式启动。

（四）按控制进汽流量的阀门分类

（1）主汽门（throttle valve，TV）启动。主汽门启动是冲转时调节汽门全开，转速由主汽门控制，转速达到 2900r/min 左右时，切换为调节汽门控制（即由 TV 方式切换为 GV 方式），继续升速到定值。该启动方式为汽轮机全周进气，除圆周上温度均匀以外，全部喷嘴焓降很小，调节级蒸汽温度较高是其最明显的优点。缺点是有可能使主汽门受到冲刷，导致主汽门关闭不严。国产引进型机组用主汽门阀座底下的预启阀来控制进汽，这样就避免了对主汽门的直接冲刷。

（2）调节汽门（governor valve，GV）启动。调节汽门启动是指冲转时主汽门全开，进入汽轮机的蒸汽流量由调节汽门控制。该方式一般采用部分进汽，使得汽缸受热不均，各部温差较大；但没有高压主汽门与高压调节汽门之间的切换，操作简便。部分机组采用调节汽门冲转方式，但冲转期间采用单阀控制，使汽轮机仍为全周进汽，减小了汽缸各部分的温差。

三、单元机组的停运方式

（一）按停机目的分类

根据停机目的的不同，单元机组的停机方式可分为正常停机和故障停机两种。

1. 正常停机

正常停机就是指根据电网生产计划安排，有准备的停机。正常停机又可分为检修停机和备用停机两种情况。检修停机是指按预定计划进行的机组检修，要求机组停运至冷态的停机。由于外界负荷减小，为了满足电网需求和保证机组安全经济运行，必须在一定时间内停止一部分机组运行，并将其转为备用状态时的停机称为备用停机。根据备用时间的长短，备用停机又可分为热备用停机和冷备用停机。

2. 故障停机

故障停机又根据设备故障程度不同分为紧急故障停机和一般故障停机两种。当发生的故障对设备和系统构成严重威胁时，必须立即打闸解列并破坏真空进行紧急故障停机。若故障不是很严重，但为了设备的安全又必须在限定时间内停机，可按规定停机，不必破坏真空，称为一般故障停机。

（二）按停机过程中蒸汽参数变化分类

根据停机过程中蒸汽参数是否变化，又可分为额定参数停机、滑参数停机。

1. 额定参数停机

额定参数停机是在停机减负荷过程中，基本维持主蒸汽压力和温度在额定值附近。一方面锅炉逐渐降低燃烧强度，另一方面汽轮机逐渐关小调节汽门减负荷停机。由于整个过程主蒸汽参数保持不变，关小调节汽门仅使流量减少，锅炉和汽缸金属温度可保持较高水平，机组能以较快速度减负荷，不会产生过大的热应力和热变形。

机组停机备用、临时停机处理设备和系统存在的小缺陷，以及其他需要借助汽缸金属温度较高能够达到快速启动并网发电的停机（如调峰机组两班制运行的后半夜低谷停机），均采用额定参数停机。

严格意义上的额定参数停机已很少采用，通常在停机减负荷过程中主蒸汽压力都适当降低，主蒸汽温度也随之稍有降低。

2. 滑参数停机

滑参数停机是在汽轮机调节汽门全开或基本全开的情况下，锅炉降低主蒸汽压力和温度，汽轮机负荷或转速随蒸汽参数的降低而下降，汽轮机、锅炉的金属温度也相应下降，直至机组完全停运。

机组停机消缺、计划检修停机应采用滑参数停机方式，以使机组得到最大限度的冷却，使检修提前开工，缩短检修工期。

四、单元机组启停方式的选择（本项目末扫码获取）

五、单元机组冷态滑参数启动曲线及其主要启动步骤（本项目末扫码获取）

【任务引导】

学习完相关知识后，需回答下列问题：

（1）单元机组启动有哪些分类方式？

（2）单元机组冷态、温态、热态及极热态的划分原则是什么？

（3）单元机组额定参数停运与滑参数停运应用区别是什么？

（4）为什么单元制机组启动采用滑参数启动方式？

【任务实施】

（1）课前学生自行观看在线开放课程，并完成网上自测。

（2）从教练员站分别调出“冷态工况”“温态工况”“热态工况”“极热态工况”。

（3）从 DCS 主界面进入“DEH&MEH”界面，选择“12. 高中压缸温度”，进入“HP/IP 温度界面”，记录调节级金属温度，判断启动方式。

（4）查阅《仿真机组的运行规程》，以运行小组为单位填写各种启动工况下的“机组主要启动步骤”项目任务书，项目任务书由组长负责，组员参与编写，指导教师负责检查和修改。

（5）填写实训报告。

【检查评估】

检查任务完成情况，检查评估表见表 1-14。

表 1-14　单元机组启停方式的选择任务检查评估表

评估内容	评价标准	评价人	权重	评分	总评
预习测试	课程平台自动评分	平台	10		
学习态度	出勤情况：迟到扣 2 分，缺勤扣 5 分	班委	10		
	课堂表现：积极发言，表达清晰、流利	教师	10		
任务实施	工作内容				
	不同启动工况，参数记录正确	小组成员	20		
	不同工况下操作票里记录的主要启动步骤正确	教师	30		
团队协作	与小组成员一起分工合作	小组成员	10		
学生自评	客观评价自己	自己	10		

拓展资源 _ 项目一

项目二　机组辅助系统投运

任务一　启动前的准备工作

【学习目标】

（1）能复述机组启动前准备工作的主要内容。

（2）能背诵严禁机组启动的条件。

（3）参照 GB 50660—2011《大中型火力发电厂设计规范》中对电厂系统的设计要求，利用仿真软件系统图说出电厂主要分系统工作流程。

【任务描述】

本节任务是熟悉电厂机组启动前主要准备工作，并在此基础上，认识仿真软件中的电厂分系统，并能在各系统之间自由切换，同时牢记严禁机组启动的条件。

本任务的完成，为后续熟练使用仿真机进行辅助系统投运打下基础。

本任务建议采用项目教学法组织教学，其实施过程参照教学实施过程表（表 1-1）。

【情景案例】

事故经过：2002 年 10 月 16 日，某电厂 5 号机组小修后按计划进行启动。13：00 机组达到冲转条件，13：43 达到额定转速。汽轮机值班员在查看高压启动油泵电机电流从冲转前的 280A 降到 189A 后于 13：49 盘前停高压启动油泵，盘前光字牌发“润滑油压低停机”信号，机组自动掉闸，交流润滑油泵联启。运行人员误认为油压低的原因是就地油压表一次门未开造成保护动作机组掉闸，因此再次挂闸。14：14，在高压启动油泵再次达到 190A 时，单元长再次在盘前停高压启动油泵。盘前光字牌再次发“润滑油压低停机”信号，由于交流润滑油泵联启未复归，交流润滑油泵未能联启，汽轮机再次掉闸。单元长就地检查发现五瓦温度高，油挡处冒烟，汽轮机值班员盘前发现六、七瓦温度高至 90℃，立即破坏真空紧急停机处理。

事故后经检查，发现二、五、六、七瓦下瓦乌金不同程度烧损；五瓦处低压轴封轻微磨损，油挡磨损。解体检查高压启动油泵出口止回阀时发现门板无销轴。

事故原因：此次事故是一起由于人员误操作引发的一般恶性事故。具体如下：

（1）两次停高压启动油泵时均未严格执行运行规程的规定：检查高压启动油泵出口止回阀前油压达到 2.0MPa 后，缓慢关闭高压启动油泵出口门后再停泵（实际运行泵出口止回阀不严）。同时在停泵过程中未严密监视转速、调速油压和润滑油压的变化，异常情况下未立即恢复高压启动油泵。

（2）在第二次挂闸前对高压启动油泵和交流润滑油泵的连锁未进行复归操作，造成低油压时交流润滑油泵不能联启。

（3）高压启动油泵出口止回阀板无销轴，造成门板关闭不严，主油泵出口门经该门直接流回主油箱，使各轴承断油。

（4）机组启动过程中现场指挥混乱，各级管理人员把关不严也是本次事故的重要原因。

【知识导航】

单元机组启动前准备工作的任务是使设备和系统处于准备启动的状态，达到随时可以启动的条件。实践中往往由于忽视准备工作，对某些设备缺陷未能及时发现，以致启动时发生故障，迫使启动时间延长甚至启动终止，严重时可能造成人身伤亡事故。因此，在准备工作中对所有设备和系统进行认真详细的检查或局部试运是非常重要的。

准备工作内容包括电厂各子系统及设备的状态检查、相关试验和投入各种保护。根据电厂系统组成特点，可以把机组启动前的检查工作分为公用系统的启动前检查、锅炉系统启动前检查、汽轮机系统启动前检查、电气系统启动前检查。在进行机组启动前准备工作时，首先要确认锅炉、汽轮机、发变组及所属各辅助设备检修结束，有关的工作票终结完毕，安全措施全部拆除。热工人员确认 DCS、TSI、FSSS、DEH、MEH、ETS 等系统正常，所有热工监视仪表完好可用，热控系统控制电源、信号电源正常，仪控气源正常。单元机组均设有一系列保证安全的保护装置，如超速保护、窜轴保护、低油压保护、低真空保护、低汽温保护等。除因启动过程中的特殊条件（如汽轮机的低汽温保护和低真空保护，由于启动过程中汽温低，真空系统不稳定）不能投入外，其他各项保护应尽力投入。

一、公用系统启动前主要检查内容

除灰脱硫系统、化学系统、输煤系统相关人员对其所属设备进行启动前的全面检查，做好机组启动前的各项准备工作。除灰脱硫人员确认除灰脱硫系统正常；输煤人员确认输煤系统具备上煤条件，煤仓上煤至正常煤位；化学人员确认备有足够、合格的除盐水以及氢气、二氧化碳、燃油系统、化学水处理系统、化学加药系统、废水处理系统及化验分析系统均已具备投运条件。

二、锅炉系统启动前主要检查内容

（1）锅炉本体膨胀指示仪器指示位置正确，符合相关规定。

（2）锅炉各人孔门、观察门等均完好。

（3）所有油枪已清理干净，油雾化器、高能点火器完好，各油枪高能点火器能自动伸进/退出，无卡涩，雾化空气、吹扫蒸汽和吹扫压缩空气处于正常备用状态。

（4）各燃烧器的二次风调节挡板动作正常。

（5）吹灰器及炉膛烟温探针完好且都在退出状态。

（6）检查锅炉系统中阀门开关严密完好并操作至启动前状态。主要包括炉水系统、过热器、再热器及其减温水系统、风烟系统、密封风系统、制粉系统、炉前燃油系统、油点火系统、炉膛火焰电视监测系统，火检及冷却系统、吹灰蒸汽系统、锅炉冷却水系统的阀门。

三、汽轮机系统启动前主要检查内容

（1）汽轮机房排油烟、排氢管道通畅，无堵塞。

（2）确认汽轮机转子偏心、缸体温差、轴向位移等重要参数在正常范围内。

（3）检查汽轮机辅助系统和有关设备完好。主要包括循环水系统、开式冷却水系统、闭式冷却水系统、凝结水系统、给水系统、主机润滑油、密封油系统、顶轴油系统及盘车装

置、EH油系统、发电机氢气系统、发电机定子冷却水系统、抽汽系统、轴封汽系统、凝汽器真空系统、疏放水系统。

四、电气系统启动前主要检查内容

(1) 发电机本体无异常，各连接、绑扎、垫块紧固无松动，照明良好；发电机、励磁变以及各种辅助设备的绝缘合格。

(2) 测量各设备电机的绝缘合格，根据需要及时送电恢复。

(3) 电气一、二次系统检查良好，系统范围清洁、无异物，连接部位紧固、无松动现象，绝缘支持紧固、无破损。

(4) 保护、自动装置信号、表计指示正确，无报警故障信号，连接片（旧称压板）按规定投用，电源良好，冷却装置投用正常，所有盘柜、电缆封堵良好。

(5) 集流器装置各连接、紧固良好，电刷在刷握内上下滑动无卡涩，刷握底部与集电环表面无任何接触、摩擦，集流器滑环上碳刷及大轴接地碳刷安装、接触良好，长度合适，滑环无污渍和锈迹。

(6) 确认电气设备各处所挂地线、短路线、标示牌、脚手架等安全设施已拆除，常设遮栏、警告牌已恢复。

(7) 确认发电机出口GCB开关和励磁开关正常。

(8) 确认发电机励磁回路接地监测装置动作正常。

五、机组禁止启动条件

如果在检查及启动中发现有如下问题，机组不允许启动，已经启动的必须进行停机。

(1) 机组任一主保护（包括炉、机、电主保护及其连锁保护）不能正常投入或保护动作值不符合规定。

(2) 热控主要仪表：汽轮机转速、轴向位移、汽轮机膨胀、胀差、汽缸温度、主蒸汽温度、主蒸汽压力、再热蒸汽温度、再热蒸汽压力、启动分离器储水罐水位、炉膛压力、给水流量、蒸汽流量、汽轮机振动、轴承温度等主要仪表不能正常投入。

(3) 锅炉一次系统或设备有缺陷，危及安全运行时。

(4) 仪用气源不正常。

(5) DCS、FECS、FSSS、TSI、DEH、MEH系统异常，影响机组运行操作和监视。

(6) 汽轮机任一高、中压主汽门，高、中压调速汽门，抽汽止回阀关闭不严、卡涩或动作失灵。

(7) 汽轮机转子的双幅偏心值超过规定值。

(8) 汽轮机高压外缸上下壁温差超过规定值，或高压内缸上下壁温差超过规定值。

(9) 交流和直流润滑油泵、氢密封油备用泵、抗燃油泵、盘车装置任一故障或备用泵连锁不正常。

(10) 润滑油、抗燃油油质不合格，润滑油进、回油温度不正常。

(11) 回热系统中，主要调节及控制系统（除氧器水位、压力自动调节、旁路系统保护及自动调节、汽泵或电泵控制系统等）失灵。

(12) 汽轮机进水。

（13）机组保温不完善。

（14）调速系统不能维持汽轮机空转，甩负荷后不能控制转速在危急遮断器动作转速以下以及其他原因导致的调速系统工作不正常。

（15）高、低压旁路系统控制装置工作不正常，影响机组正常运行或无法满足机组启动及保护要求。

（16）盘车时有清楚的金属摩擦声、其他异音或盘车电流明显增大或大幅摆动。

（17）水、汽品质不符合要求。

（18）燃油进、回油电磁阀动作不正常。

（19）发电机氢气系统气密性试验不合格。

（20）发电机内冷水水质不合格。

（21）发电机或励磁系统一、二次系统有异常。

（22）发电机及其系统包括轴承各部绝缘不合格。

（23）发变组重要表计或参数测点失常或有重要异常报警。

（24）发电机电压调节器（AVR）工作不正常。

（25）柴油发电机不能正常备用。

（26）直流、保安、UPS电源工作不正常。

六、机组启动前、启动过程中及运行中的主要试验

根据机组检修规模和停用时间，发电企业机组的检修分为A、B、C、D四个等级。A级检修是指对发电机组主要设备进行全面的解体检查和修理，以保持、恢复或提高设备性能。B级检修是指针对机组某些设备存在问题，对机组部分设备进行解体检查和修理，可根据机组设备状态评估结果，有针对性地实施部分A级检修项目或定期滚动检修项目。C级检修是指根据设备的磨损、老化规律，有重点地对机组进行检查、评估、修理、清扫。C级检修可进行少量零件的更换、设备的消缺、调整、预防性试验等作业以及实施部分A级检修项目或定期滚动检修项目。D级检修是指当机组总体运行状况良好时，除对主要设备的附属系统和设备进行消缺外，还可根据设备状态的评估结果，安排部分C级检修项目。

机组启动前、启动过程中及运行时的试验跟机组检修等级和检修内容有密切关系，列举主要试验和试验进行条件示例见表2-1（本项目末扫码获取）。

机组启动和运行中的试验项目主要还包括锅炉主燃料跳闸（MFT）试验、油燃料跳闸（OFT）试验、锅炉辅机及总连锁试验、主机润滑油泵连锁保护试验、EH油泵连锁试验、ETS跳机保护试验、ETS通道在线试验、高中压主汽门、调速汽门活动试验、危急保安器注油试验、抽汽止回阀活动试验、真空严密性试验、发电机的试验、变压器的试验、厂用电电源切换试验。以上主要试验会在项目六中进行介绍。

【任务引导】

学习完相关知识后，需回答下列问题：

（1）机组启动前主要检查哪些内容？

（2）哪些情况下机组不能启动？

（3）机组检修有哪几种类别？

（4）电厂重要的试验有哪些？

【任务实施】

（1）课前学生自行观看在线开放课程，并完成网上自测。

（2）查阅《大中型火力发电厂设计规范》及打开仿真软件熟悉机组各个分系统，以运行小组为单位画出“仿真软件系统组成框图”作为启动前准备工作的任务工作票，指导教师负责检查和评分。

（3）按照任务操作票，运行值班员具体操作，组长负责安全监护。

（4）完成后，填写实训报告。

【检查评估】

检查任务完成情况，检查评估表见表 2-2。

表 2-2　　启动前检查工作任务检查评估表

评估内容	评价标准	评价人	权重	评分	总评
预习测试	课程平台自动评分	平台	20		
学习态度	出勤情况：迟到扣 2 分，缺勤扣 5 分	班委	10		
	课堂表现：积极发言，表达清晰、流利	教师	20		
任务实施	熟悉仿真软件系统组成	小组成员	10		
	画出仿真软件系统组成框图	教师	30		
学生自评	客观评价自己	自己	10		

资源 2.1.1　某超临界机组仿真软件截图

【知识拓展 2.1-“望、闻、问、切”】（本项目末扫码获取）

任务二　厂用电系统送电

【学习目标】

（1）能简述发电厂厂用电各系统的作用。

（2）能参照 DL/T 5153—2014《火力发电厂厂用电设计技术规程》复述厂用电系统各分系统主要设备组成及线路连接方式。

（3）能按照《仿真机组的运行规程》及任务流程表编写“厂用电系统”投运操作票，熟练完成厂用电送电操作。

【任务描述】

本节任务是使学习人员了解大型火电机组厂用电系统常见构成、接线方式及其特点，明确厂用电系统的运行方式、保护系统的配置及作用，并通过仿真实训室的实际演练，掌握机组启动前厂用电系统的送电操作，满足机组启动用电要求。

本任务建议采用项目教学法组织教学，其实施过程参照教学实施过程表（表 1-1）。

【情景案例】

事故经过：某厂 3 号发电机有功功率 85MW，运行人员到 3 号发变组保护屏处学习、了解设备情况，进入 3 号发变组保护 A 柜 WFB-802 模件，当查看“选项”画面时，选择了“报告”，报告内容为空白，又选择了“传动”项，想查看传动报告，按“确认”键后，出现“输入密码”画面，再次“确认”后进入保护传动画面，随后选择了“发变组差动”选项，欲查看其内容，按“确认”键后，3 号发变组“差动保护”动作，3 号发变组 103 开关、励磁开关、3500 开关、3600 开关掉闸，3kV 5 段、6 段备用电源自投正确、水压止回阀、OPC 保护动作，维持汽轮机 3000r/min、锅炉安全门动作。

事故原因：一是违反《集团公司两票管理工作规定》，无票作业；二是集团公司《防止二次系统人员三误工作规定》执行不到位，继电保护密码管理存在漏洞；三是运行人员安全意识不牢固，自主越权操作；四是运行人员技术水平不高，对操作风险无意识。

【知识导航】

一、厂用电系统

由 DL/T 5153—2014《火力发电厂厂用电设计技术规程》可知，火力发电厂的厂用电负荷按其对人身安全和设备安全的重要性，可分为 0 类负荷和非 0 类负荷。厂用电负荷的重要性由其所属的工艺系统确定。停电直接影响人身或重大设备安全的厂用电负荷，称为 0 类负荷，除此之外的厂用电负荷均可视作非 0 类负荷。

1. 0 类负荷的分类原则

0 类负荷的分类按其重要性程度及对电源的要求不同应遵守以下原则：

0 Ⅰ类负荷：在机组运行期间，以及停机（包括事故停机）过程中，甚至在停机以后的一段时间内，应由交流不间断电源（UPS）连续供电的负荷，即交流不停电负荷。

0Ⅱ类负荷：在发生全厂停电或在单元机组失去厂用电时，为了保证机组的安全停运，或者为了防止危及人身安全等原因，应在停电时继续由直流电源供电的负荷，即直流保安负荷。

0Ⅲ类负荷：在发生全厂停电或在单元机组失去厂用电时，为了保证机组的安全停运，或者为了防止危及人身安全等原因，应在停电时继续由交流保安电源供电的负荷，即交流保安负荷。

2. 非 0 类负荷的分类原则

非 0 类负荷的分类按其在电能生产过程中的重要性不同应遵守以下原则：

Ⅰ类负荷：短时停电可能影响设备正常使用寿命，使生产停顿或发电量大量下降的负荷。

Ⅱ 类负荷：允许短时停电，但停电时间过长有可能影响设备正常使用寿命或影响正常生产的负荷。

Ⅲ 类负荷：长时间停电不会直接影响生产的负荷。

3. 厂用电系统电压等级的选取

火力发电厂可采用 3kV、6kV 和 10kV 作为高压厂用电系统的标称电压。高压厂用电电压等级的选取应遵循以下原则：

（1）单机容量为 50～60MW 级的机组，发电机电压为 10.5kV 时，可采用 3kV 或 10kV；发电机电压为 6.3kV 时，可采用 6kV。

（2）单机容量为 125～300MW 级的机组宜采用 6kV 一级高压厂用电电压。

（3）单机容量为 600MW 级及以上的机组，可根据工程具体条件，采用 6kV 一级，或 10kV 一级，或 10kV/6kV 二级，或 10kV/3kV 二级高压厂用电电压。

火力发电厂可采用 380V、380V/220V 作为低压厂用电的标称电压。单机容量为 200MW 级及以上的机组，主厂房内的低压厂用电系统宜采用动力与照明分开供电的方式，动力网络的电压宜采用 380V 或 380V/220V。

二、直流系统

直流系统（DC system）是发电厂厂用电中最重要的一部分，直流系统有独立的电源，它不受发电机、厂用电及系统运行方式的影响，并在外部交流电中断的情况下，保证由后备电源（蓄电池）继续提供直流电源的重要系统。它应保证在任何事故情况下都能可靠和不间断地向其用电设备供直流电。由 GB 50660—2011《大中型火力发电厂设计规范》知，火力发电厂内应装设向直流控制负荷和动力负荷供电的蓄电池组；蓄电池组应以全浮充电方式运行，600MW 级及以上机组的火力发电厂，每台机组宜装设 3 组蓄电池，其中 2 组对控制负荷供电，1 组对动力负荷供电。

直流系统用电设备包括信号设备、保护装置、自动装置、事故照明灯、应急电源及断路器分/合闸操作用电。直流系统根据电压等级分为 220V 动力直流和 110V 控制直流两个独立的系统。220V 动力直流提供一些重要的直流负荷（如事故油泵、事故照明和不停电电源等）；110V 控制直流主要用于对开关电器的远距离操作、信号设备、继电保护，自动装置等。

110V 和 220V 直流系统由蓄电池组、充电设备、直流屏及馈电网络等设备组成。系统交流输入电源正常时，两路交流输入电源经交流切换控制电路选择其中一路输入，并通过交流配电单元给各个充电模块供电。充电模块将三相交流电转换为 220V 或 110V 的直流，经隔离二极管隔离后并联输出，一方面给电池充电，另一方面通过合闸分路和控制分路给负载提供正常的直流电源。交流输入停电或异常时，充电模块停止工作，由电池通过合闸分路和控制分路给负载供电。交流输入电源恢复正常以后，充电模块自动恢复对电池充电。

直流屏是一种全新的数字化控制、保护、管理、测量的新型直流系统。监控主机部分高度集成化，采用单板结构，内含绝缘监察、电池巡检、接地选线、电池活化、硅链稳压、微机中央信号等功能。主机配置大液晶触摸屏，各种运行状态和参数均以汉字显示，整体设计方便简洁，人机界面友好，符合用户使用习惯。直流屏系统为远程检测和控制提供了强大的功能，并具有遥控、遥调、遥测、遥信功能和远程通信接口。通过远程通信接口可在远方获得直流电源系统的运行参数，还可通过该接口设定和修改运行状态及定值，满足电力自动化和电力系统无人值守变电站的要求；配有标准 RS232/485 串行接口和以太网接口，可方便纳入电站自动化系统。

三、交流不停电电源

交流不停电电源系统（uninterruptible power system，UPS）的作用是在正常、异常和供电中断事故情况下，均能向重要用电设备及操作系统提供安全、可靠、稳定、不间断、不受倒闸操作影响的交流电源。它广泛应用于发电厂及变电站计算机、热工仪表、监控仪表及某些不能中断供电的重要负荷，是不可缺少的供电装置。

由 DL/T 5153—2014《火力发电厂厂用电设计技术规程》知，单元机组的交流不间断电源装置宜由一路交流主电源、一路交流旁路电源和一路直流电源供电。交流主电源和交流旁路电源应由不同厂用母线段引接。对于设有交流保安电源的机组，交流主电源宜由保安电源引接。直流电源可由机组的直流动力电源引接或独立设置蓄电池组供电。

UPS 是由整流器、逆变器、静态开关、隔离变等主要部件组成的。正常运行时，UPS 由 380V 交流工作电源（锅炉保安段）经整流-逆变后，经隔离变压器产生稳频稳压的高质量 220V 交流电供给负荷。备用直流电源（220V）经闭锁二极管输出直流并联输入到逆变器。旁路电源（锅炉工作段）通过自动旁路开关或手动维修旁路开关送电至 UPS 母线。工作电源、直流电源、旁路电源均可进行自动切换，同时保证负荷稳定连续不间断供电。

UPS 运行方式如下：

（1）正常运行方式。主电源（整流器的工作电源）来自锅炉保安ⅢA/B 段的 380V 交流母线，经输入隔离变压器、整流器、逆变器、隔离变压器，输出 220V 交流，并通过静态切换开关送至 UPS 主母线。

（2）在工作电源电压下降或输入隔离变压器、工作整流器故障时，将由蓄电池直流系统 220V 母线通过闭锁二极管经逆变器转换为 220V 交流，继续供电。

（3）在工作电源故障，且电池放电接近电压的下限或逆变器发生故障时，自动转入旁路运行。旁路系统电源来自 3 号锅炉工作ⅢA 段，经隔离降压变压器，再经调压稳压器经静态切换开关送至 UPS 主母线。

四、电气主接线系统

电气主接线主要是指在发电厂电力系统中，为满足预定的功率传送和运行等要求而设计的，表明高压电气设备之间相互连接关系的传送电能的电路。电气主接线以电源进线和引出线为基本环节，以母线为中间环节构成的电能输配电路。图 2-1 所示为某电厂电气主接线图。

电路中的高压电气设备包括发电机、变压器、母线、断路器、隔离开关、线路等。它们的连接方式对供电可靠性、运行灵活性及经济合理性等起着决定性作用。一般在研究主接线方案和运行方式时，为了清晰和方便，通常将三相电路图描绘成单线图。在绘制主接线全图时，将互感器、避雷器、电容器、中性点设备以及载波通信用的通道加工元件（也称高频阻波器）等也表示出来。

线路中最常见的开关装置是断路器（circuit breaker，QF）和隔离开关（disconnecting switch，QS）。断路器有灭弧装置，故断路器能够带负荷操作，不但能操作负荷电流，还能操作故障（短路）电流；断路器有良好的封装形式，故单纯观察断路器，不能直观地确定其是处在闭合或断开位置，如图 2-2 所示。隔离开关没有灭弧装置，虽然规程规定其可以操作于负荷电流小于 5A 的场合，但其总体属于不能带负荷操作的设备；隔离开关结构简单，从外观上能一眼看出其运行状态，检修时有明显断开点，如图 2-3 所示。

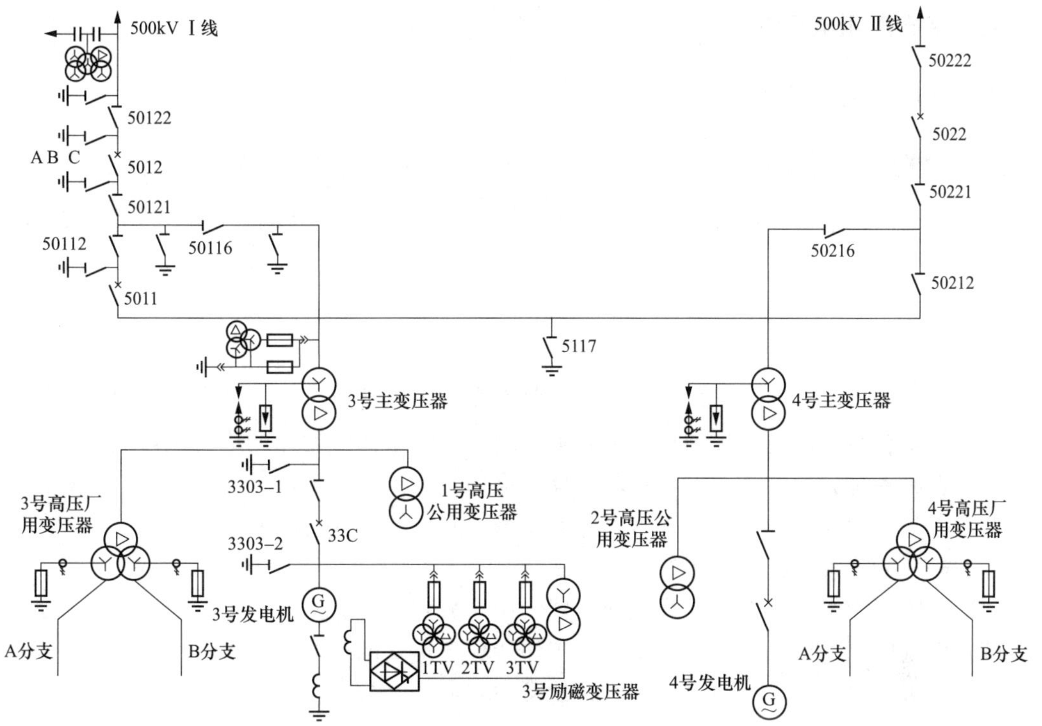

图 2-1　某电厂电气主接线图

图 2-2　断路器

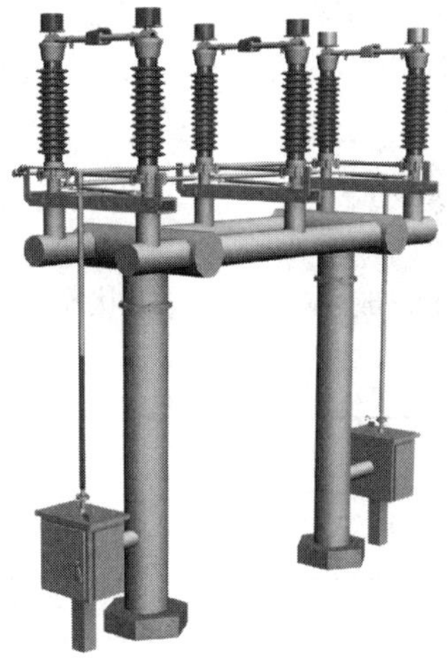

图 2-3　隔离开关

在线路中断路器两边一般会装有隔离开关，线路在停、送电操作中应遵循的原则如下：

（1）在送电前应先送上有关保护，合电源侧的隔离开关，后合负荷侧的隔离开关，再合上断路器。

（2）停电时，先跳开断路器，先拉负荷侧的隔离开关，后拉电源侧的隔离开关，最后退出线路的有关保护。

五、高压厂用电系统

六、低压厂用电系统

七、交流保安用电系统

以上五～七扫描本项目末二维码获取内容。

【任务引导】

学习完相关知识后，需回答下列问题：

（1）厂用电负荷分类原则是什么？有哪些种类？各自特点是什么？

（2）线路在停、送电过程中对隔离开关和断路器的操作应遵循的原则是什么？

（3）直流系统分为哪几类？各自起到什么作用？

（4）电厂中为什么设置交流不停电电源系统？其运行方式有哪些？

（5）电气主接线有哪些类型？

（6）高压厂用电系统有哪些降压变压器？用途分别是什么？

（7）低压厂用电系统锅炉（汽轮机）工作段主要负责的负荷包括哪些？

（8）交流保安用电系统可以保护的负荷种类有哪些？

【任务实施】

（1）课前学生自行观看在线开放课程，并完成网上自测。

（2）查阅《仿真机组的运行规程》及参考任务流程表，以运行小组为单位填写“厂用电系统送电”任务操作票（可参考表2-3），操作票由组长负责编写，指导教师负责检查和评分。

（3）恢复火电机组仿真机初始条件为“启动前的准备工作完毕”，确认机组运行状态，记录机组当前状态。

（4）按照任务操作票，运行值班员具体操作，组长负责安全监护。

（5）启动完成后，检查机组状态，记录主要参数，填写实训报告。

表2-3　　厂用电系统送电任务

任务	菜单	步骤	备　注
直流系统送电	110V直流系统	蓄电池对110V直流母线供电	直流母线变为红色，表示已送电。注意电气符号物理意义
	220V直流系统	蓄电池对220V直流母线供电	
交流不停电电源系统送电	UPS直流系统	220V直流电源对UPS母线供电	UPS母线变为红色，表示已送电
	UPS馈线一次系统	依次合上各个出线开关	所有用电项目送电
高压厂用变及公用变送电	机组保护	投入主变、高厂变及公用变中的保护	电气设备送电前需要投入保护
	电气主接线	（1）投入主变冷却器风扇。 （2）投入外接线路及变压器电压互感器（TV）。 根据要求依次合上外电网到升压变的刀闸、开关	冷却变压器，防超温变压器送电

续表

任务	菜单	步骤	备　注
高压厂用电系统送电	高压厂用电母线（工作段、公用段）	（1）投入厂用高压母线的 TV 一、二次熔断器。 （2）合上高压厂用变及公用变到各自厂用高压母线开关	注意融断器的投入方法
低压厂用电系统送电	厂用及公用电源	（1）380V 锅炉及汽轮机工作段母线送电。 （2）380V 公用段母线送电	
保安系统送电	厂用电系统	（1）投入各保安段母线。 （2）投入柴油机连锁	各保安段电源只能有一个，备用电源连锁
切换直流系统及 UPS 电源	锅炉/汽轮机保安段	（1）合上 UPS、110V、200V 直流系统开关。 （2）断开 UPS 直流供电电源	直流系统蓄电池转为浮充状态
锅炉及汽轮机 MCC 送电	锅炉及汽轮机 MCC 电源	（1）合上低压工作段电源到 MCC 段开关。 （2）合上 MCC 母线上必要负荷开关	MCC 母线负荷平均分配给低压工作段 备用电源开关连锁
电机备用	工作段、保安段、公用段及 MCC 段线路	检查线路中所有电机在工作位并转换开关在遥控位	

资源 2.2.1：设备送电 1（直流和 UPS）
资源 2.2.2：设备送电 2（发电机-变压器组系统送电）
资源 2.2.3：设备送电 3（厂用电 6kV～380V）
资源 2.2.4：设备送电 4（保安段送电 UPS 充电）
资源 2.2.5：设备送电 5（MCC 送电结束检查）

【检查评估】

检查任务完成情况，检查评估表见表 2-4。

表 2-4　　厂用电系统送电任务检查评估表

评估内容	评价标准	评价人	权重	评分	总评
预习测试	课程平台自动评分	平台	10		
学习态度	出勤情况：迟到扣 2 分，缺勤扣 5 分	班委	5		
	课堂表现：积极发言，表达清晰、流利	教师	5		
任务实施	1. 工作计划				
	投送厂用电系统流程正确	小组成员	5		
	操作票中线路电路开关、熔断器投送正确	教师	5		
	2. 直流系统送电				
	开关操作正确，送电完成	小组成员	5		

续表

评估内容	评价标准	评价人	权重	评分	总评
任务实施	3. 交流不停电电源系统送电				
	开关操作正确，送电完成	小组成员	5		
	4. 高压厂用变及公用变送电				
	正确投入变压器、非电量、通信保护	小组成员	2		
	正确投入变压器冷却装置	小组成员	1		
	开关操作正确，送电完成	小组成员	5		
	5. 高压厂用电系统送电				
	正确投入线路保护	小组成员	2		
任务实施	开关操作正确，送电完成	小组成员	5		
	6. 低压厂用电系统送电				
	正确投入线路保护	小组成员	2		
	开关操作正确，送电完成	小组成员	5		
	7. 保安系统送电				
	开关操作正确，送电完成	小组成员	5		
	柴油机连锁	小组成员	3		
	8. 切换直流系统及 UPS 电源				
	开关操作正确，电源切换完成	小组成员	5		
	9. 锅炉及汽轮机 MCC 送电				
	开关操作正确，送电完成	小组成员	5		
	10. 电机备用				
	线路所有电机投入远程控制	小组成员	5		
	厂用电系统送电完成	教师	5		
团队协作	与小组成员一起分工合作	小组成员	5		
学生自评	客观评价自己	自己	5		

注 主要操作界面及机组状态参数，以小组为单位截图保存，附在实训报告后。

【知识拓展 2. 2-继电保护】（本项目末扫码获取）

任务三 电厂公用系统的投运

【学习目标】

（1）复述冷却水系统、工业水系统和压缩空气系统的作用。

（2）根据《大中型火力发电厂设计规范》复述冷却水系统、工业水和压缩空气系统的主要设备组成及系统流程。

（3）能按照《仿真机组的运行规程》及任务流程表编写“电厂公用系统”投运操作票，并完成系统投运操作。

【任务描述】

机组厂用电系统全面恢复后，为了保证后续单元机组正常启动，必须首先启动全厂都要用到的工业水系统和压缩空气系统，然后投入机组相关的冷却水系统，包括循环冷却水系统、开式循环冷却水系统、闭式循环冷却水系统。

本节任务是在全面了解大型机组公用系统（包括冷却水系统、压缩空气系统、工业水系统）的基础上，借助仿真机熟悉公用系统的基本启动流程及其运行参数控制。投入电厂公用系统的目的是满足机组设备冷却及气动控制的需要，为机组辅助系统投运做准备。

本任务建议采用项目教学法组织教学，其实施过程参照教学实施过程表（表 1-1）。

【情景案例】

事故经过：2006 年 3 月 26 日 10：00，某电厂 8 号机组 C 级检修后，按试运计划要求，主值准备启动循环水系统，进行循环水泵带负荷试转。10：50，8 号机组 A、B 循环泵电机测绝缘合格后送电。循环水系统准备恢复运行，系统管道注水完毕。11：41，主值将凝汽器循环水入口门开至 50%，出口门开至 30%。11：43，顺启 A 循环水泵，11：44，巡检汇报循环水入口门处漏水严重，立即停 A 循环水泵，并关闭凝汽器循环水入、出口门。就地检查发现 B 流道入口门后法兰呲开（事后检查，该流道入口门后法兰及膨胀伸缩节严重变形损坏）。

事故原因：当值主值未严格执行操作票，导致在循环水泵启动过程中，低压凝汽器 B 流道空气积聚，主值见循环水母管压力高，两次开大凝汽器循环水 A、B 流道入口门（出口门维持原开度），使门后压力迅速升高，凝汽器内空气瞬间压缩，引起气水冲击，使凝汽器循环水 B 流道入口门后法兰及其膨胀节严重损坏。

【知识导航】

一、机组冷却水系统

火电机组的冷却水系统包括循环冷却水系统、开式循环冷却水系统和闭式循环冷却水系统。

（一）循环冷却水系统

循环冷却水系统的作用是在凝汽器中冷却和凝结汽轮机的排汽。冷却和凝结汽轮机的排汽也可以采用空冷系统和直流供水冷却系统。

大中型火力发电厂的循环冷却水系统（见图 2-4）主要由冷却塔、循环水泵、凝汽器换热系统、管道阀门、胶球清洗等设备组成。系统主要流程：冷却塔→循环水泵前池→旋转或平板滤网→进口电动蝶阀→循环水泵→出口液动蝶阀→凝汽器进口电动蝶阀→低背压凝汽器→高背压凝汽器→凝汽器出口电动蝶阀→冷却塔。

由《大中型火力发电厂设计规范》知，单机 300MW 级及以上汽轮发电机组，每台机组宜配置一座逆流式自然通风冷却塔；高温高湿地区及特殊情况下，可采用机械通风冷却塔；也可采用横流式自然通风冷却塔，如图 2-5 所示。

在冷却方式中，逆流式效率最高，顺流式效率最差，横流式居中。自然通风逆流湿式冷却塔在我国电力部门使用最多，通过布水器散水，水滴飞溅大，对周围环境影响较大；塔体内部散热材体为封闭式设计，清洁保养难度大，甚至在更换时要拆散大部分塔体；由于配水系统阻力大且塔体比横流式高，故相对噪声要大过横流式。横流式塔为重力式散水，散水阻力小，填料用量大，填料在塔外，占地面积较大，空气水平流过塔外的填料层换热，但塔体高度低于逆流式；优点是内置检修空间检修方便，清洁保养时不需停机；且噪声小，振动小，飞溅水少。

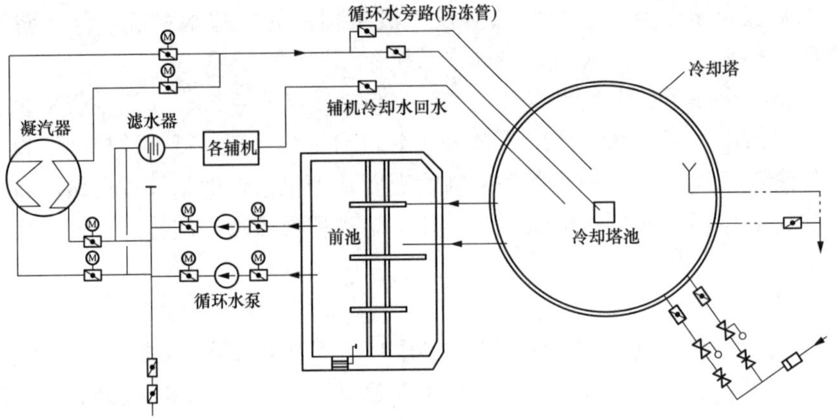

图 2-4　循环冷却水系统

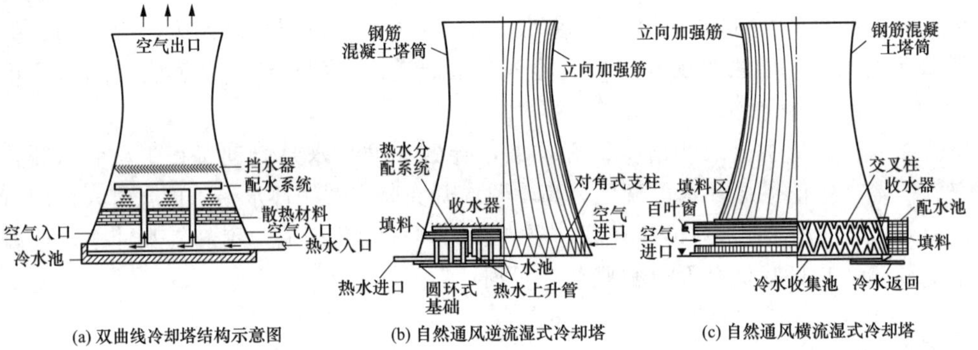

图 2-5　冷却塔示意

机械通风冷却塔的特点是空气主要不是靠自身筒内与筒外密度差产生的浮力向上流动的，而是靠布置在塔内的辅助风机来流动的，所以风量大，换热效果好，但是运行成本偏高。

系统中滤网是火电厂循环冷却水系统中的重要设备，它与上游冷却塔的拦污栅配合使用，可以有效地拦截和清除水中杂物，使过滤后的水质符合要求。当滤网前后水位差过大时，表示滤网前悬浮物较多，必须通过启动滤网和冲洗水进行冲洗，以避免造成滤网的卡塞和损坏。

一般来说，一套机组设置两台循环水泵，一运一备。首台循环水泵启动时其冷却水由工业水提供，非首台循泵启动冷却水可由引至其他正在运行循泵出口的冷却水管道提供。同时也作为循环水泵橡胶轴承的润滑水对循环水泵提供润滑，保证循环水泵的安全。启动循环水泵前，必须首先投入循环水泵的冷却和润滑。在循环水泵入口安装有电动蝶阀，出口安装有液动蝶阀，凝汽器进出口安装有电动蝶阀。系统投入运行前，需要提前把循环水泵入口和凝汽器进出口的电动蝶阀打开，来保证系统管路的畅通；循环水泵出口液动蝶阀与循环水泵是联动的，启动循环水泵时，液动蝶阀会联起。某电厂循环水泵启动条件如下：

（1）循环水泵轴承温度正常。

（2）循环水管路畅通。

（3）循环水泵对应的滤网后液位大于一定值。

（4）循环水泵电机冷却水压力大于一定值且循环水泵冷却润滑水流量不低。

（5）循环水泵无保护跳闸条件。

循环水系统长期运行会引起管束脏污、结垢，降低传热效果，影响凝汽器真空。因此，在凝汽器的两侧各设一套胶球清洗系统，定期清洗凝汽器换热管束。在循环水系统里，分别引出了开式冷却水系统的去水和回水管路。

（二）开式循环冷却水系统

开式循环冷却水系统就是用开式冷却水泵将循环冷却水升压后直接去冷却一些对水质要求不高或需要水温较低，同时用水量较大设备的冷却水系统，如图 2-6 所示。

开式循环冷却水系统的流程：循环水进水母管→过滤器→开式冷却水泵→止回阀→各设备的冷却器→循环水排水母管。

使用循环水直接冷却的设备包括发电机氢气冷却器、发电机定子水冷却器、电动给水泵工作油冷却器、电动给水泵润滑油冷却器、电动给水泵电机润滑油冷却器、凝结水泵电机润滑油冷却器、汽动给水泵汽轮机（俗称小汽轮机或小机）润滑油冷却器、水环式真空泵冷却器、主汽轮机润滑油冷却器。另外，还有一路循环水进入闭式冷却水热交换器，作为冷却介质去冷却闭式冷却水系统。

开式循环冷却水进水管和排水管均有两根。在两根进水管道上均装有电动蝶阀。每台机组设两台 100％容量开式冷却水泵。正常运行时，一台运行，一台备用。泵前的进水管道上各设有一只反冲洗滤网，滤网的进、出水侧各设有一只蝶阀，用于滤网检修。跨滤网接出一只压差开关，在滤网压差高时，自动清洗滤网，并发出报警。每台水泵的进口设置一只电动蝶阀，出口设置一只止回阀和电动蝶阀。各冷却设备的进出水管上均设置阀门。出口管道上设置的流量调节阀组能够调节冷却水量，以控制被冷却介质的出口温度。

开式循环冷却水系统启动前应充水放气，充水排至循环水回水管道，系统投运前必须保证循环水系统已经运行。某电厂开式冷却水泵启动条件如下：

（1）开式循环冷却水泵出口电动门已关。

（2）开式循环水泵进口电动门开。

（3）开式循环冷却水 A 泵无保护跳闸条件。

（4）电动滤水器入口电动门已开且出口电动门已开或者旁路门已开。

（5）闭式水冷却器开式水侧进出口门全开。

当机组停运时，开式冷却水系统必须继续运行一段时间，直到设备剩余的热量完全排出为止。

（三）闭式循环冷却水系统

对于冷却用水量小、水质要求高的一些设备，设置闭式循环冷却水系统。系统采用凝结水或除盐水作为冷却介质，可防止冷却设备的结垢和腐蚀，并保持冷却设备的良好传热性能。一般闭式循环冷却水系统的水温比开式水的温度高 4～5℃。闭式循环冷却水系统的冷却对象为发电机氢侧密封油冷却器、发电机空侧密封油冷却器、抗燃油冷却器等。

闭式循环冷却水系统流程为：闭式膨胀水箱→闭式冷却水泵→闭式冷却水热交换器→闭式水供水母管→各闭式水冷却器→闭式水回水母管→闭式冷却水泵进口，如图 2-7 所示。正常运行时，闭式冷却水泵和闭式热交换器均一台运行，一台备用。闭式循环冷却水系统的正常补充水为凝结水，初次充水由补充水泵来的除盐水完成。补充水补入闭式膨胀水箱。补充水管道上装有气动调节阀，其前后设隔离阀，并由旁路阀供调节阀检修时通水。调节阀组的作用是调节补充水量，维持膨胀水箱水位。

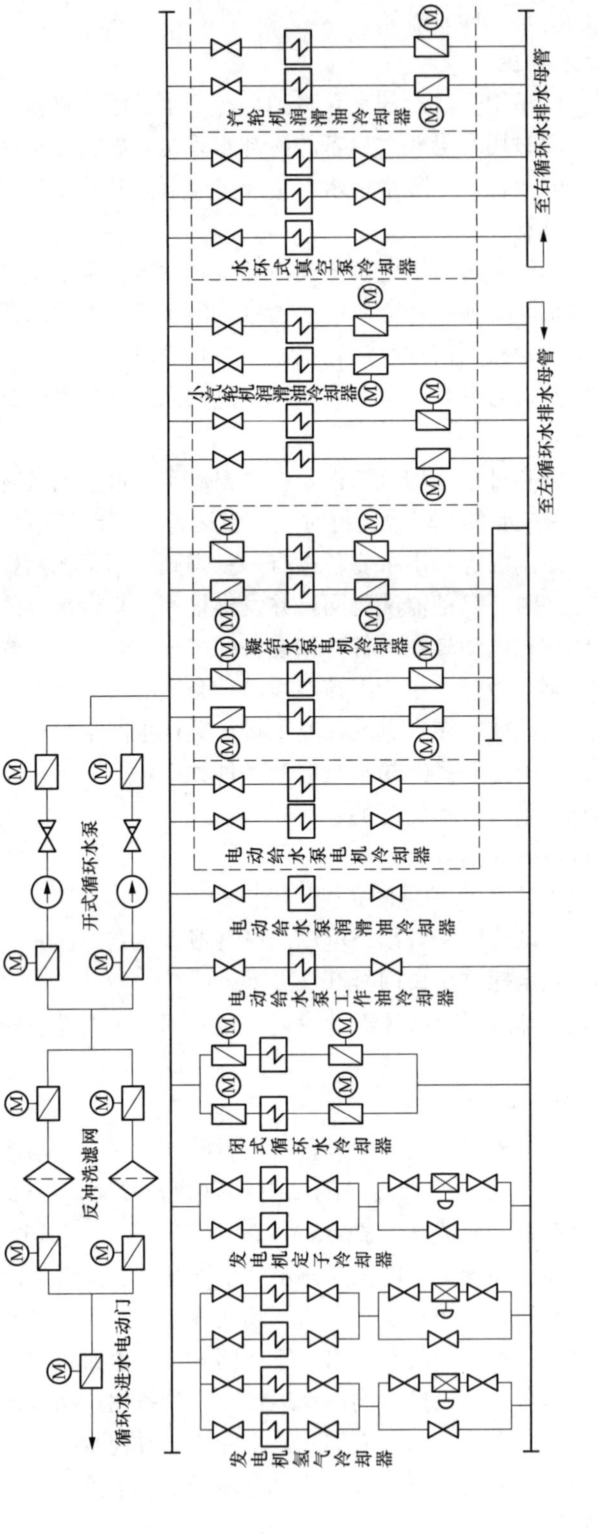

图 2-6 开式循环冷却水系统

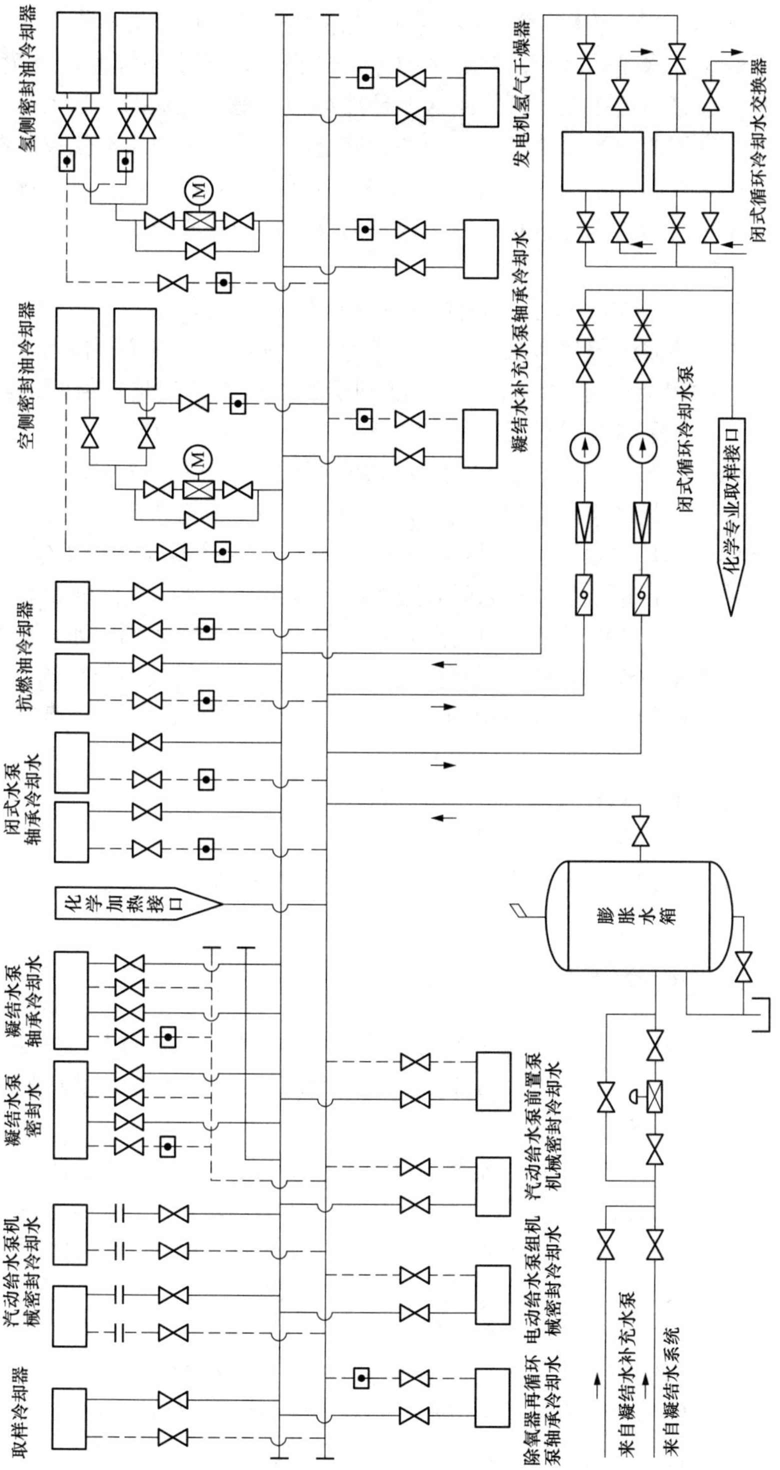

图 2-7　闭式循环冷却水系统

由《大中型火力发电厂设计规范》知，闭式循环冷却水系统主要包括一台高位布置的闭式膨胀水箱，其安装高度不应低于系统中最高冷却设备的标高。两台100%容量的闭式冷却水泵，两台100%容量的闭式冷却水热交换器，各闭式水冷却器及其管道和附件。闭式膨胀水箱作为闭式冷却水的缓冲水箱，其作用是调节整个闭式循环冷却水系统循环水量的波动，以及吸收水的热膨胀。水箱高位布置，可为闭式循环冷却水泵提供足够的净吸入压头。水箱的正常水位只维持水箱容积的一半，使其有一定的膨胀空间。水箱水位由水位控制器和补充水管道上的流量调节阀来控制。水箱为大气式，顶部设有呼吸阀，还设有溢流和放水管道。

为保证冷却水质满足使用要求并防止管道和设备的腐蚀，闭式膨胀水箱设有化学加药管道，定期将药品加入系统。

每台闭式冷却水泵入口设置一只手动蝶阀和一只滤网，出口设置一只止回阀和一只蝶阀。蝶阀的作用是在水泵检修时隔离水泵来水，正常运行时蝶阀应处于全开位置。滤网可以防止杂物进入泵内。在滤网上装有压差开关，当滤网受堵，压降达到整定值时向集控室报警。出口的止回阀能够防止冷却水倒灌入备用泵中。

闭式冷却水热交换器的作用是用开式冷却水冷却吸热后温度上升的闭式循环冷却水（凝结水）。热交换器的壳侧介质是凝结水，管侧介质是开式循环冷却水。为防止水质较差的循环水渗漏进水质好的凝结水，设计时保持凝结水压大于循环水压。热交换器进、出口均设闸阀。

开式循环冷却水系统运行正常后，才能开启闭式循环冷却水系统。在闭式循环冷却水系统启动充水前，需要开启各冷却设备前后的隔离阀和放气阀，向膨胀水箱上水，直至其水位达到正常运行水位，投入水位调节系统。然后启动闭式冷却水泵，投入加药系统。通过调节各冷却器出口管道上隔离阀的开度，控制冷却水量。某电厂闭式冷却水泵启动条件如下：

（1）闭式泵出口电动门全关。

（2）至少一套闭式水冷却器投入运行。

（3）无闭式循环冷却水泵保护跳闸信号。

机组停运后，可停止闭式循环冷却水系统的运行。系统停运后，应将设备水室和管道的存水通过放水门排尽。

二、工业水及压缩空气系统

工业水系统与凝汽器循环冷却水用同一水源，因此，工业水系统是向电厂里对水品质要求不高的公共用户提供用水。工业水生成流程为：工业水源水泵→工业水澄清池→工业水池→工业水泵→工业水用户→工业水池。

工业水的用途很广，可作为冷却、润滑、清洗、喷淋等使用，用户包括（不限于）：①循泵轴承密封水，循泵电动机及轴承冷却水。②煤场工业水用水。③危险品仓库工业水用水。④电除尘工业水冲洗。⑤制氢站用工业水。工业水还用于锅炉辅机的冷却用水，主要包括：①磨煤机轴瓦、减速机、润滑油站冷却水。②密封风机冷却水。③一次风机、送风机、引风机冷却水。④空预器冷却水。⑤空压机冷却水。

压缩空气系统分为仪用压缩空气系统和厂用压缩空气系统，有的电厂由同一空压机组供气，也有的电厂分别由不同的空压机组提供气源。该机组压缩空气系统共配置4台并列布置的喷油螺杆式空压机。正常运行时，2台运行，2台备用（其中1台运行备用，1台检修备用）。此外还包括空气净化及干燥装置、2只仪用压缩空气储气罐和2只厂用压缩空气储气罐，以及相关的管道和阀门等。

每台空压机的出气管通过手动隔离阀（空压机出气阀）连接到空压机出口压缩空气母管，因为仪用气比厂用气品质要求高得多，所以将仪用压缩空气送进4台空气净化及干燥装置，经过净化和干燥处理后的压缩空气被送进仪用压缩空气储气罐储存，并通过该储气罐的出气阀门，进入主厂房及厂区仪用气系统。在空压机出口压缩空气母管上，引出一路压缩空气，不经过空气净化及干燥装置，而是通过厂用压缩空气储气罐，将压缩空气送进一阀门控制站。该路空气作为厂用压缩空气的正常气源。

一般情况下，在机组启动过程中，工业水和压缩空气系统是两个投入运行最早的系统。后面依次投入的是循环冷却水系统、开式冷却水系统、闭式冷却水系统。

【任务引导】

学习完相关知识后，需回答下列问题：

（1）循环冷却水系统由哪些主要设备组成？启动循环水泵需要满足哪些主要条件？

（2）开式冷却水系统和闭式冷却水系统分别冷却电厂哪些设备？各自系统的水泵启动条件是什么？

（3）工业水冷却的主要设备有哪些？

（4）压缩空气系统中主要有哪些设备？各自起到什么作用？

【任务实施】

（1）课前学生自行观看在线开放课程，并完成网上自测。

（2）查阅《仿真机组的运行规程》及参考任务流程表，以运行小组为单位填写“电厂公用系统”投运操作票（可参考表2-5），操作票由组长负责编写，指导教师负责检查和评分。

表2-5　公用系统任务流程表

任务	菜单	步骤	备注
投入工业水系统运行	就地锅炉 工业水系统	开启所有冷却水用户的手动门	检查所有管路通畅
投入压缩空气系统运行	就地锅炉 空压机房系统	开启空压机就地门、压缩空气主管道上的就地门	保持管路畅通
	DCS汽轮机 空压机站	启动两台空压机及其对应的干燥器运行，另两台连锁	启动时要确认控制面板处于M手动状态，点击启动后再点击OK即可。观察储气罐压力上升，通过调节阀控制压缩空气压力为0.62MPa，使其不低于0.6MPa
投入循环冷却水系统运行	就地汽轮机 循环水泵房系统	开启冷却和润滑循环水泵管道相关就地门	保持冷却水管道畅通
	DCS汽轮机凝汽器循环水	开启循环冷却水在凝汽器进出口电动蝶阀	循环冷却水管道注水，满足循环冷却水泵启动条件
	DCS汽轮机 循环水泵房-1	开启至开式水系统电动门	为启动开式水系统做准备
		启动5号冷却水泵，开5号循环泵冷却器入口电动门，开润滑水泵进水电磁阀，启动润滑水泵，开润滑水泵出口电磁阀	观察冷却水压正常，冷却循环冷却水泵，满足启动条件
		启动一台循环水泵（循环水泵出口液动蝶阀应联开）	检查循环水系统运行正常
		投入另一台循环水泵、冷却水泵、润滑水泵连锁	设备连锁备用

续表

任务	菜单	步骤	备　注
投入开式循环冷却水系统运行	就地汽轮机开式循环冷却水系统	开启各冷却设备就地门	保证冷却管路畅通
	DCS汽轮机开式水系统	开启一套反冲洗滤网出、入口电动机及开式冷却水泵出、入口电动门、闭式水冷却器进、出口电动门	开式冷却系统充水
		启动一台开式冷却水泵，将另一台投入备用	开式循环冷却水系统运行，开式冷却水泵一投一备
		调节闭式水冷却器出口电动门；调节主机冷油器出口电动门；调节小汽轮机冷油器出口电动门；将发电机定子冷却水温度气动调节阀投自动；将氢气冷却器回水电动调节阀投自动；将其他电动门全开	将闭式水供水温度控制在38℃以下；将主机润滑油油温控制在38～49℃；将小汽轮机（简称小机）润滑油油温控制在38～49℃；发电机定子冷却水温度定值暂设为35℃，待定子冷却水温度升高后，再将定值提升至45～50℃；氢气冷却器回水温度定值设为35℃（30～40℃）
投入闭式冷却水系统运行	就地汽轮机闭式循环冷却水系统	开启闭式冷却水管路上的就地门	保证闭式冷却水管道畅通
	DCS汽轮机闭式水系统	检查膨胀水箱水位正常（1700～1930mm）	如没有在正常水位，必须首先启动凝汽器补充水系统对膨胀水箱补水并投入补水调节门自动
		启动一台闭式循环水泵，另一台连锁备用	闭式循环冷却水系统运行，闭式冷却水泵一投一备

（3）恢复火电机组仿真机初始条件为“厂用电系统送电完毕”，确认机组运行状态，记录机组当前状态。

（4）按照任务操作票，运行值班员具体操作，组长负责安全监护。

（5）启动完成后，检查机组状态，记录操作系统主要参数，填写实训报告。

资源 2.3.1：公用系统投运（1 循环水系统）

资源 2.3.2：公用系统投运（2 开式循环水系统）

资源 2.3.3：公用系统投运（3 凝结水补水系统）

资源 2.3.4：公用系统投运（4 闭式循环水系统）

资源 2.3.5：公用系统投运（5 辅助蒸汽系统）

资源 2.3.6：公用系统投运（6 工业水和空压机站）

资源 2.3.7：拓展知识：输煤系统

资源 2.3.8：辅助蒸汽系统简介

【检查评估】

检查任务完成情况，检查评估表见表 2-6。

表 2-6　公用系统任务检查评估表

评估内容	评价标准	评价人	权重	评分	总评
预习测试	课程平台自动评分	平台	10		
学习态度	出勤情况：迟到扣 2 分，缺勤扣 5 分	班委	5		
	课堂表现：积极发言，表达清晰、流利	教师	5		
任务实施	1. 工作计划				
	公用系统投运流程正确	小组成员	10		
	操作票里设备和阀门描述和操作正确	教师	10		
	2. 循环冷却水系统、开式循环冷却水系统、闭式循环冷却水系统投运				
	DCS 和就地阀门及连锁开关正确	小组成员	30		
	投运顺序正确，系统启动正常	小组成员	20		
团队协作	与小组成员一起分工合作	小组成员	5		
学生自评	客观评价自己	自己	5		

注　主要操作界面及机组状态参数截图保存，以小组为单位，附在实训报告后。

【知识拓展 2. 3-蝶阀】（本项目末扫码获取）

任务四　汽轮发电机组油系统的投运

【学习目标】

（1）简述汽轮机及小机润滑油系统、高压抗燃油系统、发电机密封油系统的作用和设备组成。

（2）按照 DL/T 571—2014《电厂用磷酸酯抗燃油运行维护导则》、DL/T 1164—2012《汽轮发电机运行导则》复述汽轮机及给水泵汽轮机润滑油系统、高压抗燃油系统、发电机密封油系统的主要流程及其运行参数要求。

（3）能按照《仿真机组的运行规程》及任务流程表编写“汽轮发电机组油系统投运”投运操作票，并完成系统投运操作。

【任务描述】

本节任务是在全面了解大型汽轮机润滑油系统、高压抗燃油系统、发电机密封油系统功能和流程的基础上，借助仿真机，熟悉现场润滑油系统、高压抗燃油系统和发电机密封油系统的基本启动过程及其运行参数控制。在机组启动前完成汽轮机润滑油系统、高压抗燃油（EH 油）系统、发电机密封油系统的投入，保证汽轮机发电机组轴承润滑、汽轮机汽门控制及发电机冷却系统密封，满足机组盘车要求。

本任务建议采用项目教学法组织教学，其实施过程参照教学实施过程表（表 1-1）。

【情景案例】

事故经过：2002年10月16日14：14，某电厂5号机组在小修后启机过程中，在进行主油泵和高压启动油泵的切换时由于运行人员误操作，发生烧瓦恶性事故。2002年10月16日，5号机组小修后按计划进行启动。13：00，机组达到冲转条件，13：43达到额定转速。汽轮机值班员在查看高压启动油泵电机电流从冲转前的280A降到189A后于13：49盘前停高压启动油泵，盘前光字牌发“润滑油压低停机”信号，机组自动掉闸，交流润滑油泵联启。运行人员误认为油压低的原因是就地油压表一次门未开造成保护动作机组掉闸，因此再次挂闸。14：14，在高压启动油泵再次达到190A时，单元长再次在盘前停高压启动油泵。盘前光字牌再次发“润滑油压低停机”信号，由于交流润滑油泵联启未复归，交流润滑油泵未能联启，汽轮机再次掉闸。单元长就地检查发现五瓦温度高，油挡处冒烟，汽轮机值班员盘前发现六、七瓦温度高至90℃，立即破坏真空紧急停机处理。事故后经检查，发现二、五、六、七瓦下瓦乌金不同程度烧损；五瓦处低压轴封轻微磨损，油挡磨损。解体检查高压启动油泵出口止回阀时发现门板无销轴。

事故原因：一是两次停高压启动油泵时均未严格执行运行规程的规定，检查高压启动油泵出口止回阀前油压达到2.0MPa后，缓慢关闭高压启动油泵出口门后再停泵（实际运行泵出口止回阀不严）。同时在停泵过程中未严密监视转速、调速油压和润滑油压的变化，异常情况下未立即恢复高压启动油泵。二是在第二次挂闸前对高压启动油泵和交流润滑油泵的连锁未进行复归操作，造成低油压时交流润滑油泵不能联启。三是高压启动油泵出口止回阀板无销轴，造成门板关闭不严，主油泵出口门经该门直接流回主油箱，使各轴承断油。四是机组启动过程中现场指挥混乱，各级管理人员把关不严也是本次事故的重要原因。

【知识导航】

一、汽轮机润滑油系统

汽轮机润滑油系统的作用有：①提供汽轮发电机组各轴承润滑用油，并带走轴承内摩擦所产生的热量和转子传来的热量。②向盘车装置和顶轴油装置供油。③向调节系统和保安系统提供低压保安油。④对于氢冷发电机来说，为发电机密封系统提供密封介质，对发电机两侧的轴承起密封作用，防止氢气外漏。

汽轮机润滑油系统由主油泵、交流润滑油泵、直流事故油泵、高压密封油泵、顶轴油泵、射油器、冷油器、主油箱、排烟风机、阀门和油管路等组成。供油系统普遍采用集装供油方式，将辅助油泵集中布置在油箱顶上，且油管路采用套装管路，系统回油管道作为外管，其他供油管安装在回油管内部。汽轮机正常运行时，润滑油系统流程：一路为主油泵→射油器→冷油器→汽轮机轴承→主油箱；另一路为主油泵→射油器→主油泵，其作用是保证主油泵的正常工作，具体见图2-8。

（一）主油泵

汽轮机主轴驱动的主油泵是蜗壳式离心泵，安装在前轴承箱中的汽轮机外伸轴上，与汽轮机主轴采用刚性连接，由汽轮机主轴直接驱动，以保证运行期间供油的可靠性。正常运行时，主油泵供给轴承用油、机械超速脱扣和手动脱扣用油（低压保安油）、高压氢密封备用

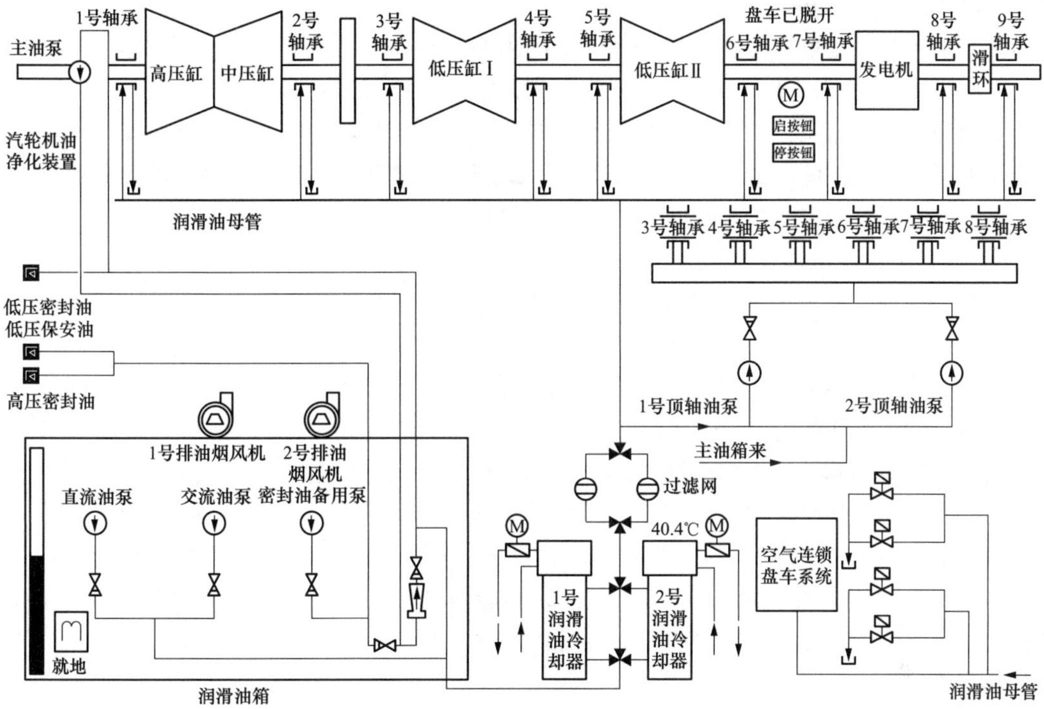

图 2-8　发电机润滑油系统

油，在主油泵入口也提供低压氢密封备用油。离心式主油泵自吸能力较差，必须不断地向其入口供给充足的低压油。在启动升速和停机期间，由交流润滑油泵向其供油；在额定转速或接近额定转速时由射油器向其供油。主油泵出口有管道与油箱内的射油器进口相连，并通过一止回阀与机械超速遮断和手动遮断油总管相通，也与高压发电机氢密封油总管相通。

（二）射油器

射油器也称注油器，是一种喷射泵，利用少量的高压油作动力，吸入大量的油，以一定的压力供润滑油系统和主油泵用油。射油器安装在油箱内油面以下，由喷嘴、混合室、喉部和扩压管等主要部分组成。工作时，主油泵来的压力油以很高的速度从喷嘴射出，在混合室中造成一个负压区，油箱中的油被吸入混合室。同时由于黏性，高速油流带动吸入混合室的油进入射油器喉部，油流通过喉部进入扩散管以后速度降低，速度能又部分变为压力能，使压力升高，最后将部分有一定压力的油供给润滑油系统使用。射油器能够把小流量的高压油转化为大流量的低压油。射油器后面装有一个止回阀，以防止主油泵在中、低转速时，油从注油器出口倒流回油箱。

（三）交流润滑油泵

由交流电动机驱动的一台润滑油泵，立式电动机安装在油箱的顶板上，离心油泵完全浸没在油中，两者通过联轴器刚性连接。该泵经过油泵底部的滤网吸油，其出口经过止回阀分别连至主油泵进油管和润滑油的冷油器，向主油泵和轴承润滑油母管供油。该泵只在启动和停机阶段或润滑油压力较低时使用。该泵由压力开关和装在控制室内的三位（启动、停止、自动）开关控制，在机组启动前手动投入，机组并网前停泵，置于自动方式，当轴承油压降到一定值（如 0.075 8～0.082 7MPa）时，润滑油泵可自动投入运行，把油压回升到所需值。

（四）直流事故油泵

直流事故油泵是一台由直流电动机驱动的离心油泵，电动机安装在油箱顶板上，油泵垂直置于油箱的油面下，其出口经过止回阀分别连至主油泵进油管和润滑油的冷油器，向主油泵和轴承润滑油母管供油。它是交流润滑油泵的事故备用泵，由电站蓄电池系统供电，由压力开关和装在控制室内的三位开关控制，如交流电断电或轴承润滑油压降到一定值（0.0689～0.0758MPa）时，事故油泵就会自动投入运行。

（五）密封油备用泵

密封油备用泵安装在油箱顶部，其出口通过止回阀与高压密封油母管相通。它在机组启动、停机或主油泵不能满足高压密封油时，投入运行（在机组正常运行时，发电机的密封油由主油泵供给）。密封油备用泵由控制润滑油泵的同一个压力开关来控制，当停机或出现意外工况时，轴承油压降低到一定值（如 0.075 8～0.082 7MPa）时，密封油备用泵自动启动，把高压密封油总管压力升到所需的压力。停机后，只要发电机氢压为额定值，密封油备用泵要一直运行；只有发电机排氢，氢压降低到低于润滑油压后，备用密封油泵才能停止运行。油泵不会自动停止运行，必须在控制室内手动停泵。在启动时，若对发电机充氢，在提升氢压前，机组转速低于 2700r/min，主油泵不能满足密封油压的要求，密封油备用泵在发电机氢气升压前投入运行。到主油泵能满足密封油压的要求（大约 90％额定转速）时，密封油泵才停止运行。

（六）润滑油冷油器

润滑油的温度由冷油器调节。冷油器通常有两台，在正常运行时，一台投入运行，另一台备用。在某些特殊工况下，两台冷油器可以同时运行。冷油器与交直流润滑油泵和射油器出口连接，不管从哪里来的润滑油，在进入轴承前都经过冷油器。润滑油在冷油器壳体内绕管束外绕流，而冷却水在管内流动。流向冷油器的润滑油由手动操作的换向阀控制，它可使油流向任何一台冷油器，且在切换冷油器时不影响进入轴承的润滑油流量。两台冷油器的进油口通过一根连通管和一个切换阀相连，该阀能使备用冷油器先充满油，以保证备用冷油器能迅速投入运行，再切断原工作冷油器。冷油器的冷却水流量由供水管上的手动操作阀调节。因而冷油器出口油温也是可调节的。正常情况下调整到在进油 60～65℃时，冷油器出口温度为 43～49℃。

（七）主油箱

主油箱为油系统的储油装置。油泵从油箱中取油，各系统用过的油返回主油箱。主油箱还起着分离油中水分、沉淀物和气泡的作用。油箱底部为斜坡，以便在最低处放出积水和其他沉淀物。主油箱的容量和机组的大小与油系统用油量的多少有关，应保证在交流电源失去且冷油器断水时及汽轮机在停机惰走过程中，轴承温度不超过极限值。

油位指示器装在油箱顶部，可就地指示油箱油位，也可同时发出远传控制和报警信号。油位开关有两组，其中一组供低油位或高油位报警，另一组具有连锁和报警功能，和油箱电加热器连锁，在低低油位时会及时关掉电加热器电源，在高高油位时发出停机信号。

（八）排烟风机

在主油箱的顶部装有两台排烟风机，其作用是排出润滑油系统中分离出的空气和其他气（汽）体，以减少水蒸气的凝结，从而减少油中的水分。维持油箱内及回油系统内有一定的负压，使油箱油面以上空间得以通风，回油管都在油箱油面以上，使各轴承回油畅通，轴承座得以通风，防止轴承箱油烟外泄和油挡存油，减少回油管路向外渗油。在机组冷态启动时为缩短加热油温时间，在油箱盖板上还安装了电加热器。

（九）顶轴油泵

机组在启动盘车前，先启动顶轴油泵，利用 13MPa 左右的高压油把轴颈顶起，离开轴瓦 0.05～0.08mm，以避免两者之间的干摩擦，同时可以减少盘车的启动力矩，使盘车马达的功率减少。汽轮机的两个低压转子的轴承和发电机的两只轴承底部均设有顶轴油孔，与顶轴装置相通。顶轴油系统为母管制，配有两台柱塞泵，一台运行，一台备用，油泵的进油取自滤油器后管道。

（十）盘车装置

盘车装置是在机组启动时带动转子低速旋转以便使转子均匀加热，或在停机后盘动转子旋转，保持转子均匀冷却，减小转子变形的可能。

启动前盘动转子，可以用来检查汽轮机是否具备启动条件，如动静部分是否存在摩擦、主轴弯曲度是否正常等。汽轮机停机后，汽缸和转子等部件由热态逐渐冷却，其下部冷却快，上部冷却慢，转子因上下温差而产生弯曲，弯曲程度随着停机后的时间而增加，对于大型汽轮机，这种热弯曲可以达到很大的数值，并且需要经过几十个小时才能逐渐消失，在热弯曲减小到规定数值以前，是不允许重新启动汽轮机的。因此，停机后，应投入盘车装置，盘车可搅和汽缸内的汽流，以利于消除汽缸上、下温差，防止转子变形，有助于消除温度较高的轴颈对轴瓦的损伤。对盘车装置的要求是：它既能盘动转子，又能在汽轮机转子转速高于盘车转速时自动脱开，并使盘车装置停止转动。

二、高压抗燃油系统（EH 油系统）

600MW 火电机组，由于汽轮机进汽压力、温度的提高，作用在主汽门和调节汽门上的力也相应增大，开启主汽门和调节汽门所需的提升力也越来越大，因此，必须靠提高供油系统的压力来增加油动机的提升力。但供油压力提高，油泄漏的可能性增大，容易引起火灾，所以，需采用高压抗燃油（磷酸酯合成油）作为动力油。高压抗燃油具有良好的抗燃性和稳定性，在事故情况下若有高压油泄漏到高温部件上，发生火灾的可能性很低。但由于高压抗燃油润滑性能差，且有一定的毒性和腐蚀性，不宜在润滑系统内使用，因而汽轮机需分别设置润滑油系统和控制油系统。

为保持控制油的正常物理、化学特性和运行特性。由《电厂用磷酸酯抗燃油运行维护导则》可知，运行人员至少应定期记录油压、油温、油箱油位；记录油系统及旁路再生装置精密过滤器的压差变化情况。高压抗燃油系统由 EH 油箱、蓄能器、滤油器、溢流阀、抗燃油加热器，两台 100%容量的电动柱塞式 EH 油泵、一台 EH 油再循环泵、阴阳离子过滤器、两台 100%容量的冷油器和对油压、油温、油位进行报警、指示和控制的标准设备所组成。

工作时由交流电动机驱动高压柱塞泵，通过油泵吸入滤网将油箱中的抗燃油吸入。油泵输出的抗燃油经过供油滤油器、单向阀、截止阀，进入供油母管，通过供油母管送到各执行机构和危急遮断系统。各执行机构的回油则通过压力回油管和冷油器回至油箱。在供油母管上装有高压蓄能器，用来降低油压的波动幅度。油泵出口的压力可在 0～21MPa 之间任意设置，本机组控制油系统高压柱塞泵出口压力整定为（14.5±0.5）MPa。当高压母管的油压达到 14.5MPa 时，高压油推动恒压阀上的控制阀，控制阀操作泵的变量机构，使泵的输出流量减少。当泵的输出流量和系统用油流量相等时，泵的变量机构维持在某一位置，当系统需要增加或减少用油量时，泵会自动改变输出流量，维持系统油压为 14.5MPa；当系统瞬间用油量很大时，蓄能器将参与供油。正常情况下，高压柱塞泵一台运行，高压油集管上装有压力开关（PS）能感受油系统的压力过低信号，当压力低至 11.03MPa 时，触点闭合，启动备用泵。

供油母管上设有弹簧式溢流阀作为系统的安全阀，当高压母管的油压达到（17±0.2）MPa 时，溢流阀动作，将压力油送回油箱，起到过压保护的作用。

有压回油是指 EH 系统正常运行时调门在开或关时，调节控制阀产生的压力回油，以及卸荷阀在运行中渗出的油。液压系统各油动机的回油通过低压回油母管经过一个 3μm 的回油滤油器回到油箱。在低压回油母管上，接有低压蓄能器，以减小回油压力波动。除此以外，本装置还设有自成体系的滤油和冷油系统，配置专门的循环泵将油从油箱中吸出，进行过滤和冷却后，再返回油箱。即使伺服系统不工作，油液的冷却和过滤也可进行。正常运行时，抗燃油冷却器一组运行，一组备用。优先投入有压回油冷却器，如有压回油冷却器不能使抗燃油温度稳定在正常范围内，再投入抗燃油循环泵及其回路冷却器，以降低油箱油温。回油滤油器设有过载旁路阀。当因回油流量波动（如系统快速关闭）或滤网堵塞，致使回油压力超过 0.24MPa 时，过载旁路阀打开，以降低回油压力，避免回油过滤器的损坏。

无压回油是指遮断电磁阀做试验或保护动作时的压力回油。当机组运行异常使危急遮断保护项目中任何一项发出停机指令时，4 只电磁阀失电全开，AST 母管的压力油经无压力回油管道直接排至 EH 油箱。遮断油压的降低，使主汽门和调节汽门执行机构上的快速卸载阀打开，进而使各个进汽门快速关闭，机组事故停机。

抗燃油油箱装有温度开关，可连锁循环泵及加热器的投入和切除，油箱内还设有油温过高报警测点，并提供低油位报警和遮断油泵的信号装置。此外，油箱还设有油位监测、报警和跳闸的油位计。

三、发电机密封油系统

采用氢气冷却的汽轮发电机必须由密封油对其端部进行密封，既保证发电机内部氢气不外泄，又防止空气和潮气进入发电机。密封油系统是根据密封瓦的形式决定的，最常见的有单流环式密封油系统和双流环式密封油系统。

（一）单流环式密封油系统

单流环式密封油系统主要由密封瓦、交流主密封油泵、直流事故密封油泵、磁芯式滤油器、差压调节阀、氢侧回油扩大槽、浮子油箱、空气抽出槽、真空净化装置和相应连接管道、阀门及仪表测点等组成。正常运行时，一台主密封油泵运行，油源来自主机润滑油系统。系统流程为：汽轮机主油箱→汽轮机润滑油泵→轴承润滑油管路→真空油箱→主密封油泵→滤油器→差压调节阀→发电机密封瓦；在此分为两路，一路机内侧（氢侧）→扩大槽→浮子油箱→真空油箱，另一路由发电机密封瓦→空侧排油→空气抽出槽，再由空气抽出槽通过轴承润滑油排油管路排放到汽轮机主油箱。

1. 回油扩大槽

发电机氢气侧（以密封瓦为界）的汽端（简称 T）、励端（简称 G）各有一根排油管与扩大槽相连，来自密封环的排油在此槽内扩容，以使含有氢气的回油能分离出氢气。扩大槽里面有一个横向隔板，把油槽分成两个隔间，之间可通过外侧的U形管连接，目的是防止因发电机两端之间的风机压差而导致气体在密封油排泄管中进行循环。扩大槽两间隔之间可通过外侧的U形管连接，回油向下进入浮子油箱，箱体上部各设一根排气管，用于排掉低纯度的氢气。扩大槽内部有一管路和油水探测报警器相连接，当扩大槽内油位升高超过预定值时发出报警信号。

2. 浮子油箱

氢侧回油经扩大槽后进入浮子油箱，该油箱的作用是使油中的氢气进一步分离。浮子油箱内部装有自动控制油位的浮球阀，可使该油箱中的油位保持在一定的范围之内。浮子油箱外部装有手动旁路阀及液位观察窗，以便必要时人工操作控制油位。氢气经分离又回到扩大槽，油向下流入空气抽出槽。由于浮子的控制作用，油箱内始终维持一定的油位，从而避免氢气进入空气抽出槽。

3. 空气抽出槽

发电机汽端和励端的空侧密封油回油与轴承润滑油回油混合后排至空气抽出槽内，油中的气体分离后经排烟风机抽出排往厂外大气，润滑油经过回油管路流回汽轮机的主油箱。空气抽出槽安装位置低于氢侧回油扩大槽以确保回油通畅。空气抽出槽上方设有两台排烟风机，一方面抽出回油中析出的气体，另一方面也有利于密封瓦回油的畅通。

4. 密封油泵

两台主油泵，一台工作，另一台备用。它们均由交流电动机带动，故又称交流油泵。一台事故油泵，当主油泵故障时，该泵投入运行。它由直流电动机带动，故又称直流油泵。

5. 差压调节阀

该调节阀用于自动调整密封瓦进油压力，使该压力自动跟踪发电机内气体压力，控制油气压差稳定在所需的范围之内。该调节阀上部有调节螺钉（或扳手），用来调节压缩弹簧，以改变油氢压差值。DL/T 1164—2012《汽轮发电机运行导则》中要求密封油压比机内氢压高出0.05MPa（或按制造厂规定）。

6. 真空装置

真空装置主要是指真空油箱、真空泵和再循环泵，它们是单流环式密封油系统中的油净化设备。正常工作（此处指交流油泵投入为正常工作）情况下，轴承润滑油不断地补充到真空油箱之中，润滑油中含有的空气和水分在真空油箱中被分离出来，通过真空泵和真空管路被排至厂房外，从而使进入密封瓦中的油得以净化，防止空气和水分对发电机内的氢气造成污染。真空油箱的油位由箱内装配的浮球阀进行自动控制，浮球阀的浮球随油位高低而变化，从而调节浮球阀的开度，这样使得补油速度得以控制，真空油箱中的油位也随之受到控制。真空油箱的主要附件还有液位信号器，当油位高或低时，液位信号器将发出报警信号。当油位变化时，液位信号器将输出模拟信号。再循环泵工作时，通过管路使真空油箱中的油形成一个局部循环回路，再循环油通过再循环管端的喷头而被扩散，加速气、水从油中分离。

（二）双流环式密封油系统（本项目末扫码获取）

四、给水泵汽轮机润滑油系统（本项目末扫码获取）

【任务引导】

学习完相关知识后，需回答下列问题：

（1）汽轮机润滑油、高压抗燃油、发电机密封油系统分别包括哪些主要设备和管道？各起到什么作用？

（2）请简要说明单流环式密封油系统和双流环式密封油系统之间的区别。

【任务实施】

（1）课前学生自行观看在线开放课程，并完成网上自测。

（2）查阅《仿真机组的运行规程》及参考任务流程表，以运行小组为单位填写“汽轮发电机组油系统投运”投运操作票（可参考表2-7），操作票由组长负责编写，指导教师负责检查、评分。

（3）恢复火电机组仿真机初始条件为“公用系统投用完毕”，确认机组运行状态，记录机组当前状态。

（4）按照任务操作票，运行值班员具体操作，组长负责安全监护。

（5）启动完成后，检查机组状态，记录操作系统主要参数，填写实训报告。

表2-7 汽轮发电机组油系统任务流程表

任务	菜单	步骤	备注
投入汽轮机润滑油系统运行	就地汽轮机 润滑油处理与储存系统	开启相关手动门向润滑油主油箱补油	补油到1180～1485mm范围，停止补油
	DCS汽轮机 主机润滑油系统	启动一台排烟风机，另一台备用；启动交流润滑油泵、密封油备用泵；投入润滑油冷油器运行及直流油泵连锁	检查润滑油系统油温、油压等参数运行正常
投入发电机密封油系统运行	就地汽轮机 发电机密封油系统	开启各相关就地门	为密封油油箱补油
	DCS汽轮机 发电机密封油系统	启动空侧交流密封油泵，空侧直流事故密封油泵连锁；氢侧密封油回油箱油位正常后，启动氢侧交流密封油泵，将另一台投入备用；启动一台空侧回油密封油箱排烟风机，另一台连锁	投入连锁前，一定要检查系统运行正常，系统参数正常
投入顶轴油系统及主机盘车运行	就地汽轮机 润滑油系统	开启顶轴油系统各相关就地门	保证顶轴油系统油路畅通
	DCS汽轮机 主机润滑油系统	启动一台顶轴油泵，另一台连锁	通过泵出口就地门调整泵出口油压为10～12MPa
	就地汽轮机 主机盘车装置	将“就地/遥控”开关打到“就地”位；按“就地启动”按钮，“手动”和“运行”灯亮；再按“啮合”按钮，“啮合”灯亮	检查盘车电流正常无摆动，大轴偏心率不大于75μm；在DEH界面，检查盘车转速为2.8r/min
投入控制油系统运行	就地汽轮机 EH供油系统	打开相关就地门	待EH油泵启动后，调整EH油泵出口就地门开度，控制供油压力为(14±0.5)MPa
	DCS汽轮机 主机控制油系统	启动一台EH油泵，另一台备用	检查EH油箱油位正常
投入小机润滑油系统及盘车运行	就地汽轮机 给水泵汽轮机A润滑油系统	正确开启就地门	
	DCS汽轮机 1号小汽轮机润滑油系统	启动排油烟风机、一台润滑油泵和顶轴油泵，另一台润滑油泵投备用	如顶轴油泵启不来，先复位后再启动
	DCS汽轮机 1号小汽轮机润滑油系统	开启小汽轮机盘车进油电磁阀，投入小汽轮机盘车	检查小汽轮机转速为400r/min
		按同样方法投入2号小汽轮机润滑油系统及盘车	

资源 2.4.1：系统补油
资源 2.4.2：主机润滑油系统投运
资源 2.4.3：顶轴油系统投运
资源 2.4.4：控制油系统投运
资源 2.4.5：发电机密封油系统投运
资源 2.4.6：拓展知识：轴承

【检查评估】

检查任务完成情况，检查评估表见表 2-8。

表 2-8　　汽轮发电机组油系统任务检查评估表

评估内容	评价标准	评价人	权重	评分	总评
预习测试	课程平台自动评分	平台	10		
学习态度	出勤情况：迟到扣 2 分，缺勤扣 5 分	班委	5		
	课堂表现：积极发言，表达清晰、流利	教师	5		
任务实施	1. 工作计划				
	汽轮发电机组油系统启动顺序正确	小组成员	10		
	操作票里设备和阀门描述和操作正确	教师	10		
	2. 投入汽轮机润滑油系统运行				
	补油成功、就地门正确开启	小组成员	5		
	成功启动汽轮机润滑油系统、参数正常	教师	5		
	3. 投入发电机密封油系统运行				
	发电机密封油系统就地操作正确	小组成员	5		
	成功启动发电机密封油系统	教师	5		
	4. 投入顶轴油系统及主机盘车运行				
	顶轴油系统正常投入运行	小组成员	5		
	主机盘车成功投入运行	教师	5		
	5. 投入控制油系统运行				
	正常投入就地 EH 供油系统	小组成员	5		
	正常投入主机控制油系统	教师	5		
	6. 投入小机润滑油系统及盘车运行				
	正常投入小机润滑油系统	小组成员	5		
	小机盘车成功	教师	5		
团队协作	与小组成员一起分工合作	小组成员	5		
学生自评	客观评价自己	自己	5		

注　主要操作界面及机组状态参数，以小组为单位截图保存，附在实训报告后。

【知识拓展 2.4-润滑油净化系统】（本项目末扫码获取）

任务五　发电机冷却系统的投运

【学习目标】

（1）简述发电机氢气系统、定子冷却水系统作用。

(2) 按照 DL/T 1164—2012《汽轮发电机运行导则》复述发电机氢气系统、定子冷却水系统主要设备组成及系统流程。

(3) 能按照《仿真机组的运行规程》及任务流程表编写“发电机冷却系统”投运操作票，并完成系统投运操作。

【任务描述】

本节任务是在全面了解大型发电机冷却系统功能、流程的基础上，借助仿真机，熟悉现场发电机氢气系统和发电机定子冷却水系统的基本启动流程及其运行参数控制。在机组启动前完成发电机冷却系统的投入，目的是保证发电机运转冷却要求。

本任务建议采用项目教学法组织教学，其实施过程参照教学实施过程表（表 1-1）。

【情景案例】

事故经过：某年 9 月 28 日，某电厂发电机定子冷却水泄漏进发电机，定子接地保护动作，机组跳闸。9 月 28 日 12：42，运行人员监盘时发现“3 号发电机液位高”“3 号发电机液位高高”相继报警，氢气压力由 0.288MPa 逐渐升高至 0.39MPa，值班人员立即进行汇报并对密封油系统、定子冷却水系统及氢气冷却器系统进行全面检查，并对发电机进行排污，发现有水排出。13：05，在发电机排水过程中机组定子接地保护动作跳闸。机组跳闸后进行了紧急停机操作。

事故原因：一是 3 号发电机定子冷却水管路制造质量存在固有缺陷。发电机汽侧定子绕组 3 点钟位置处，汇水环至发电机绕组挠性绝缘引水管线圈侧接头脱落，是造成此次事故的直接原因。二是 3 号发电机定子冷却水泵出口压力及发电机入口定子冷却水压力没有接入至 DCS 中，而仅在就地设置了压力表。运行人员对定子冷却水系统压力没有实时监视手段，是造成此次事故的间接原因。三是定子冷却水箱水位仅就地装设了水位表，没有接入至 DCS 中，而仅有水位高、低报警信号。运行人员对定子冷却水箱水位没有实时监视手段，是造成此次事故的间接原因。四是发电机排污发现有水后，运行人员没有按规程要求打闸停机，造成发电机进水量增加，是造成此次事故的间接原因。

【知识导航】

运行中的发电机，输出功率越大，其绕组和铁芯产生的热量就越多，发电机温度过高，会影响其内部的绝缘。为了保证机组的运行安全，大容量的发电机组都设置了发电机冷却装置，用来带走发电机运行中产生的热量。水氢氢冷却方式的汽轮发电机是当今大型电厂主流，定子绕组为水冷，转子绕组为氢气内冷，铁芯为氢气外部冷却。

一、发电机氢气系统

从制氢站来的氢气经过滤器、氢压调节器送到发电机机壳上部的总管，进入发电机机壳。由 DL/T 1164—2012《汽轮发电机运行导则》知：①发电机内氢压应达额定值。②发电机内氢气纯度按容积计应在 96%以上，最好运行在 98%以上，以提高效率。氢气中氧的体积分数不得超过 0.5%。③发电机内氢气在运行氢压下的氢气允许湿度的高限值，应按发电机内最低温度查得。

氢气是可燃性气体，在氢气和空气的混合气体中，若氢气含量在 3%～75%便有爆炸危险，含氢量在22%～40%范围内爆炸力最大，因此严禁空气和氢气直接接触，必须采用气体置换的方法。由DL/T 1164—2012《汽轮发电机运行导则》知：①发电机的充氢和排氢工作均应借助中间介质（二氧化碳或氮气）来进行。②气体置换一般在转子静止状态下进行，也可在盘车状态下进行，但不得在启动过程中进行。

由DL/T 1164—2012《汽轮发电机运行导则》知，由空气置换为氢气时的步骤为：用二氧化碳气体充满气体系统，以驱逐出空气。通过发电机底部的二氧化碳输送管通入二氧化碳，空气通过氢气入口管排放到大气中，当置换管路中的二氧化碳纯度达到85%以上时，方可向发电机内充氢气，以驱出二氧化碳气体或氮气。氢气通过氢气汇流管进入发电机顶部，二氧化碳和空气的混合物通过二氧化碳入口管排放到大气中。由氢气置换为空气时的步骤为：用二氧化碳气体充满气体系统，以驱出氢气。切实保证二氧化碳在发电机内部的气体纯度在90%以上。二氧化碳纯度合格后，用干燥的空气置换二氧化碳，当气体混合物中空气的含量达到90%时，则认为置换发电机内氢气的工作结束。

氢气系统的主要附属设备由氢气汇流排（高压储氢罐）、制氢站、二氧化碳汇流排（CO_2钢瓶）、氢干燥器、压力调节阀、过滤器、氢气冷却器、纯度分析器、油水探测器、氢气露点仪等组成，见图2-9。

（一）氢气干燥器

在机组的运行过程中，机内的氢气由于与密封油的接触或其他原因，氢气湿度将会增高。氢气系统设有氢气干燥器，氢气干燥器的进口与发电机的高压区相连，氢气干燥器的出口与发电机的低压区相连。通过氢气干燥器的运行，可以连续排出机内氢气所含有的水分，从而达到降低氢气湿度的作用。

（二）压力调节阀

在氢气控制站中装有压力调节阀，保持机内氢气压力恒定，压力调节阀于供氢管路上，相当于减压阀。

（三）氢气过滤器

滤除氢气中的杂质，由于过滤元件是多孔粉末冶金材料，强度太低，在正常使用情况下，过滤元件两端压差值一般不超过0.2MPa，否则对过滤元件起破坏作用。

（四）纯度分析仪

在机组的运行过程中，机内的氢气由于与密封油的接触或其他原因，氢气纯度将会降低，而氢气纯度的降低将直接影响发电机的运行效率，因此氢气系统中设有氢气纯度分析仪以监测发电机内的氢气纯度，另外还可以监测气体置换过程中中间气体的纯度。

（五）油水探测器

装在发电机机壳、氢气冷却器和出线盒下面，设有油水探测器，探测器内部的浮子控制开关，指示出发电机里可能存在的液体漏出，每一个探测器装有一根回气管通到机壳，还装有放水阀能够排出积聚的液体。

（六）氢气露点仪

氢气露点仪装在发电机氢气干燥器的进氢管路上，对发电机内的氢气的温度和湿度进行在线监测。

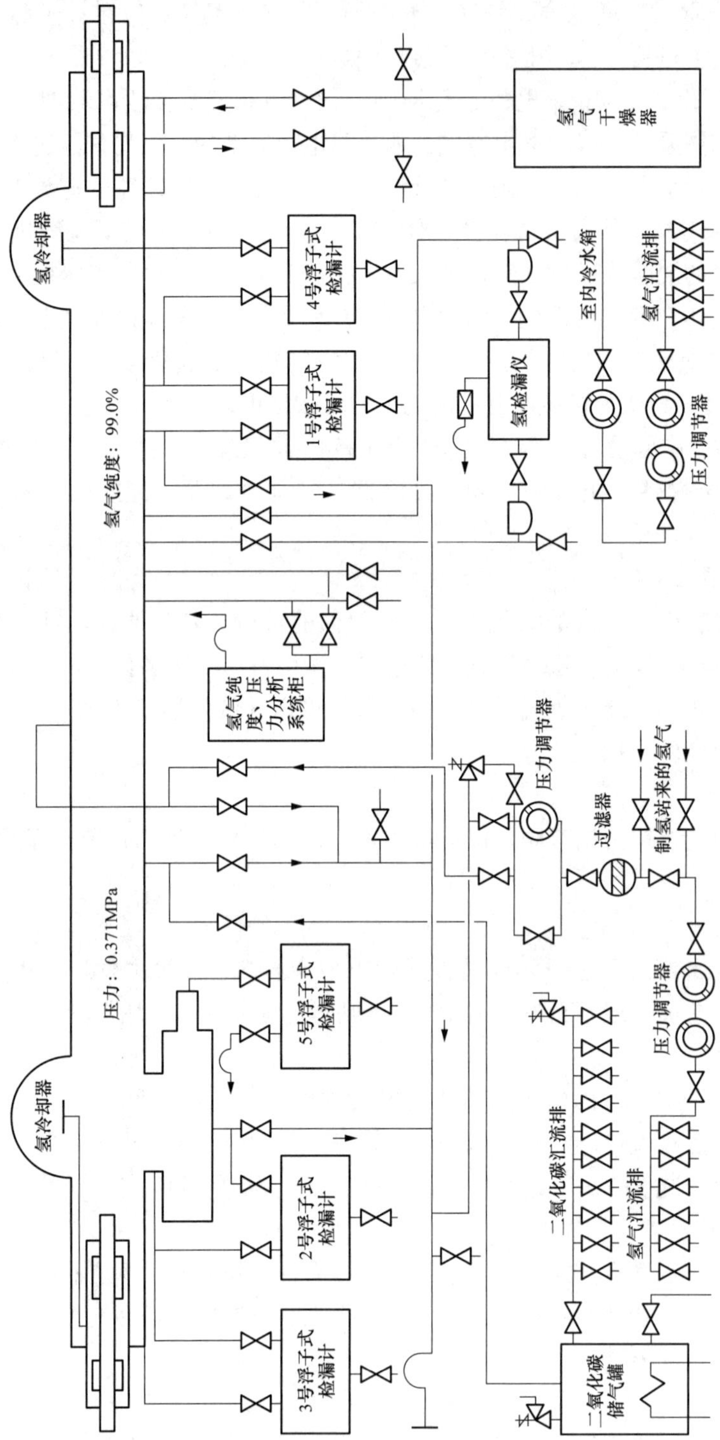
氢冷却器
氢气纯度：99.0%
压力：0.371MPa
氢冷却器
4号浮子式检漏计
1号浮子式检漏计
5号浮子式检漏计
2号浮子式检漏计
3号浮子式检漏计
氢气干燥器
氢检漏仪
至内冷水箱
氢气汇流排
压力调节器
氢气纯度、压力分析系统柜
压力调节器
过滤器
制氢站来的氢气
压力调节器
二氧化碳汇流排
氢气汇流排
二氧化碳储气罐

图 2-9 氢气系统

二、发电机定子冷却水系统

定子冷却水系统是利用定子内冷水泵向各定子绕组不间断地供水，并监视水温、水压、流量和电导率等参数的变化，来达到冷却发电机定子的目的。由 DL/T 1164—2012《汽轮发电机运行导则》知，发电机定子内冷水应采用除盐水或凝结水。定子冷却水系统自成独立封闭自循环系统，如图 2-10 所示，定子内冷水流程：定子冷却水箱→定子冷却水泵→冷却器→滤水器→发电机定子绕组→定子冷却水箱。

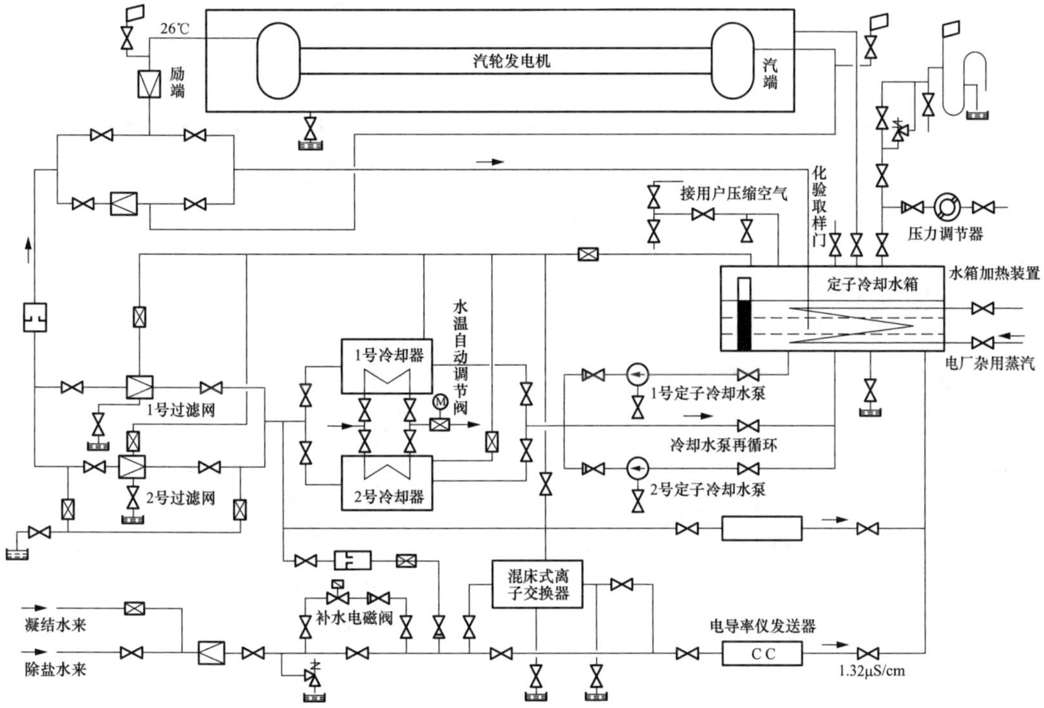

图 2-10　定子冷却水系统

（一）定子冷却水箱

由 DL/T 1164—2012《汽轮发电机运行导则》知：①发电机的内冷水箱宜采用充气的全密闭系统，推荐充以微正压的纯净氮气。②内冷水箱顶部应有排气门，底部有排污门。③水箱应装有水位计和水位调节装置。当水箱水位下降至报警水位时，液位开关触点动作，通过电气控制回路打开补水电磁阀自动向箱内补水。当水位过高时，又可通过溢流管自动溢流。系统初始充水时，应先使水箱水位在最高位置，直至溢流管有水溢流出为止，以排除水箱内的空气，防止定子绕组破漏后氢气进入水箱与空气混合，然后将水箱水位放至正常。

（二）定子冷却水泵

由 DL/T 1164—2012《汽轮发电机运行导则》知，每台发电机的水冷系统应设有两台内冷水泵，互为备用和自动切换。其驱动电动机应分别接于两个厂用电母线段。调整水泵再循环，控制发电机进水压力低于氢气压力 0.1～0.2MPa，在任何情况下氢压必须大于水压

0.05MPa，以防止绕组破损时，冷却水漏出绕组破坏绝缘。

（三）冷却器

由 DL/T 1164—2012《汽轮发电机运行导则》知，内冷水系统应装设适当数量的水冷器，并有一台作备用。水冷器的冷却水源可取自循环水或工业水。发电机内冷水的压力应大于水冷器中循环水或工业水的压力。在水冷器内发电机内冷水侧顶部应装设排放空气的阀门。冷却水源管路上设有调节器，用于调节冷却水量，从而控制冷却器定子水出水温度在45℃左右。夏季温度高时，只要定子绕组冷却水出水温度不高于 80℃，内冷水冷却器出水温度可高于规定值，但不要超过 55℃。在发电机冷态时，为了防止水温过低致使氢气中的水分在绕组上结露，系统中设置了提高定子绕组冷却水温度的电加热装置，应使加热后的水温高于氢温 5℃左右。

（四）水过滤器

由 DL/T 1164—2012《汽轮发电机运行导则》知，内冷水系统的管道、阀门、水泵、冷却器、水箱、过滤器等均应采用不锈钢制品。内冷水系统的进水端应设置 5～10μm 孔径的滤网。一台工作，一台备用，当过滤器进出口压力差高于正常压力差 0.021MPa 时，跨接于过滤器进出口处的压差开关发出报警信号，手动投入备用过滤器，切除原使用的过滤器，并清洗干净作为备用。

（五）离子交换器

在系统中还设有离子交换器辅助设备，当系统水质不合格时，应投入离子交换器运行，直到水质合格后方可停用。水循环比例 5%～10%，处理后水电导率值 0.1～0.5μS/cm。当监测离子交换器出口水质的电导率计显示其电导率值高于 0.5μS/cm 时，表明离子交换器中的树脂已失效，此时应从系统中切除离子交换器，更换树脂，再投入系统运行。

发电机定子绕组冷却水进出口旁各有一个排气阀门，是为了防止绕组两端部汇流管内滞留空气而专设的，每次水泵开启以后，应打开这两个排气阀，待水不断流出，确定气体排完后关闭。水箱上部设置的取样门是供化验人员取气样用的，若气样中含有超量氢气，说明定子绕组或端部引出线绝缘引水管破损，必须停机处理。定子冷却水系统应配置成套反冲洗装置，发电机累计运行两个月以上，遇有停机机会时，应对定子、转子水回路进行反冲洗，以确保水回路的畅通。

【任务引导】

学习完相关知识后，需回答下列问题：

（1）发电机氢气系统冷却发电机什么部分？氢气置换为什么需要中间介质？

（2）发电机定子冷却水系统冷却发电机什么部分？内冷水压为什么要比氢压低？

【任务实施】

（1）课前学生自行观看在线开放课程，并完成网上自测。

（2）查阅《仿真机组的运行规程》及参考任务流程表，以运行小组为单位填写“发电机冷却系统”投运操作票（可参考表 2-9），操作票由组长负责编写，指导教师负责检查和评分。

表 2-9　　发电机冷却系统任务流程表

任务	菜单	步骤	备注
投入发电机氢气系统运行	就地汽轮机 发电机氢气系统	首先用二氧化碳置换出空气，然后用氢气置换出二氧化碳；投入浮子式检漏计、氢气干燥器、氢气纯度、压力分析系统运行	用二氧化碳驱除空气或氢气时，要求二氧化碳纯度达到95%；用氢气驱除二氧化碳时，要求氢气纯度达到96%；最后逐渐升氢压至0.36～0.4MPa
投入内冷水系统运行	就地汽轮机 发电机定子冷却水系统	开启定子水箱补水相关就地门	
	DCS汽轮机 发电机内冷水系统	开启定子冷补水阀，后关闭	将定子水箱水位补水至600～800mm
	就地汽轮机 发电机定子冷却水系统	开启定子冷却水泵、冷却器、滤网进口和出口就地门	通过定冷水箱的高度差对冷却器、滤网注水结束后关闭定子冷却水泵的出口门
	DCS汽轮机 发电机内冷水系统	启动一台定子冷却水泵，另一台投备用	
	就地汽轮机 发电机定子冷却水系统	缓慢开启定子冷却水泵出口就地门、发电机内冷水进出口就地门；调整定子冷却水泵再循环门，控制内冷水压和流量；根据需要，投入定子冷却器冷却水侧运行，调节内冷水温度	完成对系统注水，注水期间观察定冷水箱水位变化，当水位保持稳定时，系统注水完成；内冷水压控制在0.25～0.35MPa，保持比氢压低0.05MPa；保持定子进水温度在45℃±3℃，要求定冷水温略高于氢温

（3）恢复火电机组仿真机初始条件为“汽轮发电机组油系统投运完毕”，确认机组运行状态，记录机组当前状态。

（4）按照任务操作票，运行值班员具体操作，组长负责安全监护。

（5）启动完成后，检查机组状态，记录操作系统主要参数，填写实训报告。

资源2.5.1：发电机内冷水系统投运

资源2.5.2：氢气系统投运

【检查评估】

检查任务完成情况，检查评估表见表2-10。

表 2-10　　发电机冷却系统任务检查评估表

评估内容	评价标准	评价人	权重	评分	总评
预习测试	课程平台自动评分	平台	10		
学习态度	出勤情况：迟到扣 2 分，缺勤扣 5 分	班委	5		
	课堂表现：积极发言，表达清晰、流利	教师	5		
任务实施	1. 工作计划				
	发电机组冷却系统启动顺序正确	小组成员	10		
	操作票里设备和阀门描述和操作正确	教师	10		
	2. 投入发电机氢气系统运行				
	气体置换程序正确，检测设备开启	小组成员	10		
	氢气系统参数正常	教师	15		
	3. 投入内冷水系统运行				
	定子水箱补水完成、就地门开启正确	小组成员	10		
	成功启动内冷水系统，参数正常	教师	15		
团队协作	与小组成员一起分工合作	小组成员	5		
学生自评	客观评价自己	自己	5		

注　主要操作界面及机组状态参数，以小组为单位截图保存，附在实训报告后。

【知识拓展 2.5-汽轮发电机的冷却方式】（本项目末扫码获取）

任务六　凝结水系统和除氧器加热系统的投运

【学习目标】

（1）能简述凝结水系统、除氧器加热系统的作用。

（2）根据 GB 50660—2011《大中型火力发电厂设计规范》复述凝结水系统、除氧器加热系统的主要设备组成及系统流程。

（3）能按照《仿真机组的运行规程》及任务流程表编写“凝结水及除氧器加热系统”投运操作票，并完成系统投运操作。

【任务描述】

本节任务是全面了解大型机组凝结水系统和除氧器加热系统的功能与流程，借助仿真机对凝结水系统和除氧器加热系统进行投运操作。在机组启动前完成凝结水系统和除氧器加热系统的投入，目的是满足锅炉准备上水的需要。

本任务建议采用项目教学法组织教学，其实施过程参照教学实施过程表（表 1-1）。

【情景案例】

事故经过：某厂 2014 年 10 月 17 日 17：24：35，3B 凝结水泵启动，在运行 3.5h 的过程中，非驱动端轴承温度保持在 50℃以内，驱动端轴承保持在 30℃左右，电流值维持 40A，20：54：22，非驱动端轴承温度飞速上升，于 21：06：08 轴承温度高达 105.26℃，泵体由于轴承温度高跳机。

事故原因：10 月 18 日将非驱动端轴承端盖打开后，发现推力轴承已经完全损坏。轴承压盖的作用是将轴承外缘压紧，防止轴承在运行过程中轴向窜动量过大，导致轴承损坏。而现场轴承外缘与轴承压盖外端有 2mm 间隙，远远超出厂家规定值 0.1mm。更换尺寸合适的轴承端盖后进行试运，运行情况良好。

【知识导航】

一、凝结水系统

凝汽器至除氧器之间输送凝结水的管路和与此相关的设备和支路称为凝结水系统，如图 2-11 所示。凝结水系统包括凝汽器、凝结水泵、凝结水精处理装置、轴封加热器、低压加热器。为保证系统在启动、停机、低负荷和设备故障时运行的安全可靠性，系统设置了为数众多的阀门和阀门组。

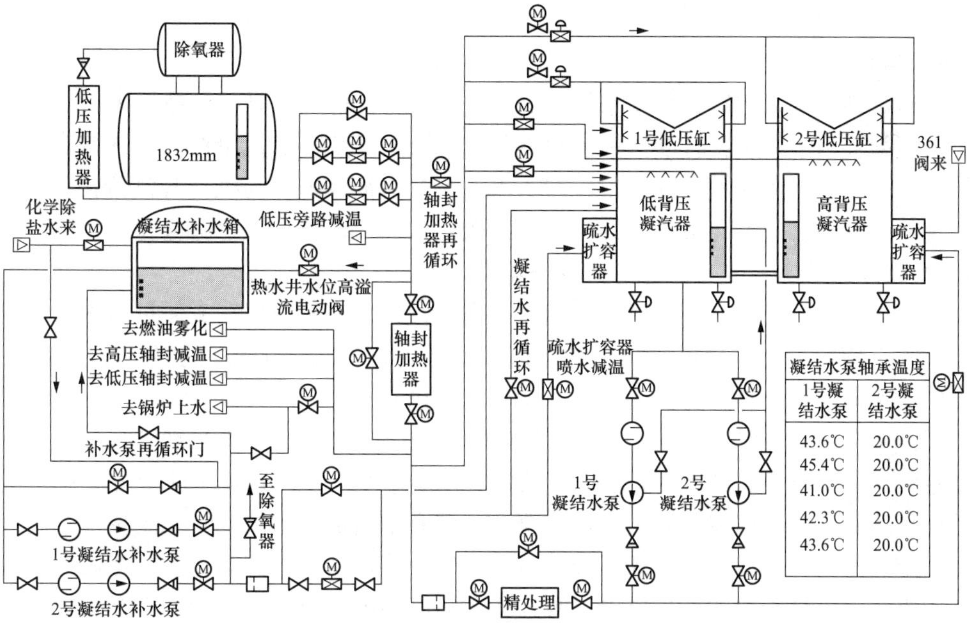

图 2-11　凝结水系统

（一）凝汽器

凝汽器主要是用来在汽轮机的排汽部分建立低背压，并将汽轮机的排汽凝结为水，并予以回收。凝汽器主要由壳体、管板、管束和中间管板等部件组成。管板将凝汽器壳体分割为蒸汽凝结区和循环冷却水进出口水室，管束之间用中间管板支持和定位。凝汽器下部设有热井，用于收集汽轮机排汽凝结水。

（二）凝结水泵及其管道

凝结水泵主要是将凝汽器热井中的凝结水输送到除氧器水箱。由 GB 50660—2011《大中型火力发电厂设计规范》知：凝汽式机组宜装设两台凝结水泵，单台容量应为最大凝结水量的 100%；也可装设 3 台凝结水泵，单台容量应为最大凝结水量的 50%；其中一台应为备用。

本仿真系统设有两台100%容量的电动凝结水泵，一台正常运行，一台备用。凝结水从低背压凝汽器热井经一总管引出，然后分两路接至两台凝结水泵的进口，经升压后再合并成一路去凝结水精处理装置。每台泵的进口管道上装有闸阀和滤网。闸阀用于水泵检修时的隔离，在正常运行时应保持全开。滤网能防止热井中可能积存的残渣进入泵内。每台泵的出口管道上装有一只止回阀和一只电动闸阀。止回阀能够防止凝结水倒流入水泵。两台凝结水泵均设置抽空气管，在泵启动时将空气抽至低背压凝汽器，在泵运行时也要保持此管畅通，用于防止凝泵汽蚀。

（三）凝结水精处理装置

超临界参数机组对锅炉给水的品质要求很高，因此在主凝结水系统设置了凝结水精处理装置，用于防止各种原因造成的凝结水含盐量增大。凝结水精处理装置采用中压系统的连接方式，即无凝结水升压泵而直接将凝结水精处理装置串联在凝结水泵出口。这种系统的优点是设备少，阀门少，凝结水管道短，简化了系统，便于运行。

凝结水精处理装置的进、出口管道上各装有一只电动隔离阀，同时与之并联一条旁路管道，装有电动旁路阀，便于精处理装置的检修。

（四）轴封加热器

经凝结水精处理装置后的凝结水的一部分进入轴封加热器。轴封加热器为表面式热交换器，用于凝结轴封漏汽和门杆漏汽。轴封加热器以及与之相连的汽轮机轴封汽室依靠轴封风机维持微负压状态，以防止蒸汽漏出或漏入汽轮机润滑油系统。为维持其汽侧微负压，降低轴封风机的功率，必须有足够的凝结水量流过轴封加热器，保证上述漏汽完全凝结。

（五）凝结水再循环与轴封加热器再循环

凝结水再循环管道的作用是防止凝结水泵发生汽蚀。在机组启动或低负荷时，主凝结水的流量远小于额定值，但如果凝结水泵的流量小于允许的最小流量，水泵有发生汽蚀的可能。轴封加热器的蒸汽是来自汽轮机轴封漏汽，无论是启动还是负荷变化，这些蒸汽都要有足够的凝结水来使其凝结，因此为兼顾不同运行工况下机组、凝结水泵和轴封加热器等各自对凝结水流量的需求，轴封加热器后设有轴封加热器再循环管，必要时使部分凝结水经轴封加热器再循环阀返回凝汽器，以加大通过凝结水泵和轴封加热器的凝结水流量。轴封加热器再循环流量取凝结水泵或轴封冷却器最小流量的较大值，从而起到同时保护凝汽器和轴封加热器的作用。而连接轴封加热器进出口管道的旁路阀则能够调节通过凝结水泵和轴封加热器的凝结水流量，使其分别满足两者的要求。

（六）低压加热器及其疏水、放气系统

低压加热器均采用全容量表面式加热器。5、6号低压加热器为卧式，每个加热器有单独的旁路，当加热器水位过高或因其他故障需要隔离检修时，关闭该加热器进、出口电动闸阀，电动旁路阀自动开启，单独解列该加热器运行。7、8号低压加热器为卧式组合结构置于凝汽器喉部，两个加热器共用一个旁路。当其中任何一个故障时，进、出口电动闸阀自动关闭，电动旁路阀自动开启，解列该组热器运行。

5号低压加热器水侧出口管道上引出一路排水管接至循环水排水管道。排水管道上设有一个电动闸阀和一个止回阀。该管道只在机组启动期间使用，以排放水质不合格的凝结水，并对主凝结水系统进行冲洗。当凝结水的水质符合要求时，关闭排水阀，开启5号低压加热器出口阀门，凝结水进入除氧器。止回阀的作用是防止机组启动期间某些原因引起的凝结水压力过低，循环水倒流进凝结水系统，造成管系振动。

由于600MW超临界参数机组采用双背压凝汽器，7、8号低压加热器也各分为两个部分。7A和8A共用一个分隔的壳体，安装在低背压凝汽器喉部，7B和8B共用一个分隔的壳体，安装在高背压凝汽器喉部。七段和八段抽汽管道分别布置在凝汽器内部，因此无法装设隔离阀和止回阀。为防止7号和8号低压加热器满水造成汽轮机进水，在水侧7号和8号低压加热器串联体的进、出口设置了电动隔离阀，并与该加热器高高水位信号联动。当7号和8号低压加热器出现高水位时，在控制室报警；当水位继续升高达到高高水位时，在控制室报警的同时，进出口电动闸阀关闭，电动旁路阀开启，凝结水经旁路运行。

正常运行时，四台低压加热器的疏水采用逐级自流的方式，即5号低压加热器的疏水流入6号低压加热器，6号低压加热器疏水到7号低压加热器，7号低压加热器疏水到8号低压加热器，最后从8号低压加热器排入凝汽器。

各级低压加热器的正常疏水管道上设置电动疏水调节阀，每个调节阀前后都设置隔离阀。各级低压加热器均设有单独的事故疏水管道接至凝汽器侧的疏水扩容器，事故疏水管道上装设电动阀和截止阀。

低压加热器壳体底部也设置放水管道，可供启动时放出水质不合格的疏水和停机检修时彻底放干加热器和管道内的疏水用。

各级低压加热器的汽侧均设置启动排气和连续排气装置。以便从加热器中排出不凝结的气体，提高效率和防止腐蚀。启动排气管道上设隔离阀，直接排至大气。连续排气管道上设隔离阀和节流孔板，排至凝汽器。5、6号低压加热器设置一个壳体安全阀和一个水室安全阀，7、8号低压加热器设置水室安全阀，其作用与高压加热器相同。

凝结水系统投运前，必须保证凝汽器热水井水位正常。凝汽器补充水系统的作用就是为机组提供启动充水和运行补水，并为凝汽器及除氧器水位时起调节容器的作用。

凝结水补充水箱用来储存经化学处理后的除盐水，并用作凝结水的水源及补给水。水箱水位由进水管上的调节装置控制。调节装置由一个气动薄膜调节阀和其前后的隔离阀以及与之并联的旁路阀组成。与补充水泵及其管道并联的是机组正常运行时的补充水管道，管道上装设一个电动闸阀和一个止回阀。机组正常运行期间，停运凝结水补水泵，通过这根旁路管道，依靠补充水箱和凝汽器真空之间的压差向凝汽器补水。在进入凝汽器前的补水管路上设有流量测量喷嘴和用以维持热井水位的水位调节装置。凝汽器水位调节装置由一个电动调节阀、两个隔离阀和一只电动旁路阀组成。

轴封加热器后的主凝结水出口管道上设置凝汽器水位高溢流电动阀。当凝汽器热井水位高时，凝结水可返回到补充水箱。补充水泵后的补水管道上接出一根管道通往除氧器和锅炉，可直接为除氧器或锅炉上水。管道在靠近除氧器侧设置一个止回阀，防止除氧器内蒸汽倒入补水系统造成的管系振动。闭式水膨胀水箱的补充水在凝结水系统没有运行时，可以由补充水提供，凝结水运行时，由凝结水母管来水提供。补充水也作为水环式真空泵疏水罐的上水水源，特殊情况下也可以作为发电机定子冷却水水箱的补充水。

凝汽器上水完成后，就可以准备启动凝结水系统了。凝结水系统的主要作用是将凝结水从凝汽器热水井送至除氧器，同时通过精处理装置进行除盐净化和各换热器加热。此外，凝结水系统还对凝汽器热水井水位和除氧器水箱水位进行必要的调节，以保证整个系统安全可靠运行。凝结水系统流程：凝汽器热井→凝结水泵→凝结水精处理装置→轴封加热器→8、7、6、5号低压加热器→除氧器。在凝结水精处理装置出口的主凝结水管上引出多路分支，供给热力系统的不同设备，这些分支主要包括：①低压旁路（简称低旁）的二、三级减温水；②汽轮机低压缸的低负荷喷水；③凝汽器一，二号疏水扩容器减温水；④汽轮机轴封高、低压减温水；⑤炉前燃油雾化蒸汽减温水。

二、除氧器加热系统

溶解于水中的气体，一方面对设备起腐蚀作用，另一方面也妨碍加热器（和锅炉）的换热性能，因此必须将水中的气体去除。除氧器就是完成该项任务的设备。当水加热至沸腾时，水面处蒸汽的分压力接近其混合气体的总压力，其他气体的分压力接近于零，水中溶解的气体几乎全部从水中溢出被排除。

（一）除氧器水位控制

除氧器正常运行时允许水位偏离值约为±50mm。当水位达高Ⅰ值时，发出报警信号；当水位达高Ⅱ值时，溢水阀自动打开，多余的水通过溢水管流入凝汽器；当水位达高Ⅲ值时，发出报警信号并关闭抽汽阀门。在低水位时，发出报警信号；在极低水位时，发出报警信号并关闭给水泵。

除氧器水位控制通常设计为全程控制系统，通过控制进入除氧器的主凝结水流量来维持除氧器水位为定值。在机组启动和低负荷运行时，给水流量小，由单冲量调节系统控制除氧器水位；当给水流量超过一定数值后，则由三冲量调节系统控制。三冲量分别为除氧器水位、给水流量和凝结水流量。仿真机组在凝结水管路上设计了两只并联的调节阀门，可以自动控制除氧器水位为1600mm。为了应对调节阀门损坏等特殊情况，设置了电动旁路。

（二）除氧器压力控制

除氧器有定压运行和滑压运行两种运行方式，由GB 50660—2011《大中型火力发电厂设计规范》知，除氧器应采用滑压运行。但在机组初始启动阶段，因汽轮机四段抽汽参数不足，只能采用定压运行。

（1）定压运行。定压运行是指除氧器在运行过程中，其工作压力始终保持定值。定压运行方式要求供除氧器用汽的压力经调节器自动调节压力，保证机组负荷变化使除氧器工作压力恒定不变。辅助蒸汽供汽管路上设压力调节阀，用于除氧器定压运行时的压力调节，定压运行方式会造成蒸汽的节流损失。

（2）滑压运行。滑压运行是指除氧器的运行压力不是恒定的，而是随着机组负荷与抽汽压力的变化而变化。因此，在除氧器正常汽源（一般是汽轮机抽汽）蒸汽管道上不设压力调节器，只设电动截止阀，从而避免了运行中蒸汽的节流损失。同时，滑压运行的除氧器能很好地作为一级回热加热器使用，使机组的热经济性进一步提高。

除氧器的滑压运行也带来一定的问题。滑压运行中，除氧器的工作压力随着机组负荷的变化而变化，而除氧器内给水温度的变化总是滞后于其压力的变化。当机组负荷增大时，除氧水温度的升高跟不上压力的升高，除氧水不能及时达到饱和状态，由于气体在不饱和水中的溶解度大于在饱和水中的溶解度，于是已经析出的气体又重新返回到给水中，致使除氧效果恶化，发生“反氧”现象。当机组负荷降低时，除氧水温度的下降滞后于压力的降低，使除氧水的温度高于除氧器压力对应的饱和温度，使给水发生汽化，即“再沸腾”。虽然使除氧效果变好，但安装于除氧器下面的给水泵容易发生汽蚀，故滑压运行的除氧器应特别注意避免压力突降。

实际中，可在除氧水箱内装设再沸腾管来解决机组负荷增大时除氧效果恶化问题。采取提高除氧器的安装高度，给水泵前装设前置泵，加速给水泵入口处的换水速度等措施，保证除氧器在负荷减少时安全运行。由GB 50660—2011《大中型火力发电厂设计规范》知，除氧器再循环泵与再沸腾管也用于除氧器给水箱启动时的加热。

【任务引导】

学习完相关知识后，需回答下列问题：

(1) 请描述凝结水系统系统工质流程。

(2) 除氧器加热的运行方式有哪些？启动和正常运行阶段分别用哪种运行方式？

【任务实施】

(1) 课前学生自行观看在线开放课程，并完成网上自测。

(2) 查阅《仿真机组的运行规程》及参考任务流程表，以运行小组为单位填写“凝结水和除氧器系统”投运操作票（可参考表2-11），操作票由组长负责编写，指导教师负责检查和评分。

(3) 恢复火电机组仿真机初始条件为“发电机冷却系统投运完毕”，确认机组运行状态，记录机组当前状态。

(4) 按照任务操作票，运行值班员具体操作，组长负责安全监护。

(5) 启动完成后，检查机组状态，记录操作系统主要参数，填写实训报告。

表2-11　凝结水和除氧器系统任务流程表

任务	菜单	步骤	备注
除盐水箱与凝汽器上水	就地汽轮机凝汽器补充水系统	开启相关就地门，包括除盐水箱补水就地门除盐水箱至凝汽器的补水就地门；除盐水箱至膨胀水箱的补水就地门；凝结水母管注水门；凝结水母管至除盐水箱就地门	除盐水箱水位正常后（4000mm以上）投入调节门自动
	DCS汽轮机凝结水系统	开启除盐水至除盐水箱的进水调整门，向除盐水箱补水；启动凝结水补水泵，开启凝汽器补水调整门向凝汽器上水	上水至凝汽器正常水位（1080mm左右），投入补水调节门自动
投入凝结水系统运行	DCS汽轮机给水除氧系统	开启除氧器排汽电动门	
	DCS汽轮机低压加热器抽汽及疏水系统	开启各低压加热器水侧进、出水门，关闭各低压加热器旁路门	
	DCS汽轮机凝结水系统	开启凝结水泵再循环阀，启动凝结水泵向除氧器上水	待除氧器水位上升至1600mm左右，投入调节门自动
辅助蒸汽联箱送汽	就地汽轮机辅助蒸汽系统	开启辅助联箱及各供汽管道疏水门；开启一期至本机辅汽联箱手动门	辅助蒸汽母管充分暖管
	DCS汽轮机辅助蒸汽系统	开启一期至3号机辅助蒸汽联箱电动门	当辅助联箱温度升至200℃后，关闭辅汽联箱及各供汽管道疏水门，检查联箱压力、温度正常
	就地汽轮机辅助蒸汽系统	开启各辅汽用户供汽手动门	
	DCS汽轮机辅助蒸汽系统	开启各辅汽用户供汽电动门	
投入除氧器加热系统运行	DCS汽轮机给水除氧系统	确认除氧器水位正常，启动除氧器再循环泵；逐渐打开辅助蒸汽联箱至除氧器加热供汽电动调节门	维持除氧器温度为80～90℃

资源 2.6.1：给水系统简介
资源 2.6.2：回热抽汽系统简介
资源 2.6.3：凝结水系统简介
资源 2.6.4：凝结水系统投运
资源 2.6.5：除氧器加热投运
资源 2.6.6：拓展知识：小机推力轴承维护

【检查评估】

检查任务完成情况，检查评估表见表 2-12。

表 2-12　凝结水和除氧器系统任务检查评估表

评估内容	评价标准	评价人	权重	评分	总评
预习测试	课程平台自动评分	平台	10		
学习态度	出勤情况：迟到扣 2 分，缺勤扣 5 分	班委	5		
	课堂表现：积极发言，表达清晰、流利	教师	5		
任务实施	1. 工作计划				
	凝结水系统和除氧器加热系统操作票填写正确	小组成员	10		
	操作票里设备和阀门描述和操作正确	教师	10		
	2. 投入凝结水系统运行				
	凝汽器上水完成	小组成员	10		
	凝结水系统启动，除氧器上水完成	教师	15		
	3. 投入除氧器加热系统运行				
	辅助蒸汽联箱启动完成	小组成员	10		
	除氧器加热系统启动完成	教师	15		
团队协作	与小组成员一起分工合作	小组成员	5		
学生自评	客观评价自己	自己	5		

注　主要操作界面及机组状态参数，以小组为单位截图保存，附在实训报告后。

【知识拓展 2.6-辅助蒸汽系统】（本项目末扫码获取）

任务七　轴封、抽真空系统的投运

【学习目标】

（1）能简述轴封系统和抽真空系统的作用。

（2）按照 GB 50660—2011《大中型火力发电厂设计规范》复述轴封系统和抽真空系统的主要设备组成及工作流程。

（3）能按照《仿真机组的运行规程》及任务流程表编写“轴封、抽真空系统”投运操作票，并完成系统投运操作。

【任务描述】

本节任务是了解轴封、抽真空系统的作用和流程，借助仿真机，熟悉现场轴封、真空系统的基本启动流程及其运行参数控制。在机组启动前完成轴封、抽真空系统的投入，目的是满足汽轮机冲转的要求。

本任务建议采用项目教学法组织教学，其实施过程参照教学实施过程表（表1-1）。

【情景案例】

事故经过：2003年7月20日，在备用后热态启动过程中，值长朱某于16：20通知主值宋某向2号机辅汽联箱送汽。16：45锅炉点火。17：40宋某开高、中、低压轴封进汽门暖管。18：02宋某开大轴封进汽门向低压轴封送汽，操作中因接值长对讲机通知“送完轴封后配合检修人员处理右侧循环水出水门并检查真空泵组”，主值宋某即去汽轮机零米层调整循环水出水门，忘记了向高中压轴封送汽。18：02左右，值长朱某启动真空泵抽真空。18：32左右，宋某在用餐时才想起高中压轴封未送汽，此时发电一部副主任黄某发现机组负胀差增大，即询问朱某轴封送汽情况，朱某回告高中压轴封还未送汽，黄某下令宋某到现场将高中压轴封送汽。21：13值长申某命令冲转，值长朱某安排副值长张某在集控室指挥，自己去机头就地检查。21：22转速升至1138r/min，宋某发现2号轴振X方向达190μm，二瓦振达70μm，检查顶轴油泵已停。转至振动画面时，2轴振X方向达225μm。21：23转升至1308r/min时，振动保护跳机，SOE首出为“瓦振大”，在降速过程中因振动上升，立即破坏真空紧急停机。

事故原因：一是运行人员违章操作。运行人员在机组热态开机时，违反《防止电力生产重大事故的二十五项重点要求》第10.1.3.6条中“机组热态启动投轴封汽时，就确认盘车装置运行正常，先由轴封送汽，后抽真空。”的规定，高中压轴封送汽滞后于抽真空时间近30min，致使冷气沿高中压转子轴封处进入汽轮机，转子受到局部冷却，是导致发生转子弯曲的直接原因。二是机组冲转参数选择不合理。冲转时主蒸汽温度与热态开机要求不匹配，不仅未达到《防止电力生产重大事故的二十五项重点要求》第10.1.2.4条中“主蒸汽温度必须高于汽缸最高金属温度50℃，但不超过额定蒸汽温度”的要求，冲转时主蒸汽温度左侧307.43℃、右侧350.4℃，而高中压内缸外上壁温度为338.21℃，启动时出现了负温差，是导致转子弯曲增大的重要原因。三是管理不到位，未形成“严、细、实”的管理作风。管理不严，规章制度流于形式。管理人员对安全生产没有树立“关口前移，靠前把关”的思想，导致现场混乱，运行人员责任心不强，当主值宋某发现高中压轴封未送汽时，马上报告值长朱某，朱某不是立即采取送轴封的措施，而是等吃完晚饭才去送。没有紧迫感，更没有意识到未及时送轴封的危害性，拖延了送轴封的时间。启动过程中，协调不力，操作随意，习惯性违章。

【知识导航】

一、轴封系统

一般汽轮机的每个轴端汽封都是由几段汽封组成的，相邻两段之间设有环形腔室，并有管道与之相连。通常把轴封及与之相连的管道、阀门及附属设备组成的系统称之为轴封系统。

（一）系统作用

轴封蒸汽系统的主要功能是向汽轮机，给水泵小汽轮机的轴封和主汽阀、调节汽阀的阀杆汽封提供密封蒸汽，同时将各汽封的漏汽合理导向或抽出。在汽轮机的高压区段，轴封系统是用来防止蒸汽向外泄漏，以提高汽轮机的效率；在汽轮机的低压区段，轴封系统用来防止外界空气进入汽轮机的内部，影响汽轮机的真空。

（二）自密封供汽轴封系统概述

大型机组都采用具有自动调节装置的闭式轴封蒸汽系统，不同机组的轴封蒸汽系统各不相同，但其设计原理基本一致，按供汽的方式大致可分为外来汽源供汽方式及自密封供汽两种形式。自密封汽封系统常用于600MW以上机组。

自密封轴封系统是指在机组正常运行时，高、中压缸轴端汽封的漏汽经喷水减温后，作为低压轴端汽封供汽。多余漏汽经溢流站溢流至低压加热器或凝汽器。自密封轴封系统具有结构简单，安全可靠，工况适应性好、消耗蒸汽量小、运行经济性好的特点，在机组启动或低负荷运行期间，轴封供汽由辅助汽源提供。这样，轴封系统从机组启动到满负荷运行的全过程均能按汽轮机轴封供汽压力的要求自动进行切换，实现轴封系统的自身平衡和密封的要求。

典型的600MW超临界参数机组的轴封蒸汽系统如图2-12所示，该系统由轴端汽封，轴封供汽压力调节站、轴封供汽母管、喷水减温器、轴封漏汽和门杆漏汽管道、轴封加热器

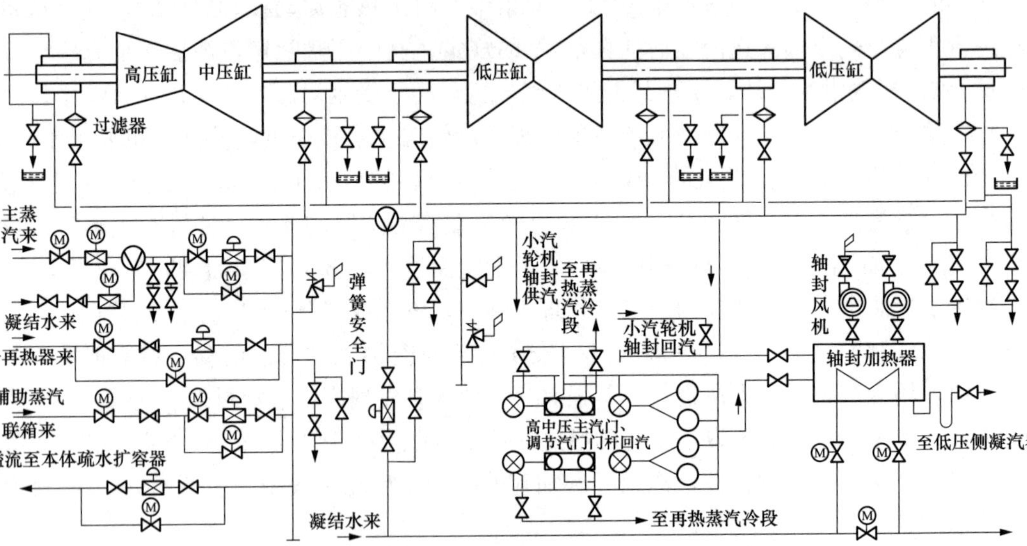

图2-12 轴封蒸汽系统

以及上述管道和设备的疏水管道等组成。

因汽轮机启动和停运过程中，汽轮机自密封条件不满足，轴封蒸汽系统必须也要有外接汽源通常有两路，一路是辅助蒸汽和再热冷段蒸汽，另一路是主蒸汽。其中，主蒸汽通过高压供汽调节站送至轴封蒸汽系统，作为机组甩负荷时的备用汽源。在机组启动或低负荷运行时，辅助蒸汽和再热冷段蒸汽经辅助汽源供汽调节阀送入轴封蒸汽系统，作为轴封供汽。辅助汽源供汽站前的两路蒸汽管道上均设置电动截止阀和止回阀，以防止启动初期高压蒸汽自轴封供汽母管倒入再热冷段和辅助蒸汽系统。在高、中压缸内腔漏汽压力满足低压缸轴封用汽要求时，高压供汽调节阀和辅助汽源供汽调节阀自动关闭，由高、中压缸内腔漏汽向低压缸供汽，达到完全自密封。这时，溢流调节站自动开启，由溢流调节阀控制供汽压力，将多余的蒸汽通过气动调节阀排入凝汽器。

高压供汽调节站、辅助汽源供汽调节站和溢流调节站都是由气动压力调节阀及其前后的电动阀、手动阀以及与这三个阀门并联的旁路阀所组成的。在机组运行时，轴封供汽母管利用轴封供汽压力调节站来自动控制轴封压力，向各轴封提供压力为 21kPa 的稳定的密封用蒸汽。

汽轮机的轴封回汽及阀杆漏汽均通过各自的管道汇集至回汽母管，排入轴封加热器，其疏水经 U 形水封排至凝汽器。轴封加热器是管式表面式加热器，其冷却水来自凝结水泵出口，在管内流动，吸热后去 8 号低压加热器；汽-气混合物在空侧流动，向汽轮机轴封供汽时，轴封加热器应立即投入运行，并有足够的冷却水量，以冷却轴封漏汽。

该轴封加热器处配有两 100％容量的轴封风机，一台运行，一台备用，用于抽出轴封加热器中未凝结的漏汽和空气，使其汽侧产生一定的微负压，轴封加热器内形成的微负压能使轴封漏汽顺利导入轴封加热器，防止轴封蒸汽从汽轮机轴端漏入厂房，同时还将轴封排汽中所携带的不凝结气体排至大气，提高轴封加热器的冷却效果。轴封风机出口装有止回阀，防止风机切换时空气倒流。

为了保证汽轮机本体部件的安全，对轴封供汽的温度有一定要求。如果供汽温度与汽轮机本体部件温度（特别是转子的金属温度）差别太大，将使汽轮机部件产生很大的热应力，这种热应力将加剧汽轮机部件寿命损耗，同时可能造成汽轮机动、静部分的相对膨胀失调，损坏汽封片和转子轴颈，直接影响汽轮机组的安全。一般来说，高、中压缸轴封供汽温度的合适范围是 150～260℃，低压缸轴封的供汽温度应在 150℃左右。

因此，轴封供汽母管向高、低压端轴封供汽的管道上均设置喷水减温器，在汽轮机运行的各种工况下调节供汽温度，将轴封供汽的温度控制在合适范围。减温水来自主凝结水，由凝结水精处理装置后引出。

另外，轴封蒸汽母管来汽经减温后作为驱动两台给水泵的小汽轮机轴封系统供汽，小汽轮机的轴封漏汽排至主机轴封抽汽管道。

二、抽真空系统

降低汽轮机的排汽压力是提高机组循环热效率的主要方法之一。凝汽式汽轮机均配有完备的凝汽系统，一方面在汽轮机排汽口建立高度真空，另一方面回收洁净的凝结水作为锅炉给水循环使用。机组凝汽器同时冷却汽轮机和给水泵驱动小汽轮机的排汽，小汽轮机一般不设专门的凝汽器。

（一）系统的作用

机组正常运行时会有部分不凝结气体进入凝汽器，这些不凝结气体主要来源于锅炉给水中溶解的一些不凝结气体和漏入真空系统的空气。这些气体无法在凝汽器内凝结，如果不及时除去，就会积聚在凝汽器加热管束表面，阻碍蒸汽凝结放热，影响凝汽器的真空度，并且使凝结水的过冷度增大。故机组设有真空系统，用来建立和维持汽轮机组的低背压和凝汽器的真空。真空抽气系统主要包括汽轮机的密封装置、抽气器以及相应的阀门、管路等设备和部件。由 GB 50660—2011《大中型火力发电厂设计规范》知，对于 600MW 及以上容量的湿冷和间接空冷机组，宜配置三台水环式真空泵，每台泵的容量应满足凝汽器正常运行抽干空气量 50%的需要。

（二）系统概述

系统配有三台 50%容量的水环式真空泵组，泵组由水环式真空泵，汽水分离器，机械密封水冷却器，泵组内部有关连接管道、阀门及电气控制设备等组成（见图 2-13）。

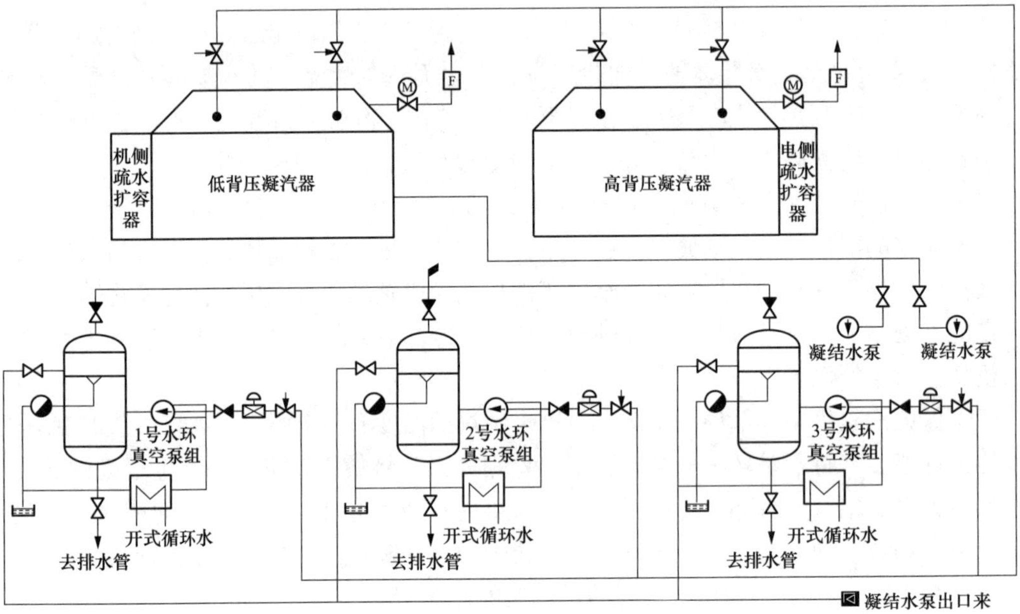

图 2-13 抽真空系统

高、低背压凝汽器壳体上均有两个抽空气的接口，抽空气管道上均安装水封截止阀（正常运行时常开）。各真空泵入口依次装设水封阀（正常运行时常开，仅在其中一台需要检修时才关闭）、气动蝶阀和止回阀。

水环式真空泵属于机械式抽气器，具有性能稳定效率高等优点，广泛用于大型汽轮机的凝汽设备上，但它的结构复杂，维护费用较高。

由凝汽器抽吸来的气体经气动蝶阀进入由低速电机驱动的水环式真空泵，被压缩到微正压时排出，通过管道进入汽水分离器。分离后的气体经汽水分离器顶部的对空排气口排向大气；分离出的水与补充水一起进入机械密封水冷却器。被冷却后的工作水一路喷入真空泵进口，使即将吸入真空泵的气体中的可凝结部分凝结，提高真空泵的抽吸能力，另一路直接进入泵体，维持真空泵的水环厚度和降低水环的温度。

真空泵内的机械密封水由于摩擦和被空气中携带的蒸汽加热，温度升高，且随着被压缩气体一起排出，因此真空泵的水环需要新的冷机械密封水连续补充，以保持稳定的水环厚度和温度，确保真空泵的抽吸能力。水环除了有使气体膨胀和压缩的作用之外，还有散热、密封和冷却等作用。

汽水分离器顶部接对空排气管道，以排出分离出的空气。排气管道上可设置止回阀，用于防止外界空气经备用泵组倒入凝汽器。

汽水分离器的水位由进口阀进行调节。分离器水位低时，通过进口阀补水；水位高时，通过排水阀，将多余的水排出。

汽水分离器的补充水来自凝结水泵出口，通过水位调节阀进入汽水分离器，经冷却后进入真空泵，以补充真空泵的水耗。机械密封水冷却器的冷却水直接取自开式循环冷却水系统，冷却器冷却水出口接入开式循环冷却水系统回水管。

凝汽器壳体上接有真空破坏系统，其主要设备是一个电动真空破坏阀和其入口装设的水封系统和滤网。当汽轮机紧急事故跳闸时，真空破坏阀开启，使凝汽器与大气连通，快速降低汽轮机转速，缩短汽轮机转子的惰走时间。

凝汽器有关管道及抽真空系统的另一个重要作用是收集主蒸汽系统、再热蒸汽系统、汽轮机旁路系统、回热抽汽系统、辅助蒸汽系统、汽轮机轴封系统、加热器疏放水系统等地的所有疏水，疏水通过与凝汽器相连的疏水扩容器降压降温后，进入凝汽器。为防止水进入汽轮机，并防止疏水管路之间相互连通，所有疏水管道与凝汽器的接口均设在凝汽器热井最高水位以上。

（三）系统运行要点

正常运行时，即凝汽器良好、机组及热力系统漏汽正常时，两台真空泵运行即可维持凝汽器真空，满足在机组的各种运行工况下抽出凝汽器内的不凝结气体的需要。如果运行真空泵抽吸能力不足或因其他原因凝汽器真空下降时，可启动备用泵，三台真空泵同时运行，从而保证真空泵始终保持在设定的抽汽压力范围内运行，确保凝汽器的真空。

启动时，为加快凝汽器抽真空的过程，同时开启三台真空泵。在设计条件下，三台真空泵同时运行，可在较短时间内在凝汽器内建立需要的真空。当凝汽器真空达到汽轮机冲转条件时，其中一台真空泵可停止运行，作为备用，并关闭其进口蝶阀。

泵组启动前，通过汽水分离器向泵组充机械密封水。当泵体注入一定高度的密封水以后，启动真空泵，密封水在真空泵内形成水环，并将真空系统内的气体排出。真空泵空气吸入口处的气动蝶阀起隔离作用。气动蝶阀的前后压力信号接入压差开关，它通过压差整定值来控制蝶阀开关。只有当实际压差小于该整定值时，气动蝶阀才开启，凝汽器真空系统内的气体通过蝶阀吸入真空泵。这样，可防止真空泵启动时大量空气由真空泵倒灌入凝汽器，以确保凝汽设备及系统的正常运行。

汽轮机冷态启动时，凝汽器开始抽真空之前或同时向轴封供汽。但在热态启动时，必须先投轴封蒸汽系统再抽真空，以使机组热应力减至最小并缩短启动时间。

【任务引导】

学习完相关知识后，需回答下列问题：

（1）轴封系统的类型有哪两类？启动或停运时，自密封外来汽源有哪些？

（2）热态启动时，首先投入轴封系统还是抽真空系统，为什么？

【任务实施】

（1）课前学生自行观看在线开放课程，并完成网上自测。

（2）查阅《仿真机组的运行规程》及参考任务流程表，以运行小组为单位填写“轴封、抽真空系统”投运操作票（可参考表2-13），操作票由组长负责编写，指导教师负责检查和评分。

（3）恢复火电机组仿真机初始条件为“凝结水系统和除氧器加热系统投运完毕”，确认机组运行状态，记录机组当前状态。

（4）按照任务操作票，运行值班员具体操作，组长负责安全监护。

（5）启动完成后，检查机组状态，记录操作系统主要参数，填写实训报告。

表2-13 轴封、抽真空系统任务流程表

任务	菜 单	步 骤	备 注
投入汽轮机轴封系统运行	DCS汽轮机 主机润滑油系统	确认主机盘车运行	检查主汽轮机盘车转速2.8r/min
	DCS汽轮机 小汽轮机润滑油系统	确认小汽轮机盘车运行	检查小汽轮机盘车转速400r/min
	DCS汽轮机 凝结水系统	确认轴封加热器水侧投运；检查轴封加热器再循环门开启	
	就地汽轮机 汽轮机轴封蒸汽系统	开启轴封供汽管路上的疏水就地门；开启各轴封进口滤网放水门；开启辅汽至轴封供汽管路上的就地门	
	DCS汽轮机 汽轮机轴封系统	开启轴封供汽管疏水电动门；开启辅汽至轴封供汽管路上的电动门。稍开轴封供汽调节门，进行轴封暖管。启动一台轴封风机，另一台投入备用	暖管结束后，进入就地汽轮机；汽轮机轴封蒸汽系统，开启各轴封进汽分门
	就地汽轮机 汽轮机轴封蒸汽系统	开启冷再到轴封供汽母管手动门；开启二次门杆漏汽手动门，开启低压轴封减温水手动门	
	DCS汽轮机 汽轮机轴封系统	缓慢开大轴封供汽电动调节门；当低压轴封温度150℃以上并有14℃过热度时，投入低压轴封减温水自动控制；将轴封母管压力调节阀投自动；轴封母管压力溢流调节阀投自动	检查高中压胀差、低压胀差正常变化。低压轴封温度设定为150℃；轴封压力定值设定应大于21kPa，溢流调节阀压力设定36kPa
	就地汽轮机轴封蒸汽系统	关闭轴封系统所有疏水手动门及轴封滤网放水门	

续表

任务	菜单	步骤	备注
投入汽轮机真空系统运行	就地 汽轮机真空系统	开启真空管道就地门	
	就地汽轮机凝汽器补水系统	开启真空泵补水就地门，待真空泵水罐水位在 820～880mm 时，关闭真空泵补水就地门	
	DCS 汽轮机主再热蒸汽	检查开启主蒸汽管道、再热蒸汽管道疏水门	
	DCS 汽轮机本体疏水	检查开启汽轮机本体疏水门	
	DCS 汽轮机抽汽系统	检查开启所有抽汽管道疏水门	
	DCS 汽轮机小汽轮机汽源及疏水系统	关闭小汽轮机排汽蝶阀	
	DCS 汽轮机凝汽器真空	关闭凝汽器真空破坏门。启动三台真空泵抽真空	当真空达到－89kPa 以上时，停止一台真空泵运行

资源 2.7.1：小机润滑油系统和盘车投运

资源 2.7.2：主机盘车投运

资源 2.7.3：轴封系统投运

资源 2.7.4：真空系统投运

【检查评估】

检查任务完成情况，检查评估表见表 2-14。

表 2-14　　轴封、抽真空系统任务检查评估表

评估内容	评价标准	评价人	权重	评分	总评
预习测试	课程平台自动评分	平台	10		
学习态度	出勤情况：迟到扣 2 分，缺勤扣 5 分	班委	10		
	课堂表现：积极发言，表达清晰、流利	教师	10		
任务实施	1. 工作计划				
	轴封、抽真空系统启动顺序正确	小组成员	10		
	操作票里设备和阀门描述和操作正确	教师	10		
	2. 投入轴封系统运行				
	轴封系统相关阀门开启正确	小组成员	10		
	成功启动轴封系统、参数正常	教师	10		
	3. 投入抽真空系统运行				
	相关阀门开启正确	小组成员	10		
	成功启动抽真空系统、参数正常	教师	10		
团队协作	与小组成员一起分工合作	小组成员	5		
学生自评	客观评价自己	自己	5		

注　主要操作界面及机组状态参数，以小组为单位截图保存，附在实训报告后。

任务八　风烟系统的投运

【学习目标】

（1）能简述风烟系统的作用。

（2）按照 GB 50660—2011《大中型火力发电厂设计规范》复述风烟系统的主要设备组成及要求。

（3）能按照《仿真机组的运行规程》及任务流程表编写“风烟系统”投运操作票，并完成系统投运操作。

【任务描述】

本节任务是了解风烟系统的功能、流程，借助仿真机，熟悉现场风烟系统的设备性能及其运行规程，在机组启动前完成风烟系统的投入，目的是满足锅炉点火对风量的要求。

本任务建议采用项目教学法组织教学，其实施过程参照教学实施过程表（表 1-1）。

【情景案例】

事故经过：某日 6：22：39，10 磨密封风机投入，6：22：49，一次风母管风压设定值由 8.0kPa 设定为 8.3kPa，准备逐渐提高一次风压投 10 磨。6：23：08，1 号送风机电流由 125A 降至 107A，出口风压由 5.25kPa 降至 3.44kPa；2 号送风机出口风压由 5.08kPa 降至 4.61kPa，电流 143A，开度 66.9%，二次风母管风压由 2.8kPa 降至 2.5kPa。6：23：13，1 号送风机电流由 107A 降至 85A，出口风压降至 3.05kPa，开度 63.6%；二次风母管风压降至 1.955kPa，同时 1 号送风机喘振信号最大报警发出。自 6：23：11 开始，44、33、34、32、21、41、24 煤火检开始摆动，6：23：23 ，30 磨跳闸；6：23：31、6：23：36，42、23 煤火检信号相继消失，6：23：36 ，20、40 磨跳闸，锅炉灭火。

事故原因：此次锅炉灭火直接原因为 1 号送风机运行超出工作区，发生喘振，导致二次母管风压波动，风压扰动使运行中的磨煤机煤火检信号受到干扰，煤火检信号消失磨煤机跳闸，锅炉灭火。发电部值班人员对当时锅炉满负荷情况下，磨煤机的运行方式对二次风压的影响预想不充分；对近日连续燃用神混煤和伊混煤造成锅炉总风量增加的因素考虑不周；对两台送风机出口压力偏高，没引起足够的重视和分析，在准备启动第四台磨煤机时，使 1 号送风机偏离工作区，发生喘振，造成锅炉灭火；发电部领导及专工对锅炉出现的较特殊工况研究不够，运行分析不深入，未能在现有的技术水平上加以避免，负有本次障碍的直接责任和主要责任。

【知识导航】

锅炉风烟系统的工作任务是连续不断地向炉膛提供燃料燃烧所需的空气，并将燃烧生成的烟气从锅炉中排出，以保证燃烧的连续稳定进行。单元机组通风方式普遍采用平衡通风，送风机负责把风送进炉膛，引风机负责把炉膛的烟气排出炉外，两种风机共同工作的结果使炉膛内的烟气压力与大气压力基本平衡，故称平衡通风。实际运行中为防止在炉内燃烧情况波动时向外喷烟冒火，一般在炉膛出口处保持 50Pa 左右的负压力。

单元机组的风烟系统主要包括送风系统、引风系统两个子系统，如图 2-14 所示。

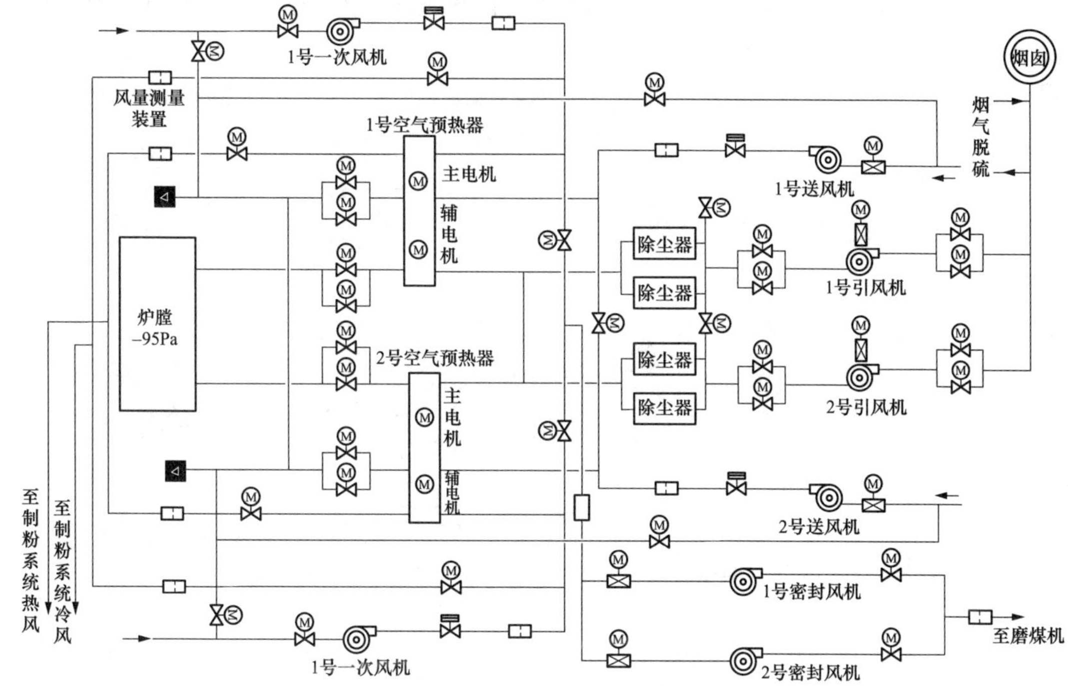

图 2-14　风烟系统

一、送风系统

送风系统是由送风机、送风机进出口风门、风量流量计、空气预热器、二次风管调节阀和二次风箱系统等组成，送风系统的作用是向炉膛提供满足燃料燃烧所必需的空气。

由 GB 50660—2011《大中型火力发电厂设计规范》知：①送风机宜选用动叶可调轴流式风机，也可选用调速离心式风机。②每台锅炉宜设置两台送风机，不设备用风机。送风机启动前，需要检查启动送风机油站，保证润滑油温、压力正常。300MW 以上的机组所采用的空气预热器一般选用三分仓回转式空气预热器。整个空气预热器的转子由若干个分隔板分成多个扇形区，整个受热面由排列整齐的金属波形板组成。烟气自上而下，一次风、二次风自下而上，逆流换热。整个转子通过转子轴，由转子下轴承（支持轴承）支撑，并由位于热端的上轴承（导向轴承）起定位作用。因此，空气预热器分别设有导向油泵和支撑油泵提供两种轴承润滑的作用，在启动空气预热器前，要预先投入润滑油运行。空预器驱动装置主要由主、辅电机，空气马达，液力耦合器，减速箱，传动齿轮等组成。每台空气预热器配备了两台电动马达和一台气动马达，其中一台电动马达作为主马达，通过液力耦合器与减速箱相连，驱动空气预热器的转子。使用液力耦合器主要是为了减少启动力矩，使启动电流比较平坦。另一台电动马达作为备用，当主马达故障跳闸时，备用马达自启动。气动马达作为电动马达的后备保护，当两台电动马达均故障不能启动时，气动马达用来盘动空气预热器转子当空气预热器检修或进行水冲洗时，也用气动马达来盘动转子。

送风系统的流程为助燃风经送风机出口风门送至两台三分仓回转式空气预热器加热。从空气预热器出来的二次风经二次风管总调节门后分成两路，一路送至前、后墙燃尽风箱和对应各层粉的二次风箱（见图 2-15）；另一路作为再循环风分别送至送风机入口和一次风机入口，起到防止低温腐蚀的作用。

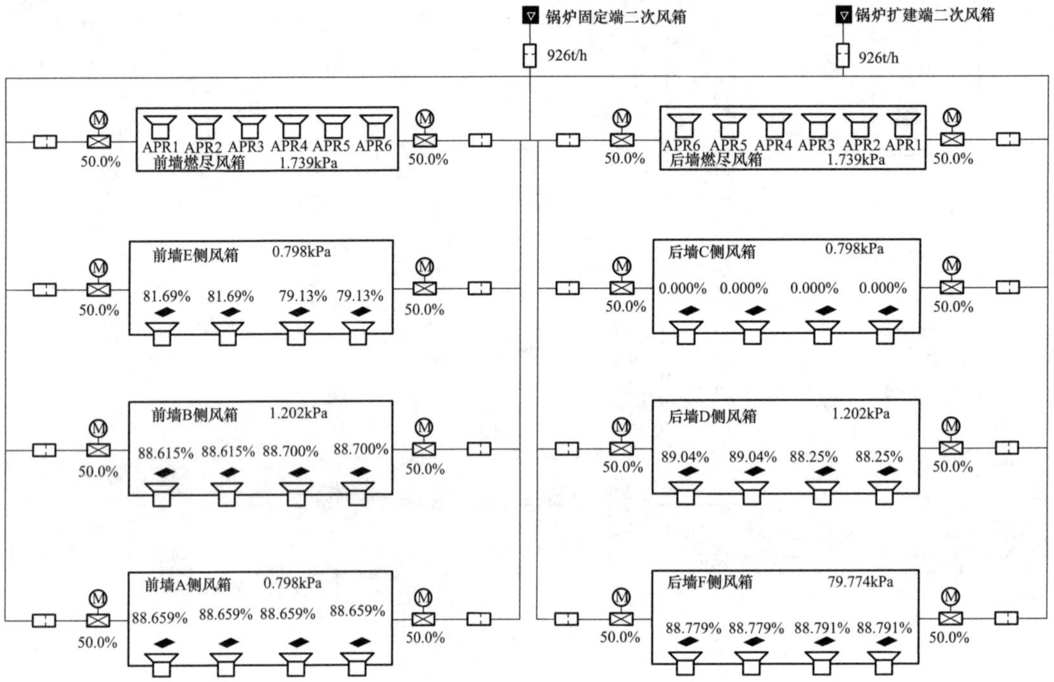

图 2-15　二次风系统

二、引风系统

引风系统是由引风机、引风机出入口烟气挡板、两烟道间的联络挡板、除尘器、空气预热器和空气预热器入口烟气挡板等组成。引风系统的作用是将炉膛里燃烧所产生的烟气经除尘、脱硫后排出，同时维持炉膛负压运行。

由 GB 50660—2011《大中型火力发电厂设计规范》知：①300MW 级以上机组的引风机宜选用轴流式风机，300MW 级以下机组可选用调速离心式风机。②每台锅炉宜选用两台引风机，不设备用。同样，引风机启动前，需要检查启动引风机油站，保证润滑油温、压力正常。

燃烧后的烟气，在引风机的作用下，经屏式过热器（简称屏过）、高温过热器（简称高过）、高温再热器（简称高再）、低温过热器（简称低过）、低温再热器（简称低再）、空气预热器和省煤器进入后烟井。该机组采用尾部烟气挡板调节再热汽温，因此进入后烟井的烟气分为两路；一路进入低温过热器及省煤器，另一路进入低温再热器。两路烟气在调温挡板后混合，进入两台并列运行的空气预热器，再经由四台静电除尘器除尘后被引风机通过烟囱排入大气。为克服烟气流经各受热面、烟道及静电除尘器的阻力，并使炉膛出口处维持微负压，引风机的抽力应足够大。

风烟系统启动时，应注意首先要启动回转式空气预热器运行，再缓慢启动引风机，当炉膛维持一定负压时，缓慢启动送风机。机组启动阶段，应手动调节引送风机，引风机主要控制炉膛压力，把燃烧生成的烟气抽离锅炉；而送风机主要控制炉膛中氧含量，提供足够的空气参与燃烧。一般要求初始送风量为额定送风量的 30%～40%。

【任务引导】

学习完相关知识后，需回答下列问题：

（1）风烟系统的作用是什么？

（2）什么是平衡通风？

（3）一台锅炉一般配几台引送风机？

【任务实施】

（1）课前学生自行观看在线开放课程，并完成网上自测。

（2）查阅《仿真机组的运行规程》及参考任务流程表，以运行小组为单位填写“风烟系统”投运操作票（可参考表 2-15），操作票由组长负责编写，指导教师负责检查和评分。

（3）恢复火电机组仿真机初始条件为“轴封、抽真空系统投运完毕”，确认机组运行状态，记录机组当前状态。

（4）按照任务操作票，运行值班员具体操作，组长负责安全监护。

（5）启动完成后，检查机组状态，记录操作系统主要参数，填写实训报告。

表 2-15　　风烟系统任务流程表

任务	菜单	步骤	备注
投入空气预热器运行	电气就地 380V 锅炉保安 3A 段接线图	合上“＃31 空气预热器变频器控制柜电源 A”“＃32 空气预热器变频器控制柜电源 A”“＃3 炉空气预热器油系统控制柜电源 A”	合闸方法为：①切换开关打到就地位；②按红色合闸按钮，合闸指示灯亮；③切换开关打回远方位
	电气就地 380V 锅炉保安 3B 段接线图	合上“＃31 空气预热器变频器控制柜电源 B”“＃32 空气预热器变频器控制柜电源 B”“＃3 炉空气预热器油系统控制柜电源 B”	
	就地锅炉 空气预热器油系统	开启 A 空气预热器支撑轴承油系统和冷却水系统的各就地门；开启 A 空气预热器导向轴承油系统和冷却水系统的各就地门；点击左侧就地控制盘，在弹出窗口中启动一台 A 导向油泵和 B 支撑油泵	同样方式，投入 B 空气预热器润滑油系统
	DCS 锅炉 风烟系统	启动两台空气预热器主电机，确认空气预热器入口烟气挡板处于全开状态	
	DCS 锅炉 空气预热器	确认空气预热器主电机转速大于 1000r/min	
投入送、引风机润滑油系统运行	就地锅炉 送风机 A 电机润滑油系统	正确开启各三通阀	就地“送风机 B 电机润滑油系统”的投入与 A 相同

续表

任务	菜单	步骤	备注
投入送、引风机润滑油系统运行	DCS锅炉 送风机油站	启动送风机油泵，另一台投入备用	检查油压2.5～3.5MPa，温度15～23℃；当油温低于15℃，需手动启动电加热器；当油温高于23℃，电加热器自动停止
	就地锅炉 引风机A电机润滑油系统	正确开启各三通阀。切换开关，要打到1运位置	就地“引风机B电机润滑油系统”的投入与A相同。1运：DCS指令可以启停1号油泵；1主2备：1号已启动的情况下2号在备用状态，这种状态DCS停指令停不了油泵；停：指两台泵均停止，这种情况下DCS指令也不起作用；其他类似。一般操作时在1运位置即可
	DCS锅炉 引风机油站	启动引风机泵冷却风机，另一台投备用；启动引风机电机润滑油泵	检查润滑油压力大于0.1MPa，温度为30～40℃
投入风烟系统运行	DCS锅炉 风烟系统	启动一台引风机，缓慢开启引风机入口静叶，维持炉膛负压在－100～－50Pa之间。启动一台送风机，缓慢开启调整送风机动叶，满足送风量为额定风量的30%～40%	检查满足引风机、送风机启动条件；首先启动引风机，再启动送风机

资源2.8.1：空预器油站投运
资源2.8.2：空预器投运
资源2.8.3：送引风机油站投运
资源2.8.4：送引风机投运
资源2.8.5：引风机结构

【检查评估】

检查任务完成情况，检查评估表见表2-16。

表2-16　风烟系统任务检查评估表

评估内容	评价标准	评价人	权重	评分	总评
预习测试	课程平台自动评分	平台	10		
学习态度	出勤情况：迟到扣2分，缺勤扣5分	班委	5		
	课堂表现：积极发言，表达清晰、流利	教师	5		
任务实施	1. 工作计划				
	风烟系统启动顺序正确	小组成员	10		
	操作票里设备和阀门描述和操作正确	教师	10		

续表

评估内容	评价标准	评价人	权重	评分	总评
任务实施	2. 投入空气预热器运行				
	空气预热器电气接线正确	小组成员	10		
	空气预热器正常启动	教师	5		
	3. 投入送、引风机润滑油系统运行				
	检查送、引风机就地阀门开启正确	小组成员	10		
	送、引风机润滑油系统正常启动，参数正确	教师	5		
	4. 投入风烟系统运行				
	检查满足引送风机启动条件	小组成员	10		
	风烟系统正常启动，参数正确	教师	10		
团队协作	与小组成员一起分工合作	小组成员	5		
学生自评	客观评价自己	自己	5		

注　主要操作界面及机组状态参数，以小组为单位截图保存，附在实训报告后。

【知识拓展 2.7-一次风、密封风系统】（本项目末扫码获取）

拓展资源＿项目二

项目三　机组启动及升负荷

任务一　锅炉上水及冷态清洗

【学习目标】

（1）能说出锅炉主要设备及其作用，识读锅炉汽水布置图。
（2）能简述锅炉汽水流程。
（3）按照相关规程，熟练完成锅炉上水操作。
（4）能复述冷态清洗的作用，并熟练完成冷态清洗操作。

【任务描述】

本节的任务是熟悉锅炉启动旁路系统组成及设备性能，明确锅炉的水质要求及控制措施，并通过在仿真实训室进行虚拟操作，掌握超临界参数锅炉启动系统的运行调节及操作控制，完成超临界压力机组锅炉启动过程中的冲洗操作，保证锅炉给水水质符合规程要求。

本任务建议采用项目教学法组织教学，其实施过程参照教学实施过程表（表 1-1）。

【情景案例】

事故经过：1993 年 7 月 3 日 6：30，某热电厂在锅炉小修后的启动过程中，汽包 2 号安全门动作，机组立即熄火停炉降压，锅炉检修人员检查，发现安全门重锤掉在炉顶平台上，吊卡完好，随即装好重锤。锅炉检修人员认为安全门是误动，又加了一个 8kg 的小重锤。重新点火升压，汽包 2 号安全门再次动作，事后通过估算汽包 2 号安全门第二次动作压力是汽包额定工作压力的 1.378 倍。

事故原因：检修人员随意增加 2 号安全门重锤的质量，致使 2 号安全门整定压力增加较多，超压保护失去作用。

根据 DL/T 612—2017《电力行业锅炉压力容器安全监督规程》的规定，“对于杠杆式安全阀应有防止重锤自行移动的装置和限制杠杆越位的导架”，第一次 2 号安全门起跳时，重锤脱落到炉顶平台上，说明检修是不规范的。“每台锅炉至少装两台全启式安全门；当锅炉所有安全阀全开时，锅炉的超压幅度在任何情况下均不得大于锅炉设计压力的 6%，锅炉安全门应进行定期放汽试验”。汽包 2 号安全门增加了 8kg 的小重锤，起跳压力提高了，超压保护失去作用。

【知识导航】

一、锅炉设备布置

锅炉汽水设备主要包括省煤器、水冷壁、汽水分离器、361 阀、炉水循环泵等。

（1）省煤器：是安装于锅炉尾部烟道下部用于回收排烟余热的一种装置。将锅炉给水加热成汽包压力下的饱和水的受热面，由于它吸收高温烟气的热量，降低了烟气的排烟温度，节省了能源，提高了效率，所以称之为省煤器。

（2）水冷壁：炉膛内的水冷壁有两种布置形式，从炉底冷灰斗到折焰角水冷壁下方标高处为螺旋冷壁（见图 3-1），从此标高处至炉墙上端为垂直水冷壁，两种形式的水冷壁间用过渡段水冷壁管转接。

图 3-1　直流锅炉水冷壁

（3）汽水分离器：在锅炉转直流之前，由水冷壁进入启动分离器的汽水混合物在分离器内进行汽水分离，分离出的蒸汽进入低温过热器，分离出的水通过启动分离器下方的连接管进入储水罐。

（4）电磁释放阀又称 PCV 阀，PCV 阀由阀体、阀门、阀盖、弹簧组成，不可分解。用于防止锅炉蒸汽压力超过规定值，在安全阀动作之前开启，排除多余蒸汽，以避免安全阀频繁起跳而缩短使用寿命，避免蒸汽浪费。

（5）361 阀：是储水罐水位控制阀，其作用是调节储水罐的水位。两个阀门分别使储水罐连接疏水扩容器和凝汽器，共同控制储水罐的水位。锅炉转直流之后，从垂直水冷壁出来的微过热蒸汽经过分离器，直接进入过热器，不进行水分离，此时分离器仅起到连接通道的作用。

（6）炉水循环泵：在超临界大中型机组中，为了保证锅炉在启动和低负荷时水冷壁内流速设置了再循环管路系统，炉水循环泵是设在锅炉蒸发系统中承受高温高压使介质作强制流动的一种大流量，低扬程单级离心泵。

锅炉汽水流程：来自分离器的蒸汽→顶棚过热器及包墙管过热器→低温过热器进口联箱→低温过热器→低温过热器出口联箱→一级喷水减温器→屏式过热器进口联箱→屏式过热器→屏式过热器出口联箱→二级喷水减温器→高温过热器进口联箱→高温过热器→过热器出口联箱→汽轮机高压进汽门。再热蒸汽系统是在汽轮机中做了一部分功的蒸汽送回锅炉再一次加热、重新回到汽轮机做功的过程中的全部管道及其附属部件的总称。高压缸排汽→再热器进口联箱→再热器→再热器出口联箱→中压缸（见图 3-2）。

锅炉启动前的进水速度不宜过快，一般冬季不少于 4h，其他季节 2～3h，进水初期尤应缓慢。冷态锅炉的进水温度一般不大于 100℃，以使进入汽包的给水温度与汽包壁温度的差值不大于 40℃。未完全冷却的锅炉，进水温度可比照汽包壁温度，一般差值应控制在 40℃以内，否则应减缓进水速度。

二、锅炉清洗

锅炉清洗主要是在启动前用除盐水冲洗系统的管道及锅炉本体，清洗沉积在受热面上的杂质、盐分和因腐蚀生成的氧化铁等。经化验锅炉的水质达到规定值时，水冲洗暂告结束，才能允许锅炉点火。由于汽包锅炉可以用定期排污的方法去除锅水中的杂质，所以受热面一般不用清洗。而直流锅炉由于水一次蒸发完毕，与汽包锅炉不同，直流锅炉给水中的杂质不能通过排污加以排除，其去向有两个：一小部分溶解于过热蒸汽带出锅炉，其余部分则都沉

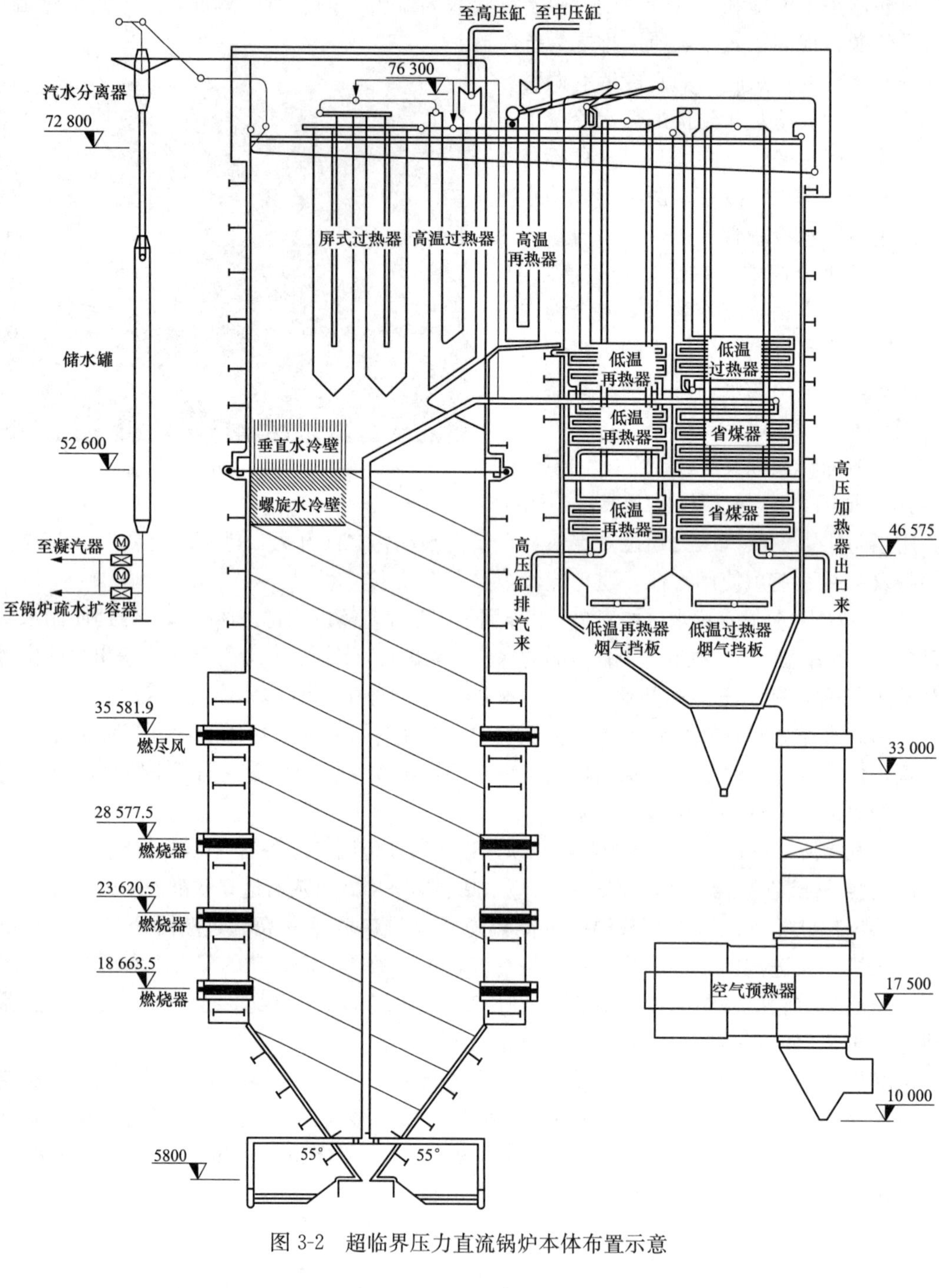

图 3-2 超临界压力直流锅炉本体布置示意

积在锅炉的受热面上。因此，在启动阶段必须建立一定流量，对受热面进行冷态清洗，并在一定的压力和温度下进行热态清洗，直到有关参数满足规定要求为止，确保受热面内部的清洁和传热安全。直流锅炉冷态清洗的方法如下所述。

1. 冷态清洗分低压系统和高压系统两阶段进行

（1）低压系统的清洗是对凝结水系统和除氧器系统的清洗。

（2）高压系统的清洗。当清洗给水泵以后的高压系统时按下列大循环进行：

凝汽器→凝结水泵→前置过滤器→混合床除盐装置→凝结水箱→低压加热器→除氧器→给水泵→高压加热器→锅炉本体汽水系统→启动分离器→凝汽器。

2. 高压系统的冷态清洗按开式清洗和循环清洗两个阶段清洗

冷态开式清洗：清洗水经疏水扩容器放水至除灰渣池（不循环）。

冷态循环清洗：清洗水经疏水扩容器再回收至凝汽器（循环使用）。

3. 冷态开式清洗方法

（1）开启分离器储水箱至疏水扩容器大口径溢流阀。

（2）用辅助蒸汽加热除氧器，维持除氧器出口水温在 80℃左右。

（3）锅炉冷态开式清洗过程中，疏水扩容器排水至凝汽器调节站应关闭，开启储水罐大口径溢流阀排水到疏水扩容器，并开启疏水扩容器至除灰渣池电动门。直至分离器储水罐下部出口水质 Fe<500μg/L，冷态开式清洗结束（见图 3-3）。

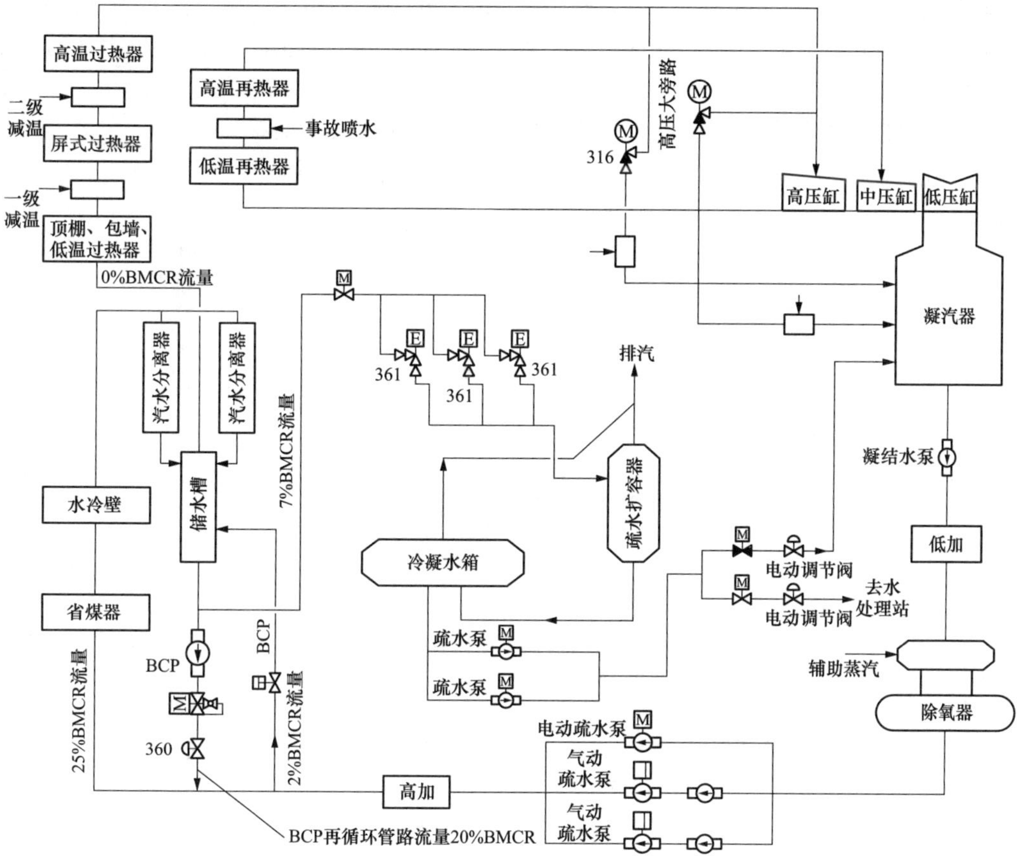

图 3-3　锅炉启动系统示意图

4. 冷态循环清洗方法

（1）投入疏水扩容器排水至凝汽器调节站，关闭疏水扩容器排水至除灰渣池电动门，清洗水由排往除灰渣池切换至凝汽器。

（2）维持 420t/h（25%BMCR）清洗流量进行循环清洗，分离器排水水质电导率小于

1pS/cm，Fe＜100μg/L 时，冷态循环冲洗结束；冷态清洗能除去很多杂质，为了保证直流锅炉点火时有良好的给水水质，必须进行冷态清洗，冷态清洗结束后，锅炉可开始点火。

【任务引导】

学习完相关知识后，需回答下列问题：

（1）直流锅炉的启动特点是什么？

（2）如何保证直流锅炉的水质？

（3）冷态开式清洗和闭式清洗的区别是什么？

【任务实施】

（1）课前学生自行观看在线开放课程，并完成网上自测。

（2）查阅《仿真机组的运行规程》及参考任务流程表，以运行小组为单位填写“锅炉上水及冷态清洗”任务操作票（可参考表 3-1），操作票由组长负责编写，指导教师负责检查和评分。

（3）恢复火电机组仿真机初始条件为“机组辅助系统启动完毕”，确认机组运行状态，记录机组当前状态。

（4）按照任务操作票，运行值班员具体操作，组长负责安全监护。

（5）启动完成后，检查机组状态，记录主要参数，填写实训报告。

表 3-1　　锅炉上水及冷态清洗任务流程表

任务	菜单	步骤	备注
锅炉上水	锅炉就地 主再热蒸汽系统	开启锅炉受热面所有排空气就地门	上水排气
	锅炉 DCS 启动系统 汽温调节系统	开启锅炉受热面所有排空气电动门	
	锅炉 DCS 锅炉疏水排污	关闭锅炉启动分离器前所有疏水门，开启锅炉启动分离器后所有疏水门	
	汽轮机就地 给水系统	开 A、B、C 三台给水泵入口手动门	根据水泵性能曲线，启动前要充水，避免出现气缚现象
	锅炉 DCS 锅炉启动系统	开启动分离器储水罐排水至锅炉疏水扩容器电动门，关闭排凝汽器电动门	将“361 阀 A”和“361 阀 B”设置在复归位，投入“361 阀 A 指令”和“361 筒 B 指令”自动，定值设为 12 000mm
		开电动给水泵再循环电动门和调节门，启动电动给水泵的辅助油泵	电动给水泵启动条件
		启动电动给水泵，开电动给水泵出口电动门	
		开锅炉给水旁路电动门，调整给水旁路调节门开度	维持给水流量 8090t/h。根据辅助蒸汽压力尽量维持除氧器温度为 80～90℃
		当储水罐水位达到 12m，检查 361 阀应开启，自动调节正常	当储水罐见水后，放慢上水速度，加强监视
		关闭启动分离器前所有空气门，锅炉上水完毕	

续表

任务	菜单	步骤	备注
冷态清洗	锅炉 DCS 锅炉启动系统	调整锅炉给水流量 420t/h 左右，“361 阀 A”“361 阀 B”在复归位，“361 阀 A 指令”“361 阀 B 指令”在自动位，打开储水罐至锅炉疏水扩容器电动门，锅炉进行冷态开式清洗，清洗水排锅炉疏水扩容器	由于冲洗时给水流量为 420t/h，因此需在 DCS 汽轮机“凝结水系统”启动 2 号凝结水补水泵并打开凝汽器补水调节门的旁路电动门，维持凝汽器水位在 800mm 左右。 当启动分离器排水水质达到 $Fe<500\mu g/L$ 或浊度 $\leqslant 3\times 10^{-6}$，油脂 $\leqslant 1\times 10^{-6}$，pH 值 $\leqslant 9.5$ 时，冷态开式清洗结束

资源 3.1.1：锅炉上水

资源 3.1.2：冷态开式清洗

资源 3.1.3：冷态循环清洗

资源 3.1.4：拓展知识：锅炉附属小部件

【检查评估】

检查任务完成情况，检查评估表见表 3-2。

表 3-2　锅炉上水及冷态清洗任务检查评估表

评估内容	评价标准	评价人	权重	评分	总评
预习测试	课程平台自动评分	平台	10		
学习态度	出勤情况：迟到扣 2 分，缺勤扣 5 分	班委	5		
	课堂表现：积极发言，表达清晰、流利	教师	5		
任务实施	1. 工作计划				
	任务流程正确	小组成员	10		
	操作票里设备和阀门描述和操作正确	教师	10		
	2. 锅炉上水				
	检查项正确，无遗漏	小组成员	10		
	操作正确，完成上水操作	小组成员	20		
	3. 冷态清洗				
	水质标准正确	小组成员	10		
	操作正确，完成清洗操作	教师	10		
团队协作	与小组成员一起分工合作	小组成员	5		
学生自评	客观评价自己	自己	5		

注　主要操作界面及机组状态参数，以小组为单位截图保存，附在实训报告后。

【知识拓展 3.1-水汽品质恶化的处理】（本项目末扫码获取）

任务二　锅炉吹扫、点火

【学习目标】

（1）能简述锅炉炉膛安全监控系统作用、功能。

（2）能说出锅炉点火允许条件、油点火条件。

（3）按照 DL/T 1091—2018《火力发电厂锅炉炉膛安全监控系统技术规程》，熟练完成炉膛吹扫和油泄漏试验，并能针对吹扫中断和试验失败等异常工况进行相应处理。

（4）按照 DL/T 1091—2018 技术规范，熟练完成锅炉的点火操作。

【任务描述】

锅炉炉膛安全监控系统（furnace safeguard supervisory system，FSSS）是大型火电机组自动保护和自动控制系统的一个重要组成部分，其主要功能包括炉膛吹扫，油枪或油枪组程序控制，炉膛火焰检测，磨煤机组程序启停和给煤机、磨煤机保护逻辑，主燃料跳闸（见图 3-4）。

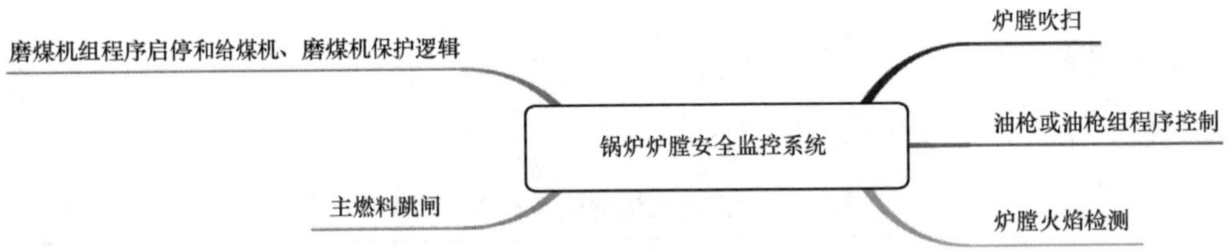

图 3-4　FSSS 功能图

机组辅助系统运行后进行油泄漏试验、锅炉吹扫、点火，为机组升温升压做准备。

本任务建议采用项目教学法组织教学，其实施过程参照教学实施过程表（表 1-1）。

【情景案例】

事故经过：2001 年 4 月 1 日，某电厂 1 号机组运行，负荷 70MW、炉出力 268t/h，主汽压力 13.02MPa、主汽温度 556℃。00：47：29，锅炉运行主值班员监盘中发现炉膛负压表指示到正压最大值、火焰监视器指示灯闪动，且有多组熄灭，工业电视显示暗黑，判断为锅炉掉焦。随后运行人员严重违章操作，强行退出灭火保护，用爆燃法点火起炉，使锅炉炉膛发生爆炸，受热面等多处损坏。前墙 20.7m 标高刚性梁扭曲变形，最大弯曲变形值 350mm，前墙水冷壁和辐射过热器联箱密封板中间部位裂开，最大值约 50mm。

事故原因：习惯性违章。严重违反了《防止电力生产重大事故的二十五项重点要求》6.1.4 条“当锅炉灭火后，要立即停止燃料（含煤、油、燃气、制粉冷气风）供给，严禁用爆燃法恢复燃烧。重新点火前必须对锅炉进行充分通风吹扫，以排除炉膛和烟道内的可燃物质”，即《电业安全工作规程 第 1 部分：热力和机械》第 185 条：“当锅炉发现灭火时，严禁采用关小风门、继续给粉、给油、给气使用爆燃的方法来引火。锅炉灭火后，必须立即停止给粉、给油、给气；只有经过充分通风后，始可重新点火”之规定。

【知识导航】

一、炉膛火焰检测

炉膛火焰检测一般分为“火球”火焰检测和单个燃烧器（油枪或煤燃烧器）火焰检测两种。“火球”火焰检测一般只检测火焰的强度，单个燃烧器火焰检测则同时检测火焰的强度和火焰的脉动频率。对于切圆燃烧锅炉，火球监视只是用于全炉膛监视，即在满足一定条件下（如锅炉负荷大于20%），可以认为炉膛内的燃烧已形成火球。判断各煤层是否着火可以以是否观察到火球为标准。在点火阶段仍以单个燃烧器为基础，并根据火焰强度和脉动频率进行综合判断。对于旋流燃烧、前后墙对冲、前墙喷燃 W 形火焰等能量互不支持型火焰的锅炉，则以单个燃烧器火焰检测为主，并根据火焰强度和脉动频率进行综合判断。

二、炉膛吹扫

炉膛吹扫指使空气流过炉膛、锅炉烟井及与其相连的烟道，以有效清除任何积聚的可燃物，并用空气予以置换的过程，也可用惰性气体进行吹扫。

锅炉停炉后，尤其是长期停炉后，闲置的炉膛里必然会积聚一些燃料、杂物等，给重新运行带来不安全因素。因此，FSSS 设置了点火前炉膛吹扫功能。

启动点火前吹扫时应保证炉膛内有足够的风量，一般采用 25%～30%额定空气量，此外，吹扫时间应不少于 10min（见图 3-5）。吹扫时应先启动回转式空气预热器，然后再按顺序启动引风机和送风机各一台，这样可防止点火后回转式空气预热器因受热不均匀而发生变形，同时也可对回转式空气预热器进行吹扫。在进行锅炉点火前吹扫时，还应切断电除尘器的电源。这是因为如果炉膛内有可燃混合物，在吹扫时这些可燃性混合物将通过电除尘器至烟囱，除尘器电极上的高压有可能点燃可燃混合物，引起炉膛爆燃。

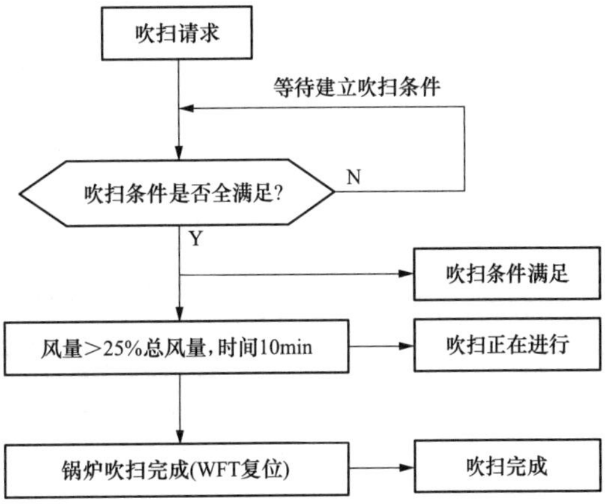

图 3-5　炉膛吹扫原理

在吹扫计时时期内，若吹扫条件中任一条件不满足，则认为吹扫失败，再次吹扫时需重新计时。根据 DL/T 1091—2018《火力发电厂锅炉炉膛安全监控系统技术规程》规定，炉膛吹扫条件详见图 3-6。

油枪或油枪组程序控制。点火前吹扫完成后，炉膛具备了点火条件，运行人员可在控制室内进行油枪或油枪组的程序控制点火或停运，停运操作见表 3-3。

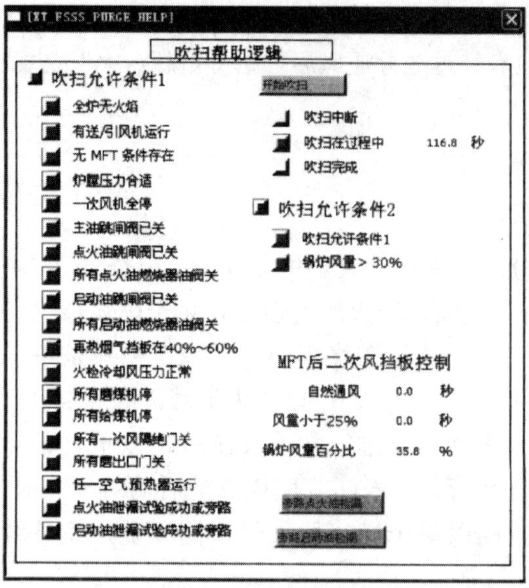

图 3-6　锅炉吹扫条件

表 3-3　　油燃烧器操作步骤

操作步骤	油燃烧器清扫步骤	油燃烧器投运步骤	油燃烧器停运步骤
1	点火枪伸进	伸进油枪	关闭油跳闸阀组
2	点火器打火（推荐为 30s）	伸进点火枪	油燃烧器清扫步骤
3	打开清扫阀（清扫时间推荐为 1～5min）	点火器打火	
4	清扫完成后退出油枪、点火枪	开始打火后打开油跳闸阀组	
5		当油枪伸进且油跳闸阀组打开且检测到有火信号，则认为油燃烧器投运	

注　锅炉厂家要求点火前必须清扫油枪，则在伸进油枪后开清扫阀，清扫油枪一段时间（推荐为 60s）后，关闭清扫阀，再伸进点火枪并向下执行其他步骤。

三、点火方式

燃煤电厂锅炉系统是火电厂重要的辅助系统之一，点火方式对锅炉的安全经济运行有不可忽视的作用，合理设计锅炉点火系统，不仅可以节省初投资，而且还可以节省运行电耗，提高机组的经济性。

目前，国内锅炉点火技术有油气燃料点火、等离子点火、微油点火。

1. 油气燃料点火

油气燃料点火也称为过度燃料点火，基本工作过程为，先利用电气装置产生引燃源（如电火花或电弧），将过渡燃料（油或者气）点燃，再利用过渡燃料燃烧放热使炉膛温度升高，温度升高到一定程度投入主燃料（煤粉），待主燃料着火正常后退出点火装置。常用的引燃方式：

（1）电火花。利用高压直流电（5～10kV）在两电极之间产生电火花，点燃过渡燃料。

（2）电弧。利用低压大电流，使两极先接触后分开而产生电弧，直接点燃过渡燃料。

（3）高能电火花。用半导体元件产生能量峰值很高的脉冲电压，在电极表面形成很高的电火花，可直接点燃过渡燃料。

2. 等离子点火

等离子点火装置是利用直流电流在介质气压 0.01～0.03MPa 的条件下接触引弧，并在强磁场控制下获得稳定功率的直流空气等离子体，煤粉颗粒通过该等离子"火核"受到高温作用，并在 1～3s 内迅速释放出挥发物，使煤粉颗粒破裂粉碎，从而迅速燃烧。由于反应是在气相中进行，使混合物组分的粒级发生变化。因而使煤粉的燃烧速度加快，也有助于加速煤粉的燃烧，这样就大大地减少促使煤粉燃烧所需要的引燃能量。

3. 微油点火

采用出力为 50kg/h 的小油枪，实现气化燃烧，用产生的高温火焰在燃烧器内直接点燃 3～5t/h 的煤粉，使其喷入炉膛内的煤粉火焰具有极强的自稳燃能力，并继续进行燃烧。

四、锅炉的燃烧方式及特点

（一）采用直流燃烧器的切圆燃烧方式

四角切圆燃烧方式（见图 3-7）可以实现空气分级供风、燃料分级燃烧，具有炉膛充满度好、扰动大、易燃尽、低负荷稳燃、低 NO_x 排放等一系列优点，是较多采用的一种燃烧方式。其基本原理是将煤粉（一次风）和二次风在炉膛四角与炉膛中心以假想切圆相切的方式喷入炉膛，实现煤粉的切圆燃烧。

（二）采用旋流喷燃器的前后墙对冲燃烧方式

前后墙对冲燃烧方式（见图 3-8）是在炉膛的前后墙分别布置多层燃烧器，煤粉通过前后墙燃烧器喷入炉膛汇合形成对冲火焰，前后火焰相互得到支持，以利于煤粉着火、燃尽，在炉内有较好的充满度。前后墙对冲燃烧方式具有启动方便、煤种适应性强、良好的抗结焦抗高温腐蚀特性、燃烧稳定、NO_x 排放量低和不受机组容量限制等优点，它既可以用于燃烧优质烟煤的锅炉，也可用于燃烧贫煤、劣质烟煤等燃料的锅炉。

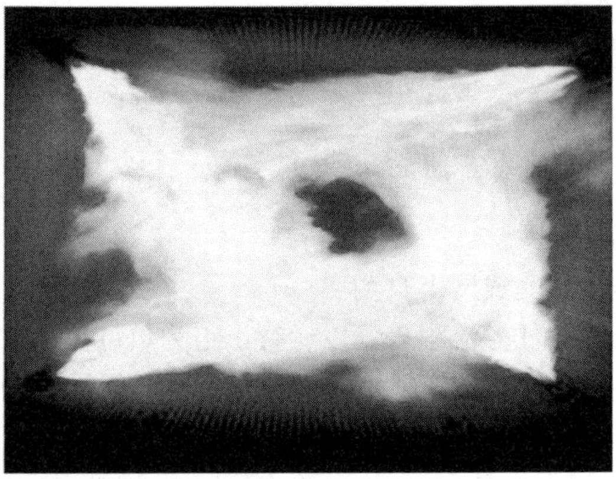

图 3-7　四角切圆燃烧

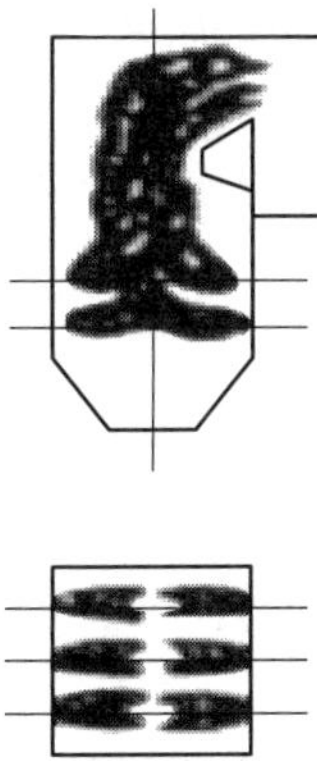

图 3-8　前后墙对冲燃烧方式

对比切圆燃烧，前后墙对冲燃烧锅炉的单个燃烧器具有良好的燃料、空气分布，能够避免燃烧器区域结渣和腐蚀，只要最外排燃烧器距侧墙的距离足够，完全能避免火焰刷墙，而切圆燃烧在炉内形成旋转的火球，炉内气流的扰动极强发生火焰刷墙。

五、锅炉炉膛安全监控系统

锅炉炉膛安全监控系统是大型火电机组自动保护和自动控制系统的一个重要组成部分，其主要功能是保护锅炉炉膛的安全，避免发生爆炸事故，以及保护锅炉锅内工况，如汽包锅炉的汽包水位高/低保护、直流锅炉的断水保护等。对于采用强制循环的锅炉，由于锅水循环泵的运行状况与锅炉安全关系极大，所以一般将锅水循环泵的监视与启/停也包括在 FSSS 内。锅炉炉膛安全监控系统还对油、煤燃烧器进行遥控/程序控制等管理。

本实训仿真机组采用的是前后墙对冲燃烧锅炉。前后墙对冲燃烧锅炉每只（煤）燃烧器都配有一只点火器（包括油枪和高能点火器），与一台磨煤机组有关的点火器分为前后墙对应于两个燃烧器组的两个点火器组。点火器必须以组（可以包含同层部分油枪或全部油枪）为单位进行启停，启动控制程序同油枪启动步骤，在程序执行中只要任一支油枪未检测到火焰，则为点火失败，关闭油阀，自动进行油枪吹扫并退出油枪。按照 DL/T 1091—2018 规定，锅炉点火相关条件见表 3-4。

表 3-4 锅炉点火相关条件

许可条件	炉膛点火许可条件	油点火许可条件	油燃烧器投运条件
1	MFT 已复位	炉膛点火许可	油点火允许
2	风箱/炉膛差压正常	OFT 已复位	油燃烧器无火焰检测到
3	火检冷却风压正常	主燃油跳闸阀打开	油跳闸阀组关闭
4	锅炉风量合适	燃油压力正常	清扫阀关闭
5	火检系统运行无异常（可选）	燃油温度正常	
6		雾化蒸汽（或压缩空气）压力正常（可选）	

【任务引导】

学习完相关知识后，需回答下列问题。

（1）简述锅炉点火前吹扫的意义、锅炉吹扫的条件。

（2）锅炉炉膛安全监控系统的功能有哪些？

（3）锅炉前后墙对冲燃烧方式的特点有哪些？

【任务实施】

（1）课前学生自行观看在线开放课程，并完成网上自测。

（2）查阅《仿真机组的运行规程》及参考任务流程表，以运行小组为单位填写“锅炉吹扫、点火”任务操作票（可参考表 3-5 和表 3-6），操作票由组长负责编写，指导教师负责检查和评分。

（3）恢复火电机组仿真机初始条件为“机组辅助系统启动完毕”，确认机组运行状态，记录机组当前状态。

（4）按照任务操作票，运行值班员具体操作，组长负责安全监护。

（5）启动完成后，检查机组状态，记录主要参数，填写实训报告。

表 3-5　锅炉吹扫、点火任务流程表

任务	菜单	步骤	备注
炉膛吹扫	DCS 锅炉炉前燃油	启动一台火检冷却风机，观察出口风压	冷却火焰监视探头，使其长周期运行不至于烧坏
	FSSS B/D 层油枪	检查吹扫条件，开启吹扫	把炉膛、烟道、空预器等处的可能积存的不完全燃烧的煤粉、可燃性气体排出去（或一次风管内积存的煤粉吹扫干净），防止点火时发生爆燃
锅炉点火	锅炉就地燃油系统	打开点火、启动上油和回油管路上所有手动门；打开雾化和吹扫蒸汽管路上所有手动门	点火油管路分布在三层，启动油只分布在中间层；蓄能器起稳定油压的作用
	DCS 汽轮机辅助蒸汽系统	打开燃油吹扫蒸汽，并控制油温在 220℃左右	雾化蒸汽就是将燃料油雾化，使之能充分燃烧；吹扫蒸汽是对油路中的沉淀物进行吹扫，防止油路阻塞，保证油枪油路畅通
	DCS 锅炉燃油系统	打开燃油雾化蒸汽压力调阀	维持压力在 0.7MPa
		打开回油电动阀	使点火和启动油形成回路，维持油压
		打开进油总跳闸阀，打开点火油跳闸阀，打开启动油快关阀	准备点火，控制点火油压在 1MPa，控制启动油压为 1.5～2MPa
	FSSS B/D 层油枪	检查点火油压和启动油压，打开点火程控	油压低会引起锅炉熄火
		打开启动油枪	点火油枪出力小，当燃烧稳定后，打开启动油枪，缓慢升压

表 3-6　等离子点火任务流程表

任务	菜单	步骤	备注
等离子点火	锅炉就地等离子点火载体风	打开等离子点火载体风至 A、B 层燃烧器的各路手动门，旁路门关闭	打通等离子载体风管路
		打开等离子点保护气母管至 A、B 层燃烧器的各路手动门，旁路门关闭	打通等离子点保护气管路
	锅炉就地等离子点火冷却风	打开火检冷却风机至角、层的冷却风手动门	提供各火焰探头冷却风
	锅炉就地等离子点火冷却水	打开等离子点火冷却水系统各管路手动门，保持管路畅通	打通等离子发生器冷却系统冷却水
	锅炉就地等离子点火压气机系统	检查并确认系统各疏水手动门关闭，打开除灰压缩空气至等离子压缩空气手动门，打开 A、B 等离子空压机出口手动门	打通等离子载体风管路
	DCS 锅炉锅炉等离子点火系统	打开除灰仪表气源供等离子用电动门。开启等离子点火换热器冷却水进水电动门	打通除灰压缩空气至等离子用气管路
		启动制氮机运行，开启氮气母管快关阀 1、2	提供等离子保护用气
		开启压缩空气母管快关阀 1、2	提供等离子载体风
		检查等离子冷却水箱水位正常，启动 A 等离子冷却水泵运行，检查其出口压力正常，将 B 等离子冷却水泵投入连锁	提供等离子发生器冷却系统冷却水

续表

任务	菜单	步骤	备注
等离子点火	DCS锅炉 锅炉等离子点火系统	点击“B燃烧层”，投入B层等离子点火模式	等离子点火模式投入时，磨煤机跳闸时该层等离子会连锁跳闸
		查看B层等离子启动帮助，启动允许条件满足后，通过程控依次启动1、2、3、4角等离子运行	确定B层等离子满足启动条件，启动B层等离子运行
		检查并确认B层各角等离子运行正常，有火焰显示，各角燃烧器壁温正常	确认B层各角等离子运行各参数正常

资源 3.2.1：炉膛吹扫

资源 3.2.2：锅炉点火

资源 3.2.3：拓展知识：锅炉的燃烧方式

【检查评估】

检查任务完成情况，检查评估表见表3-7。

表3-7　锅炉吹扫、点火任务检查评估表

评估内容	评价标准	评价人	权重	评分	总评
预习测试	课程平台自动评分	平台	10		
学习态度	出勤情况：迟到扣2分，缺勤扣5分	班委	5		
	课堂表现：积极发言，表达清晰、流利	教师	5		
任务实施	1. 工作计划				
	吹扫和点火流程正确	小组成员	10		
	操作票里设备和阀门描述和操作正确	教师	10		
	2. 锅炉吹扫				
	检查项正确，无遗漏	小组成员	10		
	操作正确，达成点火条件	小组成员	10		
	3. 锅炉点火				
	燃油系统就地操作正确	小组成员	5		
	燃油系统点火油和启动油油压调节正确	小组成员	10		
	雾化蒸汽温度和压力正确	小组成员	5		
	程控点火操作，锅炉点火成功	教师	10		
团队协作	与小组成员一起分工合作	小组成员	5		
学生自评	客观评价自己	自己	5		

注　主要操作界面及机组状态参数，以小组为单位截图保存，附在实训报告后。

【知识拓展 3.2】（本项目末扫码获取）

任务三 热态清洗、升温升压

【学习目标】

（1）能说出热态清洗的目的。

（2）能简述升温升压过程中汽包热应力分析、水冷壁等受热面保护及相应参数控制依据和方法。

（3）能背诵锅炉旁路系统的作用、形式及功能。

（4）能运用高、低压旁路系统配合锅炉燃烧控制，熟练升温升压过程操作。

（5）说出汽轮机暖管、暖阀的作用，并能正确进行汽轮机暖管、暖阀操作。

【任务描述】

锅炉点火后，燃料燃烧放热使锅炉各部分逐渐受热，工质温度逐渐升高，当工质温度超过大气压下的饱和温度时，分离器中即开始产生蒸汽并开始起压。从锅炉点火直到汽压升到工作压力的过程称为升温升压。

在升温升压过程中，当顶棚过热器出口温度达到规定值时，维持锅炉燃烧状态，开始热态清洗，当水质合格后，继续升温升压，提升蒸汽参数，为机组冲转做准备。

本任务建议采用项目教学法组织教学，其实施过程参照教学实施过程表（表 1-1）。

【情景案例】

事故经过：2003 年 7 月 20 日 16：00，某机组按中调命令，值长申某通知各专业 2 号机组准备开机。当时机组高中压缸内壁上下温度测点、中压第一级下壁温测点已损坏。16：45 锅炉点火。17：40，主值宋某开高、中、低压轴封进汽门暖管。18：02 宋某开大轴封进汽门向低压轴封送汽，操作中因接值长临时任务，忘记了向高中压轴封送汽。18：32 左右，才想起向高中压轴封送汽。20：51 宋某按机组热启动状态进行冲转条件确认，但因缸内测点损坏，未能正确判断机组状态。21：22，转速升至 1138r/min，宋某发现 2 号轴振 X 方向达 190μm，2 瓦振达 70μm，检查顶轴油泵已停。转至振动画面时，2 号轴振 X 方向达 225μm。21：23，转速升至 1308r/m 时，振动保护跳机，首出为“瓦振大”，在降速过程中因振动上升，立即破坏真空紧急停机。8 月 3 日开缸检查，发现高中压中间汽封梳齿局部轻度磨损，高中压转子弯曲 250μm，2 瓦轻微研磨。

事故原因：机组开机，违反《防止电力生产重大事故二十五项重点要求》（国能安全〔2014〕161 号）中“机组热态启动投轴封供汽时，应确认盘车装置运行正常，先向轴封送汽，后抽真空。”的规定，高中压轴封送汽滞后于抽真空时间近 30min，致使冷气沿高中压转子轴封处进入汽轮机，转子受到局部冷却，是导致发生转子弯曲的直接原因。

冲转时主蒸汽温度与热态开机要求不匹配，不仅未达到《防止电力生产重大事故的二十五项重点要求》第 8.3.2 条中“蒸汽温度必须高于汽缸最高金属温度 50℃，但不超过额定蒸汽温度，且蒸汽过热度不低于 50℃；高压外缸上、下缸温差不超过 50℃，高压内缸上、下缸温差不超过 35℃”的要求，启动时出现了负温差，是导致转子弯曲增大的重要原因。

【知识导航】

一、热态清洗

通过控制燃料量和给水流量将分离器入口温度控制在规定温度，对锅炉进行热态冲洗。保持上述状态和给水量进行冲洗，当储水箱出口水质合格时，锅炉热态冲洗完成。

在热态清洗阶段，汽轮机高压旁路（简称高旁）阀应处于自动操作状态，控制分离器压力 1.25MPa，顶棚过热器出口温度 190℃，维持此温度和压力，锅炉开始进行热态清洗。热态清洗过程中炉水循环泵再循环管路流量维持在 25%BMCR，炉水循环泵再循环流量调节阀（360 阀）全开。联系化学值班员取样化验分离器储水罐水质。热态清洗结束时，省煤器入口水质应达到下列标准：水的电导率≤0.5μS/cm；Fe≤50μg/L；pH 值为 9.3～9.5。

热态清洗注意事项如下：由于水中的溶解物在 190℃时达到最大，因此工质升温至 190℃（顶棚出口）时应进行锅炉热态清洗，去除污垢。在此阶段应注意水质检查检测，防止管子内壁结垢。热态清洗时，清洗水全部排至凝汽器，炉水循环泵再循环管路流量维持在 25%BMCR，炉水循环泵流量调节阀（360 阀）全开，控制炉膛出口烟温小于 580℃。

二、锅炉燃烧控制系统

协调控制系统中，主控系统的协调指挥作用由汽轮机、锅炉各子控制系统具体执行，才能最终完成整个系统的控制任务。锅炉侧最主要的子控制系统就是燃烧控制系统。单元机组的能量输入是靠燃料的及时供给和在炉膛内的良好燃烧来保证的。

（一）燃料控制系统

燃料控制系统的主要任务是控制进入锅炉炉膛的燃料量，以满足机组负荷需求。燃煤锅炉燃煤量的直接测量目前还未很好解决，同时煤质如发热量、挥发分、灰分、水分等也是变量，很难在线检测。目前常用的办法是采用热量信号间接代表进入炉腔的燃料量（包括油）。

（二）风量控制系统

保证燃料在炉膛中充分燃烧是风量控制系统的基本任务。在单元机组锅炉的送风系统中，一、二次风各用两台风机分别供给。一次风通过制粉系统并带煤粉入炉膛。一次风的控制涉及制粉系统和煤粉喷燃的要求，各台磨煤机的一次风量要根据各自磨煤机的工况分别控制。风量控制主要是二次风控制。

风量控制系统一般设计为串级控制系统，其设计构思是副调节器首先保持一定的风煤比，其次主调节器的氧量校正做精微的细调。为了保证锅炉燃烧的安全性，在机组增、减负荷时，要始终保证有充足的风量，保证一定的过量空气系数。负荷低于 30%额定负荷时，为了能保证锅炉的安全燃烧，风量维持在 30%以上。

为保证燃烧的安全和经济，需控制一定的过量空气系数，控制烟气含氧量可以达到控制过量空气系数的目的。氧量定值则应是锅炉负荷的函数，可用汽轮机第一级压力、主蒸汽流量或热量信号来代表锅炉负荷，选用适当的函数转换可保证氧量定值与负荷之间的最佳关系。由于燃料（煤量）控制系统和风量控制系统在升降负荷过程中能同步协调动作，氧量只起着细调的作用，所以氧量校正整定得较慢。

（三）炉膛压力控制系统

平衡通风式锅炉，通常是由两台引风机保持锅炉炉膛压力略低于外界大气压力（如−100～−50Pa）。炉膛压力控制系统为带送风前馈的单级控制系统。以送风指令（送风机控制挡板位置）为前馈信号，使送风机、引风机协调动作。如参数调整适当，当外界负荷变动时，送风量和引风量按比例动作，基本上维持炉膛压力恒定。

（四）磨煤机控制系统

磨煤机控制系统包括磨煤机风量控制系统和磨煤机出口温度控制系统。由于磨煤机冷风、热风门的配置不同，因而有不同的风量和温度控制策略。当每台磨煤机配有冷风、热风调节风门和总风调节门时，用总风调节门控制磨煤机的风量，用冷风调节风门和热风调节风门共同（差动方式）控制磨煤机出口温度。由于冷风、热风调节风门是按比例差动的，因而对整个通风管道系统来说阻力未发生变化，总的风量维持不变。磨煤机风门配置对磨煤机风量和出口温度的控制相互之间是"解耦"的，控制系统易于调整；但对管道系统而言，增加了一个总风调节风门，不仅给管道布置带来一定的困难，还因增加了管道系统的阻力而增加了一次风机的电耗。

三、主蒸汽、再热蒸汽及旁路控制系统

（一）主蒸汽、再热蒸汽系统

主蒸汽系统（见图3-9）是指从锅炉过热器联箱出口至汽轮机主汽门进口的主蒸汽管道、阀门、疏水管等设备、部件组成的工作系统。在主蒸汽管道的最低位置处，设置有疏水止回阀及相应的疏水管道，用于在汽轮机启动前暖管至10%额定负荷以前，以及汽轮机停机后及时进行疏水，避免因管内积水发生水击现象。对于设置有旁路的汽轮机组，其高压旁路管道也由主蒸汽管道（位于电动主汽阀及疏水管道上游）接出。

再热蒸汽系统包括冷段和热段两部分。再热冷段指从高压缸排汽至锅炉再热器进口联箱入口处的管道和阀门。对于采用中压缸启动的汽轮机组，在高压旁路管道至再热冷段的蒸汽管道之间，设置有管径小的（约50mm）连通管，启动时，在高压缸进汽前用来对高压缸排汽管（即再热冷段管道）进行暖管。此时，要特别注意对再热冷段可靠地进行疏水。此外，由于采用中压缸启动，启动过程中高压缸变成了"鼓风机"，有可能造成高压缸过热。为了避免高压缸过热，在其排汽管道与凝汽器之间设有连通管及相应的阀门，在启动过程中该管道开通，高压缸处于高真空状态，尽量减小鼓风损失。再热热段指锅炉再热器出口至中压联合汽门前的蒸汽管道。在该段管道上，也应设有暖管和疏水管道，其疏水管道在20%额定负荷之前，应一直开通。在该段管道的中压联合汽门前，接有通往凝汽器的低压旁路管道及相应的旁路阀门。

（二）旁路系统

在某些情况下，不允许蒸汽进入汽轮机。例如，当锅炉点火不久，提供蒸汽的温度、过热度都比较低时，或运行中的汽轮机意外地失去负荷时，都不允许蒸汽进入汽轮机。在这些情况下，锅炉提供的蒸汽就可以通过旁路系统（见图3-10）加以处理。

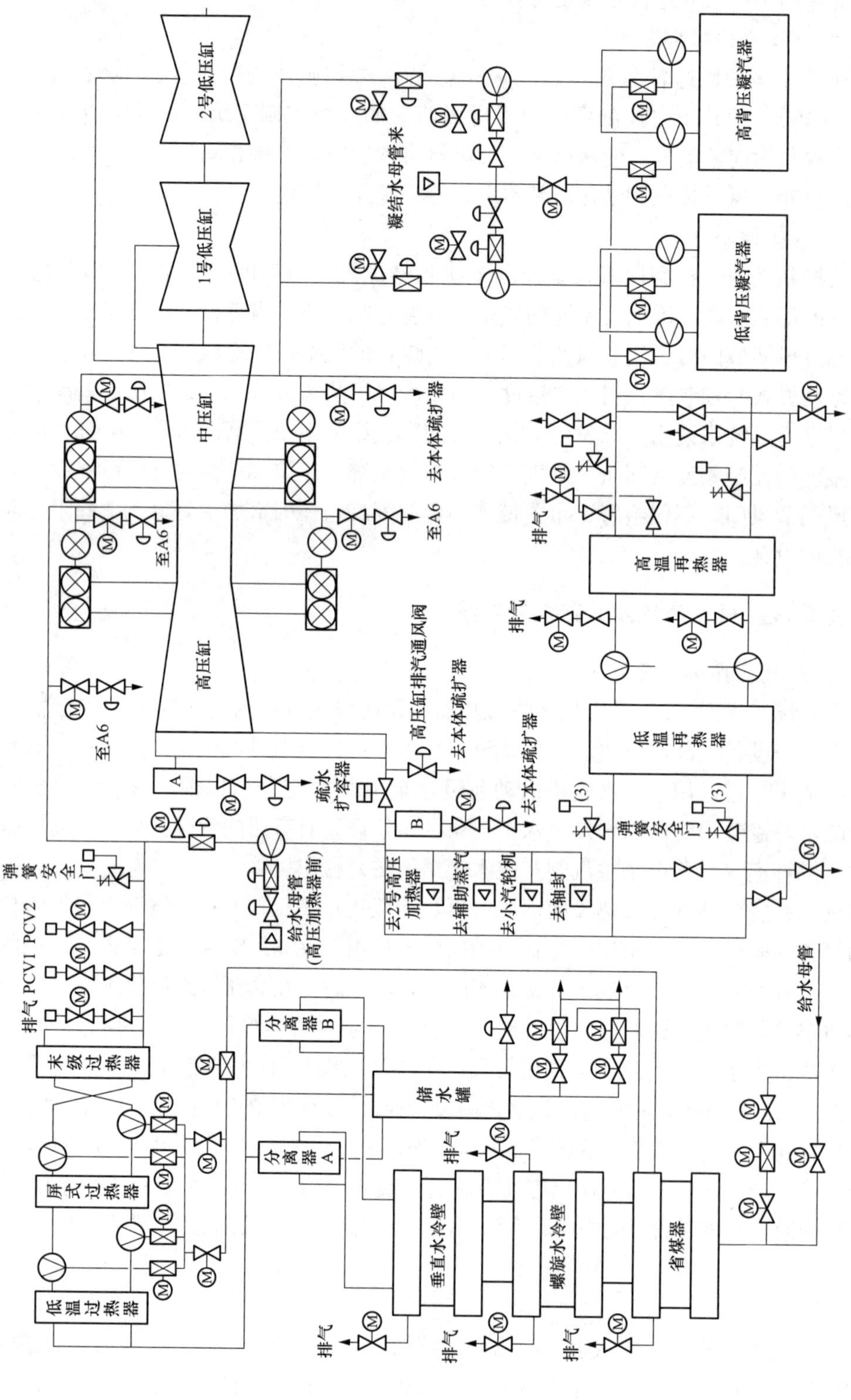

图 3-9 主蒸汽、再热蒸汽系统

图 3-10　高、低压旁路

大型再热凝汽式机组的旁路系统一般分为两级，即高压旁路（HP）和低压旁路（LP）。高压旁路为锅炉过热器出口蒸汽经减温减压后到再热器进口，高压旁路系统设置在进入汽轮机高压缸前的主蒸汽管道上，其容量的选择各不相同，30%、50%、60%、100%的额定负荷蒸汽流量均有；低压旁路为再热器出口蒸汽经减温减压后去凝汽器，低压旁路系统设置在进入汽轮机中压缸前的再热热段蒸汽管道上，其容量有 50%、65%的额定负荷蒸汽流量。对于采用一次中间再热的机组，采用的旁路有一级大旁路系统和高、低压串联的两级旁路系统两种形式。有些机组设计配置有 100%BMCR 容量（额定压力和温度下的通流能力）的两级串联旁路系统。旁路的通流能力并不是越大越好。旁路系统的动作响应时间则是越快越好，要求在 1～2s 内完成旁路开通动作，在 2～3s 内完成关闭动作。

为了配合锅炉和汽轮机的运行，旁路系统一般具有以下功能：

（1）在机组启动时，通过旁路将不符合参数要求的蒸汽排入凝汽器，尽快地使锅炉出口蒸汽温度与汽轮机冲转时要求的温度相匹配，从而缩短机组启动过程所花费的时间，减少启动期间的工质损失。

（2）在汽轮机跳闸、锅炉带最低稳燃负荷运行或在机组启动冲转前，由旁路系统为再热器提供一个通流回路，使再热器得到足够的冷却，避免干烧，从而保护再热器。

（3）锅炉蒸汽压力过高时，减少对空排汽，避免锅炉超压并回收工质。

（4）配合汽轮机实现中压缸启动和带负荷，减小转子在启动过程中的热应力。

（5）在发电机甩负荷时，维持汽轮机空载运行或带厂用电运行，通过旁路将多余蒸汽排入凝汽器，维持锅炉在最低负荷下稳定运行，以便外界故障消失后能及时带上负荷。

（6）在汽轮机跳闸后，将锅炉产生的多余蒸汽导入凝汽器，锅炉维持在最低负荷下稳定运行，以便汽轮机重新快速启动，实现停机不停炉的运行方式。

旁路控制系统的任务就是在旁路系统实现上述功能时能有效地控制主蒸汽压力、高压旁路出口蒸汽和低压旁路出口蒸汽的压力和温度。概括起来就是，通过旁路系统机组可以实现启动、溢流、安全三大功能。

（三）旁路控制系统

汽包起压时投入旁路系统。开启高、低压旁路喷水手动截门，将高、低压旁路压力、温度调节投入自动方式，利用高压旁路控制主蒸汽升压率以控制升温率。旁路系统投运时应注意高、低压旁路的排汽温度，当旁路减温水系统不正常时，应将减温水控制切为手动，以免喷水量剧烈波动时造成管道振动并出现水冲击。当凝汽器真空低、凝汽器排汽温度高时，闭锁旁路系统投运。表 3-8 为旁路系统控制逻辑。

表 3-8 旁路系统控制逻辑

序号	高压旁路		低压旁路	
	自动关闭	自动开启	自动关闭	自动开启
1	高压旁路阀后的蒸汽温度超限	汽轮机组跳闸	旁路阀后蒸汽压力超限	汽轮机跳闸
2	按下事故关闭按钮	汽轮机组甩负荷	低压旁路系统减温水压力太低	汽轮机甩负荷
3	高压旁路阀控制执行机构失电	过热器出口蒸汽压力超限	凝汽器压力太高	再热热段蒸汽压力超限
4		锅炉过热器蒸汽升压率超限	减温器出口的蒸汽温度太高	
5		锅炉 MFT 动作	按下事故关闭按钮	

四、锅炉温差与热应力控制

锅炉点火后，燃料燃烧放热使锅炉各部分逐渐受热，锅水温度逐渐升高。汽水分离器内最初无压，随着投入燃料量的增加，而水冷壁初始水流量为 35%MCR，因此水冷壁出口工质温度逐渐上升，并进入汽水分离器。当工质温度超过大气压下的饱和温度时，分离器中即开始产生蒸汽并开始起压。从锅炉点火直到汽压升到工作压力，这个过程称为升压过程。在锅炉的升压过程中应注意以下几点。

（一）严格控制升压率

在升压过程中，锅炉蒸发受热面所吸收的热量，除用于加热水至饱和温度并使部分水汽化之外，同时使受热面金属本身的温度也相应提高。由于水和蒸汽在饱和状态下，温度与压力之间存在一定的对应关系，所以蒸发受热面的升压就是升温，通常以升压速度来控制升温速度的大小。为使受热面的温升不至于过快，以免温差过大产生较大的热应力而引起设备损坏，故锅炉的升压速度受到限制。

在升压初期，由于只有少量燃烧器投入运行，燃烧较弱，炉膛内火焰充满程度较差，炉内热负荷不均匀性也较大，所以升压过程开始阶段的温升速度应比较缓慢。此外，根据水和蒸汽的饱和温度与压力之间的变化规律可知：压力越低，饱和温度随压力而变化的幅度就越大（低压阶段，每上升 0.1MPa，其饱和温度上升值大）；压力越高，饱和温度随压力而变化的幅度就越小（高压阶段，每上升 0.1MPa，其饱和温度上升值小）。也就是说，在低压阶段，若升压过快，会引起较大的温度变化，因而引起过大的温差热应力。因此在启动初期（升压过程的低压阶段），应维持的时间比较长，升压速度应控制慢一些。

（二）水冷壁及省煤器

锅炉正常运行时，水冷壁管外壁受到高温火焰的辐射，内壁被汽水混合物冷却。水冷壁管内、外壁温差与壁厚成正比，壁越厚，温差就越大，热应力也就越大。一般水冷壁壁厚不宜超过 6mm，当压力更高时，则不采用增加壁厚的方法而采用强度更高的材料制造水冷壁管。目前，大部分锅炉水冷壁采用 15CrMo 或 15MnV 等低合金钢。

控制循环锅炉在点火升压期间依靠锅水循环泵对省煤器进行强迫循环，其循环水量大，省煤器保护可靠性好，再循环门不需要进行频繁的开、关操作。省煤器内的水温由于循环水量大，波动较小，减少了省煤器损坏的可能性。再循环阀在启动时开启，待省煤器连续给水时关闭。

（三）过热器及再热器

过热器、再热器是锅炉的主要部件，其工质温度和管壁金属温度都是锅炉中最高的。在启动过程中过热器、再热器安全工作十分重要，它应满足两个要求。

（1）过热蒸汽温度、再热蒸汽温度应符合汽轮机冲转、升速、并网、升负荷等要求。

（2）过热器、再热器管壁不超过其使用材料的许用温度，联箱、管子等不产生过大的周期性热应力，以增加过热器、再热器使用寿命。

锅炉正常运行时，过热器被高速蒸汽冷却，管壁金属温度与蒸汽温度相差无几。但在启动过程中，部分立式过热器管内一般都有凝结水或水压试验后留下的积水，点火以后，积水将逐渐被蒸发，或被蒸汽流所排除。但在积水全部被蒸发或排除以前，某些管内没有蒸汽流过，管壁金属温度接近烟气温度。即使过热器内已完全没有积水，若蒸汽流量很小，管壁金属温度仍比较接近烟气温度。

为了对过热器进行暖管疏通，在启动开始时，过热器出口集汽联箱疏水阀开启，压力升至一定值时开主汽门前疏水，关过热器出口集汽联箱的疏水，以对主蒸汽管进行暖管。对于壁式过热器如包覆管等，可利用底部联箱上的疏水阀把积水疏尽。对于环形联箱疏水阀、水平烟道包覆下联箱疏水阀、壁式再热器进口疏水阀等都是 100%开足以利疏水。环形联箱及水平烟道包覆疏水阀在升压至一定压力时可关小，待汽轮机冲转时关至 0。壁式再热器进口疏水门待启压时关闭。

具有中间再热器的锅炉在启动时，再热器的安全主要与旁路系统的形式，再热器受热面所处的烟气温度、启动方式（主要指汽轮机冲转的蒸汽参数）以及再热器所用的钢材性能有关。对于采用串联布置的二级旁路系统的再热机组，在启动期间，有蒸汽通过高压旁路流入再热器，然后经低压旁路流入凝汽器，因而使再热器得到一定的冷却。再热器的安全还与冲转参数有密切关系，若冲转参数较低，则冲转前再热器前的烟气温度较低，对再热器安全有利；若冲转参数高，冲转前再热器前的烟气温度较高，对再热器安全不利。对于采用高、低两级旁路系统的机组，启动开始时高压旁路开启，用锅炉自身蒸汽对再热器进行冷却。但由于启动初期蒸汽流量小，冷却管壁能力差，部分控制循环锅炉的再热器采用高温布置（布置于炉膛出口），受热强烈。因此在点火及升压初期，仍采用控制炉膛出口烟气温度的方法保证再热器不超温，直至汽轮发电机组并列，通过再热器的流量增加，才考虑退出炉膛出口烟气温度探针。因此一般规定当锅炉蒸发量小于 10%额定值时，要投入炉膛出口烟气温度探枪自动，限制过热器、再热器入口烟气温度。控制烟气温度的方法主要是限制燃烧率（控制燃料）或调整火焰中心的位置（控制炉膛出口温度）。对于单级大旁路系统或 5%小旁路，冲转前因高压缸无排汽，再热器内没有蒸汽流过，这时应严格控制再热器前烟气温度。同时，冲转参数也宜选得低些。

五、升温升压注意事项

由于水和蒸汽在饱和状态下，温度与压力之间存在一定的对应关系；蒸发设备的升压过程也就是升温过程。通常利用旁路系统，通过控制升压速度控制升温速度。为避免温升过快而引起过大的温差热应力，在升压过程中，锅炉内的平均温升速度限制在 1.5～2℃/min 以内。升压过程中，应保持蒸汽压力稳定变化，不使蒸汽压力波动太大，蒸汽压力波动时将引起饱和温度的波动，从而引起金属壁温差增大。

锅炉升温、升压过程中，严密监视壁温差不大于 40℃，过热器和再热器管壁温度不超温。若过热器温升不正常或两侧蒸汽温度偏差大，除适当调整并保持油枪对称投用外，还可采用打开启动对空排气阀（或 PCV 阀），消除过热器管内积水的方法处理，但应注意锅炉水位的控制，防止高低水位引发 MFT，锅炉两侧蒸汽温度偏差正常后关闭环形联箱和过热器各疏水门，图 3-11 所示为某超临界机组启动曲线。

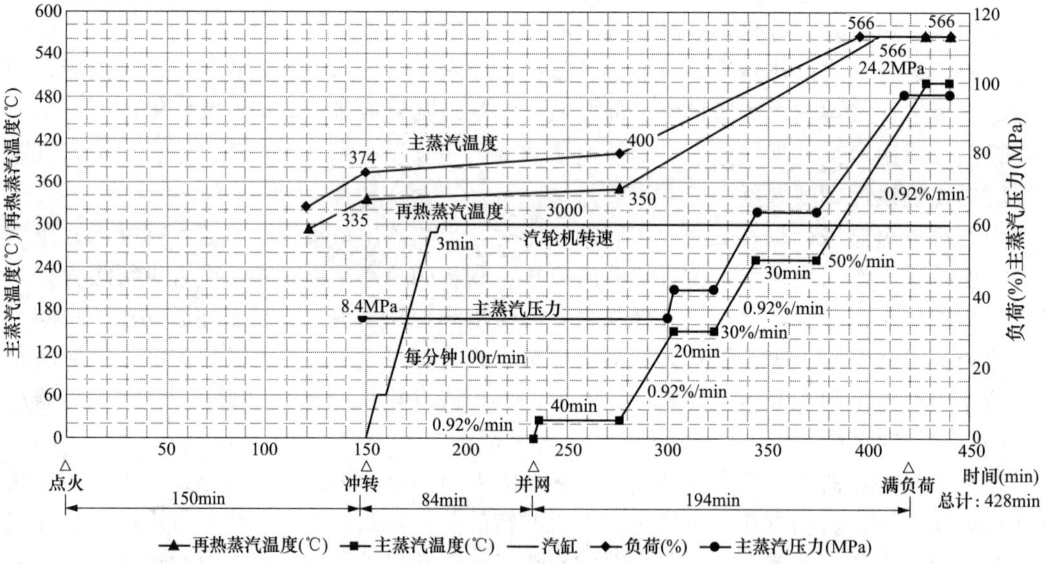

图 3-11　某超临界机组启动曲线

【任务引导】

学习完相关知识后，需回答下列问题。

（1）简述锅炉升温升压曲线的意义。如何控制升温升压过程？

（2）机组旁路的作用有哪些？

【任务实施】

（1）课前学生自行观看在线开放课程，并完成网上自测。

（2）查阅《仿真机组的运行规程》及参考任务流程表，以运行小组为单位填写“热态清洗、升温升压”任务操作票（可参考表 3-9），操作票由组长负责编写，指导教师负责检查和评分。

（3）恢复火电机组仿真机初始条件为“锅炉点火完成”，确认机组运行状态，记录机组当前状态。

（4）按照任务操作票，运行值班员具体操作，组长负责安全监护。

（5）启动完成后，检查机组状态，记录主要参数，填写实训报告。

表 3-9　　热态清洗、升温升压任务流程表

任务	菜单	步骤	备　注
热态清洗	锅炉 DCS 汽温调节	查看顶棚过热器出口温度，开始热态开式清洗	190℃时，盐溶解度最大，有利于清洗机组热（温）态启动过程中锅炉无须进行热态清洗
	锅炉 DCS 启动系统	打开疏水至扩容卡电动门，关闭去凝汽器电动门，开始清洗	热态清洗时，控制分离器出口压力和出口温度稳定
		水质合格后，开始闭式清洗，打开疏水去凝汽器电动门，关闭去扩容卡电动门	500μg/L≥Fe≥50μg/L 时，热态清洗结束
		水质合格后，热态清洗结束	
升温升压	FSSS 帮助 B\D 层	投运 D 层启动油	注意检查启动油压，油压过低会造成熄火
	锅炉 DCS 汽温调节	适当增减减温水来调节汽温和汽压的关系	根据锅炉冷态启动曲线调节
	锅炉 DCS 启动系统	调整电动泵勺管位移	随着汽压的升高，注意调整电动泵勺管位移，提高给水压力，维持给水流量 420t/h
		适当关小高压旁路压力调节阀	随着主汽温度升高，要适当关小高压旁路压力调节阀，使主汽压力和温度尽可能同步达到冲转参数（8.4MPa、374℃）
		机侧主汽压力达到 8.4MPa，投入高压旁路减压调门自动，高压旁路压力的设定值为 8.4MPa	压力定值在“主再热蒸汽系统”右上角设定，也可在“MCS 帮助”菜单中“旁路控制系统”设定
		当再热蒸汽压力接近 0.4MPa 时，可将低压旁路压力调门投入自动，低压旁路压力的设定值为 0.4MPa	

资源 3.3.1：升温升压

资源 3.3.2：低压旁路投运

资源 3.3.3：高压旁路投运

资源 3.3.4：扩容器减温水投运

资源 3.3.5：汽温调节

资源 3.3.6：关闭过热器空气门和疏水门

资源 3.3.7：热态清洗

【检查评估】

检查任务完成情况，检查评估表见表 3-10。

表 3-10 热态清洗、升温升压任务检查评估表

评估内容	评价标准	评价人	权重	评分	总评
预习测试	课程平台自动评分	平台	10		
学习态度	出勤情况：迟到扣 2 分，缺勤扣 5 分	班委	5		
	课堂表现：积极发言，表达清晰、流利	教师	5		
任务实施	1. 工作计划				
	设计任务流程正确	小组成员	10		
	操作票里设备和阀门描述和操作正确	教师	10		
	2. 热态清洗				
	水质标准正确	小组成员	10		
	操作正确，完成清洗操作	小组成员	10		
	3. 升温升压				
	检查项正确，无遗漏	小组成员	5		
	升温升压过程无超温超压	小组成员	15		
	完成升温升压任务，主汽参数达标	教师	10		
团队协作	与小组成员一起分工合作	小组成员	5		
学生自评	客观评价自己	自己	5		

注 主要操作界面及机组状态参数，以小组为单位截图保存，附在实训报告后。

【知识拓展 3.3】（本项目末扫码获取）

任务四 汽轮机冲转

【学习目标】

（1）能背诵超临界机组状态，确定冲转参数。
（2）能说出升速过程中的限制因素。
（3）能说出汽轮机数字电液控制系统（DEH）和安全监视系统（TSI）的功能。
（4）能在仿真机上采用汽轮机高、中压缸联合冲转模式完成汽轮机升速、暖机操作。
（5）能在仿真机上正确进行汽轮机运行监视工作。

【任务描述】

汽轮机冲转是机组启动过程中的重要环节，是设备机械状态和热力状态发生巨大变化的过程，掌握好汽轮机冲转操作至关重要。

当锅炉出口蒸汽参数达到汽轮机冲转条件时，即可开启汽轮机控制阀门，蒸汽开始进入汽轮机冲动转子，转子由静止（或盘车）状态升速至额定转速的过程即为汽轮机冲转过程。冲动转子时，汽轮机各金属部件将受到高温蒸汽的加热，由冷态过渡到热态，这标志着汽轮机启动加热过程的开始。

本任务建议采用项目教学法组织教学，其实施过程参照教学实施过程表（表 1-1）。

【情景案例】

事故经过：2014 年 6 月 17 日，某机组启机冲转，因 1 瓦的振动，4 瓦瓦温突然升高，遂停机处理。1 瓦的振动问题主要为动平衡，通过现场动平衡得以解决。在检查 4 瓦时，发现 4 瓦的顶轴油线泄漏，厂方认为修复油线即可解决瓦温问题。关于是否更换 4 号轴瓦，主要根据 4 瓦是否损伤严重。根据检修部门的经验，如果轴瓦损伤不严重，可以简单刮研修复（主要是顶轴油槽部位）继续使用。6 月 22 日，机组继续冲转，在转速为 1000r/min 时，4 瓦温度在短时间内快速升高达到 170℃，机组立刻打闸，冲转失败。6 月 23 日晚，机组在更换新瓦后，进行第三次启机冲转，此次冲转顺利到达 3000r/min。

事故原因：该案例属于汽轮机低速状态下轴瓦乌金温度高和碾压损坏。翻瓦检查会发现乌金严重碾压、磨损，碾压的乌金薄片堆积在油槽或油隙处。机理主要为乌金由于温度升高而软化，进而造成的碾压损伤。引起低速下乌金温度过高的原因，是轴径与轴瓦之间不能有效地形成油膜，造成半干摩擦，而轴径在低速下不能形成有效油膜的原因是多种多样的。本例中主要是因为：第一次是油管泄漏，顶轴油压不足；第二次是划伤较重的轴径与旧轴瓦间的配合出现较大问题。

【知识导航】

一、汽轮机控制系统（DEH）

汽轮机数字电液控制系统（见图 3-12）是电站汽轮发电机组重要的组成部分，是汽轮机启动、停止、正常运行和事故工况下的调节控制器。DEH 控制系统与 EH 系统组成的电液控制系统，通过控制汽轮机主汽门和调速汽门的开度，实现对汽轮发电机组的转速、负荷、压力等的控制。其主要功能为汽轮机转速控制，自动同期控制，负荷控制，参与一次调频，机、炉协调控制；快速减负荷；主汽压力控制；单阀控制和多阀控制；阀门试验；汽轮机程控启动；OPC 控制；甩负荷及失磁工况控制；与 DCS 实现数据共享；手动控制。

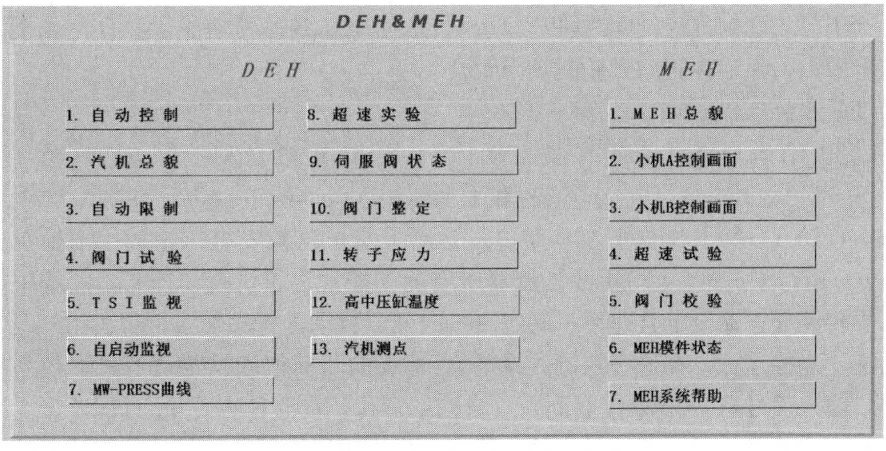

图 3-12　DEH 系统

（一）DEH 的功能

（1）控制功能。从汽轮机挂闸、冲转、暖机、进汽阀切换、同期并列、带初负荷到带全负荷的整个启动过程中，DEH 通过调节主汽门（TV）、高压调节汽门（GV）、中压主汽门（RSV）和中压调节汽门（IV）以实现汽轮机转速和负荷控制。汽轮机的闭环自动调节系统包括转速调节、负荷调节、压力调节系统（如汽轮机前压力调节和再热汽压力调节）等。闭环调节是 DEH 的主要功能，调节品质的优劣将直接影响机组的供电参数和质量，并且直接影响单元机组的安全运行。

（2）保护功能。保护系统的作用是当电网或汽轮机本身出现故障时，保护装置根据实际情况迅速动作，使汽轮机退出工作，或者采取一定措施进行保护，以防止事故扩大或造成设备损坏。大容量汽轮机的保护有超速保护、低油压保护、位移保护、胀差保护、低真空保护、振动保护等。

（3）监视功能。监视系统是保证汽轮机安全运行的必不可少的设备，它能连续监测汽轮机运行中各参数的变化。属于机械量的有汽轮机转速、轴振动、轴承振动、转子轴位移、转子与汽缸的相对胀差、汽缸热膨胀、主轴晃度、油动机行程等。属于热工量的有主蒸汽压力、主蒸汽温度、凝汽器真空、调节级压力、再热蒸汽压力和温度、汽缸温度、润滑油压、调节油压、轴承温度及回油温度等。

（4）汽轮机自动控制功能。汽轮机自动控制（ATC）是以转子热应力计算为基础，控制并监视汽轮机从盘车、升速、并网、带负荷、带满负荷以及甩负荷和停机的全部过程。原则上讲，实现汽轮机自动启动、停止的前提条件是各个必要的控制系统应配备齐全，并且可以正常投运。这些系统为自动调节系统、监视系统、热应力计算系统以及旁路控制系统等。

（5）试验功能。汽轮机运行中，由于阀杆上有可能积聚大量的氧化物，导致阀门活动不稳定或晃动，表现为阀门位移速度的不均衡、有突变等现象。因此在运行中通常都要进行阀门试验，以检验各进汽阀是否动作灵活。阀门试验包括阀门活动试验和严密性试验。进行阀门活动试验时，根据汽轮机制造厂推荐的阀门试验曲线，将负荷调整到一定范围内，在负荷，汽压稳定的前提下，操作员操作试验按钮发出试验指令，以避免试验中工况的变化影响机组的安全运行。在进行高压主汽阀或中压主汽阀全关试验时，其相应一侧的调节汽门会自动关闭。为了防止两侧进汽阀同时进行试验，DEH 应具有连锁功能，并且在其余阀门可调整的负荷范围内，保证在阀门试验时功率维持不变。

（二）DEH 的运行方式

DEH 提供的运行方式有操作员自动（OA）、汽轮机自动控制（ATC）、自同期运行（auto SYNC）、遥控运行（remote）和手动控制（turbine manual，TM）方式。

操作员自动（OA）。操作员自动是电厂运行人员对汽轮发电机组的主要控制方式。在 OA 方式中，运行人员可得到 DEH 控制器所有的功能；汽轮机自动控制，系统根据汽轮机应力及临界转速等自动设定升速率、确定暖机时间、自动进行阀切换，将机组从盘车转速带到同步转速；遥控运行，在这一控制方式下，DEH 的目标值和设定值通过遥控系统输入信号来调整，输入信号从 CCS 处接收而来；自同期运行，在这种方式下，DEH 接受来自自动同步器的升高和下降信号，调整设定值，使汽轮发电机组达到同步转速，以便机组并网，手动控制，手动运行方式是一种后备操作手段，是在基本控制、冗余 DPU 均发生故障或 VCC 站控板发生故障时的备用运行方式。

二、安全监视（TSI）系统

汽轮机安全监视系统是一种集检测、监视和保护功能于一身的全程监视系统。它对汽轮机本体在启动和运行过程中的一些重要参数进行监视和储存，不仅能指示机组运行状态、记录输出信号、实现数值越限报警等，当汽轮机出现危险信号时还能通过 ETS 使机组自动停机。同时还能为故障诊断提供据，能够在机器严重受损之前，预警事故先兆，大大提高了设备的安全使用程度。

汽轮机应监视和保护的项目（见图 3-13）随蒸汽参数的升高而增多，主要监视参数如下：

（1）轴向位移监视。连续监视推力盘到推力轴承的相对位置，以保证转子与静止部件间不发生摩擦，避免灾难性事故的发生，当轴向位移过大时，发出报警或停机信号。

（2）胀差监视。连续分别检测高压缸转子、低压缸转子相对于汽缸上某基准点（通常为推力轴承）的膨胀量。

（3）缸胀监视。连续监测汽缸相对于基础上某一基准点（通常为滑销系统的绝对死点）的膨胀量，用于监视。

（4）零转速监视。连续监测转子的零转速状态。当转速低于 1r/min 时报警，连锁启动盘车。

（5）转速监视。连续监测转子的转速。当转速高于 110%额定转速时报警并停机。

（6）振动监视。监视主轴相对于轴承座的相对振动。当偏离达到一定程度时，报警；如继续偏离则可能会导致停机。

（7）偏心度监视。连续监视偏心度的峰-峰值和瞬时值。当偏心度达到 0.076mm 报警。

三、汽轮机启停过程的限制因素

汽轮机的启动和停机过程对于汽轮机是一个加热或冷却的过程，启停速度主要受部件的热应力、热变形、热膨胀和材料的低温脆性等因素的限制。具体控制指标有温度变率、振动、胀差、汽缸金属温差、转子热应力等，启动过程中应该把这些参数限制在合理的范围之内。

（一）汽缸内、外壁温差

汽轮机冲转过程是对汽缸和转子的加热过程。由于金属壁存在热阻，汽缸被加热时，内壁温度高于外壁温度，内壁的热膨胀受到外壁的制约，因而内壁受到压缩，承受压应力；外壁受到内壁膨胀的拉伸，承受拉应力。汽缸壁所产生的热应力与内外壁温差成正比，温差越大，热应力也就越大。内、外壁温差变化 1℃，约能引起 2MPa 的热应力。为了限制热应力，应该限制汽缸内、外壁温差，一般汽缸内、外壁温差允许在 70℃之内。

（二）调节级汽缸内壁温度

冷态启动过程中，随着进入汽轮机蒸汽温度的不断升高和流量的不断增加，转子表面温度迅速上升，但其中心孔温度的上升要明显滞后。温差使得转子表面产生压缩应力，内孔受到拉伸应力。而转子热应力与转子温差成正比，导致转子表面热应力达到最大值。运行中负荷大幅度变化也会造成很大的转子表面热应力。

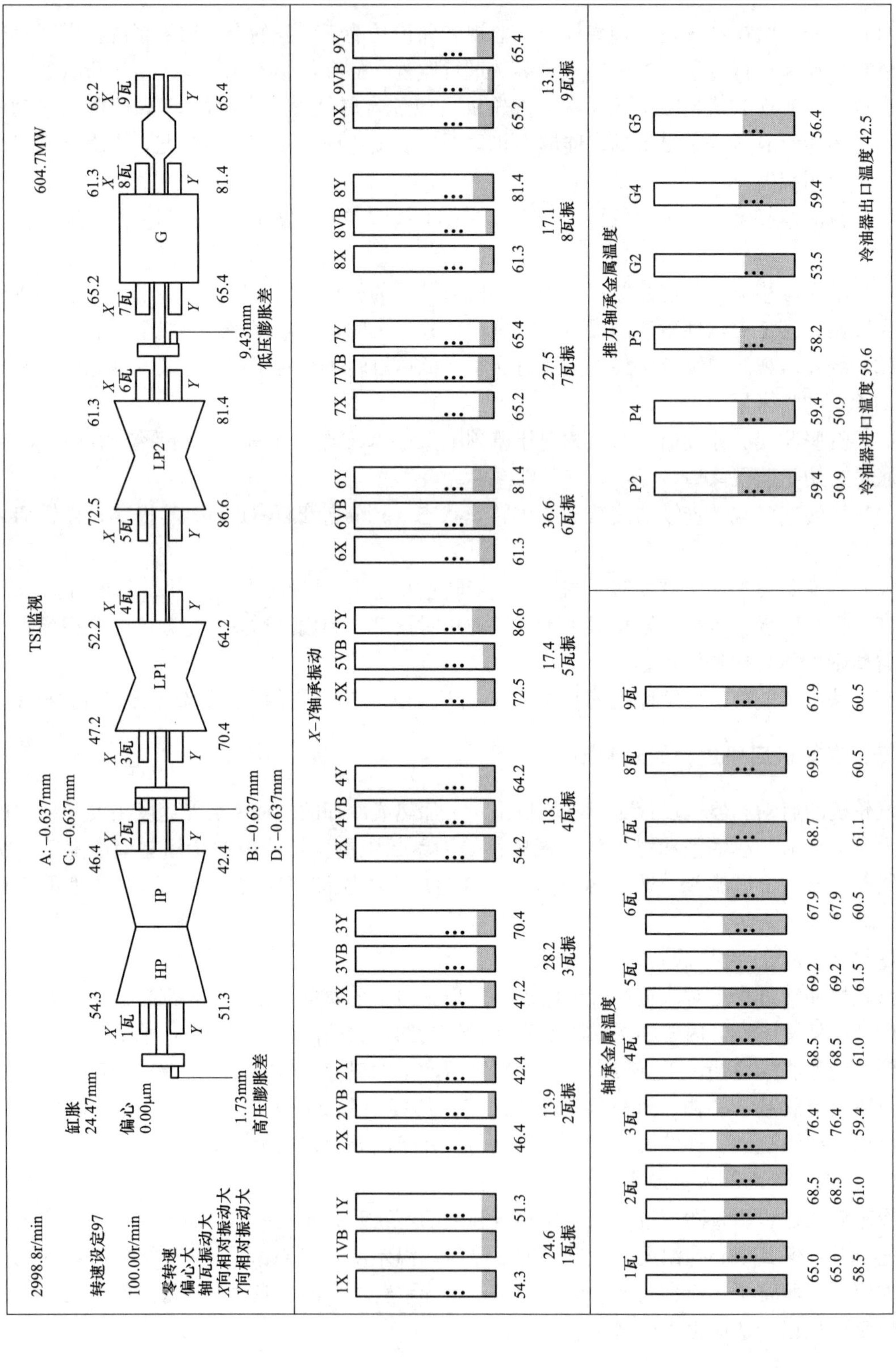
TSI监视
604.7MW
2998.8r/min
转速设定97
100.00r/min
零转速
偏心大
轴瓦振动大
X向相对振动大
Y向相对振动大
缸胀
24.47mm
偏心
0.00μm
1.73mm
高压膨胀差
A: -0.637mm
C: -0.637mm
B: -0.637mm
D: -0.637mm
9.43mm
低压膨胀差
HP
IP
LP1
LP2
G
X-Y轴承振动
1瓦振
2瓦振
3瓦振
4瓦振
5瓦振
6瓦振
7瓦振
8瓦振
9瓦振
轴承金属温度
推力轴承金属温度
冷油器进口温度 59.6
冷油器出口温度 42.5

图 3-13 TSI 监视图

（三）热膨胀及转子、汽缸的胀差

汽轮机在启动（或停止）过程中，汽缸和转子虽然同样受到蒸汽的加热（或冷却）而产生热膨胀（或收缩），但由于转子和汽缸的结构、尺寸、质量等不同，它们与蒸汽之间的换热面积、换热系数各不相同，并且转子容易膨胀而汽缸的膨胀要受管道、台板的影响，因而导致汽缸和转子的膨胀量不相等，形成胀差。如转子的膨胀快于汽缸膨胀将产生正胀差；反之，转子的收缩快于汽缸将产生负胀差。

（四）上、下汽缸温差

上、下汽缸温差的存在是引起汽缸热变形的根本原因。汽轮机停止时下缸散热快、上缸散热慢，上缸温度较下缸温度高；因此上缸膨胀大、下缸膨胀小，这就引起汽缸向上拱起，下缸底部动静间隙减小，严重时会导致汽轮机启动时发生动静部分摩擦。

上、下汽缸温差的存在还是引起转子热弯曲的根本原因。当转子热弯曲大于动静部分间隙时，转子弯曲的高点就会与汽封梳齿发生摩擦，这不仅造成汽封梳齿和轴的磨损，还会使转轴表面局部产生高温，轴表面局部高温加大了转子的弯曲。转子的弯曲使转子的重心偏离旋转中心，机组发生振动，随着转速的升高，振动越来越大。这样，摩擦、弯曲、振动的恶性循环，必然导致大轴永久性弯曲，使设备损坏。

四、冲转方式及参数选择

（一）冲转方式的选择

大型火电机组通常采用高中压缸联合启动和中压缸启动两种方式。高中压缸联合启动又有主汽门冲转和高压调节汽门冲转两种模式。采用高压调节汽门冲转时，因部分调节汽门开启，易使汽缸受热不均匀，各部件温差较大，优点是启动过程中采用调节汽门控制，操作方便灵活。主汽门冲转时，调节汽门全开，汽轮机全周进汽受热均匀。大型中间再热机组中压主汽门不参与调节，挂闸后全部开启；而中压调节汽门参与调节，调节方式为中压调节汽门开度（或流量）与高压调节汽门的开度（或流量）成 3∶1 的比例关系。用中压缸冲转时，高压缸暂时不进汽，处于真空状态，以防止高压缸鼓风发热，有的设置高压缸冷却系统，达到一定转速或带少量负荷后，再逐步向高压缸进汽。

（二）冲转参数的选择

冲转参数的选择关系到汽轮机的安全。汽轮机冷态启动时，主汽门前主、再热蒸汽压力和温度应满足制造厂提供的有关启动曲线的要求。

1. 冲转压力的选择

冲转时主蒸汽压力的选择，要从便于维持启动参数的稳定出发，尽量简化锅炉操作，在锅炉不增加燃烧率、不进行过多调整的情况下，蒸汽量应能满足冲转、升速、顺利通过临界转速，并达到定速和进行超速试验，且有一定余量。由此要求主蒸汽压力高一些，表 3-11 为机组启动冲转参数推荐值。

另外，对采用调节汽阀冲转的中间再热机组，为了增加进汽度和容积流量以利于金属均匀加热，又希望启动冲转压力低些。

表 3-11 机组启动冲转参数推荐值

机组类型	启动状态	推荐的冲转参数			
		主蒸汽参数		再热蒸汽参数	
		p(MPa)	t(℃)	p(MPa)	t(℃)
国产 N200-130/535/535	冷态 温态	1.37～1.56	240～250 高于缸温 50～100 过热度不低于 50		>120 高于缸温 30～50 过热度不低于 50
国产 N300-165/550/550	冷态 温态 热态	0.98～1.47 2.45～2.94	250～300 高于缸温 50 过热度不低于 50		>200 不低于中压缸温 不低于中压缸温
法国产 330mW 机组	冷态 温态 热态	4.9 4.9 7.84	350 400 450		
日本产 三菱 350MW 机组	冷态 温态 热态 极热态	5.88 7.84 11.76 13.72	360 360 430 －480		
国产 N600-241/566/566	冷态 温态 极热态	8.92 8.92 8.92	360 高于调节级金属温度 30～100 高于调节级金属温度 20～30		320 高于进汽区金属温度 20 高于进汽区金属温度 20
国产 N1000-25/600/600	冷态 温态 热态 极热态	9.6 9.6 9.6 9.6	415 440 480 510		

2. 冲转温度的选择

冲转时主蒸汽温度的选择，主要考虑在保证主蒸汽压力下，要有足够高的过热度，以防止末几级叶片处蒸汽湿度过大，同时防止启动时因锅炉操作不当而使蒸汽进入饱和区，因带有湿度的饱和蒸汽的放热系数比过热蒸汽大得多，使金属内外温差扩大，影响安全。

另外，金属温度在冷态启动前比较低，为了不出现过大的蒸汽与金属的温差，以减少热冲击，要求主蒸汽温度低些为好，但汽温过低又会延长启动时间。综合上述因素，要求进入汽轮机内的蒸汽温度比金属温度高 50℃左右，同时要求蒸汽至少有 50℃的过热度。

五、冲转准备及流程

（一）冲转条件（见表 3-12）

表 3-12 冲转条件

序号	冲转条件	备　注
1	冲转时蒸汽品质应合格	蒸汽品质不合格会使汽轮机叶片结垢，从而使汽轮机效率下降，轴向推力增加，转子质量不平衡，汽轮机振动增大等后果
2	汽轮机在盘车状态	汽轮机连续盘车可以消除转子残余应力、减少热弯曲

续表

序号	冲转条件	备　　注
3	汽缸上下温差正常	上下缸温差过大将使下缸底部径向间隙减小，易使动静部分摩擦，尤其是转子存在热弯曲时，这时冲动则动静部分摩擦的危险更大，汽缸上下温差过大，常是造成大轴弯曲的原始因素
4	转子偏心度、胀差和轴向位移正常	说明转子无弯曲、动静无摩擦
5	凝汽器真空正常	真空不宜过高过低，在冲转时蒸汽在汽轮机内凝结有个过程，真空会有不同程度的降低，若真空过低，在冲转瞬间会有使大气排汽门动作的危险，且真空低使排汽温度升高，造成铜管胀口松弛，产生泄漏，真空过高对暖机不利且真空过高加长了启动时间
6	润滑油温度正常	为了在轴瓦中建立正常油膜，若低于30℃，油的黏度增大，冷态启动冲动时间长，轴承摩擦耗功增加，承载能力降低，油膜工作不稳定并可能引起机组振动
7	润滑油压力正常	根据转子质量、转速、轴瓦的构造和润滑油的黏度来决定的，以保证运行中轴瓦与轴颈间形成良好的油膜，有足够的油量冷却轴承
8	EH 油温度正常	EH 油温过高时 EH 油油质会迅速劣化，而油温过低使 EH 油黏度增大，使 EH 油泵过负荷，影响调速系统动作速度
9	EH 油压力正常	根据调速系统的动态特性，保证主汽门、调速汽门能够动作迅速，迟缓率小而且还能保证系统的安全稳定性
10	低压缸喷水可投用	冲转初期进入低压缸的蒸汽量很少，由于低压转子叶片长，鼓风摩擦产生的热量也多，使低压缸也受热膨胀，需要开启低压缸喷水阀降低低压缸温度，使低压缸膨胀在正常范围内
11	发电机氢压正常，纯度合格	如果纯度异常，将会出现冷却异常，氢气不纯遇到明火可能引起爆炸
12	密封油/氢差压正常	密封油/氢差压过高，造成油进入发电机壳体；过低，可能会造成氢气泄漏
13	确认汽轮机所有疏水阀开启	汽轮机冲转就是对汽轮机的加热过程，产生的疏水必须及时排出，否则会使金属温差变大，影响热膨胀，严重时造成水冲击
14	检查确认汽轮发电机组所有保护投入正常	汽轮发电机组所有保护投入，以保证在冲动后发生异常时，能迅速切断汽轮机进汽，停止机组运行，不致引起设备的严重损坏事故，达到自动保护设备安全的目的

（二）升速及暖机流程

在升速过程中，金属的温度和胀差都要增加，因此必须进行严格控制和监视。启动过程中的升速率是根据汽轮机金属允许的温升率来选择的，升速过快会引起金属过大的热应力；升速过慢又必然延长启动时间。汽轮机冲转流程见表 3-13。

表 3-13　　汽轮机冲转流程

转速（r/min）	检查与操作	备注
0～600	检查盘车脱开、投低压缸喷水自动	100r/min
600	暖机，检查振动、窜轴、真空、胀差；摩擦试验	
600～2000	检查顶轴油泵停止，投低压加热器	100r/min
2000	高速暖机，检查	
2000～2900	投凝汽器喉部减温水	100r/min
2900	阀切换，从 TV/IV 切至 GV（高压调节控制）	
2900～3000	投高压加热器	50r/min
3000	交流润滑油泵、密封油泵投连锁，检查	

【任务引导】

学习完相关知识后，需回答下列问题。

（1）汽轮机必须具备哪些条件才能进行冲转？

（2）简述汽轮机冲转流程。

（3）升速过程中需要监视哪些参数以保证汽轮机各部件热应力、热变形、热膨胀维持在安全范围之内？

【任务实施】

（1）课前学生自行观看在线开放课程，并完成网上自测。

（2）查阅《仿真机组的运行规程》及参考任务流程表，以运行小组为单位填写“汽轮机冲转”任务操作票（可参考表 3-14），操作票由组长负责编写，指导教师负责检查和评分。

（3）恢复火电机组仿真机初始条件为“机组冲转准备完成”，确认机组运行状态，记录机组当前状态。

（4）按照任务操作票，运行值班员具体操作，组长负责安全监护。

（5）启动完成后，检查机组状态，记录主要参数，填写实训报告。

表 3-14　　汽轮机冲转任务流程

任务	菜单	步　骤	备　注
汽轮机冲转	汽轮机 DSC	检查冲转条件	本仿真机组冲转参数：蒸汽压力 8.4MPa，再热汽压力不大于 0.728MPa，主汽温度 374℃，再热汽温 335℃，两侧汽温偏差小于 14℃，主汽温高于再热汽温且偏差最大不超过 83℃；凝汽器真空大于－85kPa
	DEH 自动控制	点击“远方挂闸”键挂闸，挂闸成功后，中压主汽门 RSV1 和 RSV2 开启	
	DEH 自动限制	设定“阀位限制”120%	防止卡涩
	DEH 自动控制	按“运行”键，使 NO 变为 YES，检查高压调速汽门全开，控制方式为“自动 AUTO”	
		设定转速目标值为 600r/min，设定升速率为每分钟 100r/min，按“运行/保持”键，开始升速	
	汽轮机就地主机盘车装置	汽轮机冲转后，确认盘车装置脱开，盘车电机自停，否则应手动停用	
	汽轮机就地汽轮机主再热蒸汽	开启低压缸喷水就地门	
	汽轮机 DCS 凝结水系统	投入低压缸喷水调节门自动（定值约 0.6MPa），控制低压缸排汽温度小于 75℃	
	TSI	转速升至 600r/min，保持 4min，对机组振动、窜轴、真空、胀差及轴承温度检查，摩擦检查	
	DEH 自动控制	设定目标转速 2000r/min，升速率每分钟 100r/min，确认后升速；转速升至 2000r/min，根据需要进行高速暖机（低压胀差小于 2mm 时，应进行暖机）	本机组 600r/min 以下为中压调门控制方式，高压主汽门关闭；600～2900r/min 为高压主汽门-中压调速汽门联合控制方式（TV/IV）；方式切换将自动进行

续表

任务	菜单	步　骤	备　注
汽轮机冲转	汽轮机 DCS 主机润滑油	汽轮机转速升至 700r/min 时，检查顶轴油泵自动停止，否则应手动停用	如果顶轴油泵不停，则会造成机组振动加大
	汽轮机 DCS 低压加热器抽汽及疏水	升速过程中，投入低压加热器运行	依次投入 8、7、6、5 号低压加热器水侧运行，然后开启 6、5 号低压加热器进汽止回阀、电动门，投入低压加热器汽侧运行，使低压加热器随机滑启。当低压加热器不具备随机滑启条件时，应压力由低到高逐台投入，投入间隔不少于 10min
		低压加热器运行后，投入疏水系统	各疏水门调自动，水位定值设为 350mm
	汽轮机就地低压加热器疏水及空气	投入低压加热器连排空气门排至凝汽器	低压加热器疏水投运过程中，注意开各低压加热器疏水就地门
	DEH 自动控制	高速暖机后，设置目标转速 2900r/min、升速率每分钟 100r/min，按"运行/保持"键，继续升速	
	汽轮机就地汽轮机主再热蒸汽	汽轮机转速 2600r/min，开启凝汽器喉部喷水就地门	
	汽轮机 DCS 凝结水系统	检查凝汽器喉部喷水门自动开启，否则应手动开启（50%左右）	
	DEH 自动控制	汽轮机转速达到 2900r/min 时，进行阀切换	汽轮机转速控制从 TV/Ⅳ（高压主汽阀/中压调速汽阀联合控制）切换至 GV（高压调门控制）方式
		阀切换结束后，设置目标转速 3000r/min、升速率每分钟 50r/mim 继续升速至 3000r/min	
	汽轮机 DCS 主机润滑油	汽轮机转速达到 3000r/min 稳定后，停止交流润滑油泵运行并投入连锁，停止密封油备用泵运行并投入连锁	

资源 3.4.1：汽轮机冲转（0～600r/min）
资源 3.4.2：汽轮机冲转（600～2000r/min）
资源 3.4.3：汽轮机冲转（2000～2900r/min）
资源 3.4.4：汽轮机冲转（2900～3000r/min）
资源 3.4.5：拓展知识：中压联合汽门
资源 3.4.6：拓展知识：主汽门和调节汽门

【检查评估】

检查任务完成情况，检查评估表见表 3-15。

表 3-15 汽轮机冲转任务检查评估表

评估内容	评价标准	评价人	权重	评分	总评
预习测试	课程平台自动评分	平台	10		
学习态度	出勤情况：迟到扣 2 分，缺勤扣 5 分	班委	5		
	课堂表现：积极发言，表达清晰、流利	教师	5		
任务实施	1. 工作计划				
	任务流程正确	小组成员	10		
	操作票里设备和阀门描述和操作正确	教师	10		
	2. 冲转前检查				
	确定检查参数标准	小组成员	10		
	检查项正确，无遗漏	小组成员	10		
	3. 冲转操作				
	冲转中检查及操作正确，无遗漏	小组成员	10		
	低压加热器投运操作正确	小组成员	5		
	高压加热器水侧投运操作正确	小组成员	5		
	机组转速到 3000r/min 且参数正常	教师	10		
团队协作	与小组成员一起分工合作	小组成员	5		
学生自评	客观评价自己	自己	5		

注 主要操作界面及机组状态参数，以小组为单位截图保存，附在实训报告后。

【知识拓展 3.4】（本项目末扫码获取）

任务五 机组并网及带初负荷

【学习目标】

（1）能说出励磁系统的基本要求及作用。

（2）能说出大型机组发电机-变压器组的相关保护功能与相关操作。

（3）说出自动同期系统和准同期系统的概念。

（4）阐述初负荷暖机的意义。

（5）能根据 DL/T 1164—2012《汽轮发电机运行导则》相关规定，正确熟练完成发电机并列操作。

【任务描述】

当汽轮发电机冲转至 3000r/min 定速后，发电机-变压器组系统及励磁系统恢复备用状态，根据并网条件，进行发电机并网及带初负荷操作，为后续升负荷做准备。

本任务建议采用项目教学法组织教学，其实施过程参照教学实施过程表（表 1-1）。

【情景案例】

事故经过：1999 年 6 月 1 日 11：00，电气分场在 1 号主变、1 号高厂变系统检修中，工作负责人王某指挥人员进行＃1101 开关小修。王某站在相邻的开关机构箱支持台上向＃1101开关上传递东西，后不知何故，王某又上至开关操作箱顶部，在下操作箱时不慎将手搭在开关“三角机构箱”处，开关放电，电弧烧伤王某胸部、腿部，随后王摔至地面，送往医院治疗。同时由于 110kV 母联开关拒动，引起双母失压，运行人员在事故处理中判断失误，扩大成全厂失压的事故。

事故原因：工作负责人违章误入带电间隔，站在运行中的操作机构箱上，不慎造成人身烧伤。在这种相邻都是带电间隔，本人又是监护人的情况下，本应监护好工作组成员安全工作，却自己带头违章，失去监护作用，安全意识淡薄。本次作业工作票不合格，安全措施不完备，应设的遮栏未设，在发工作票过程中，运行人员本应和检修人员一起到现场检查安全措施执行情况，由运行人员向检修人员交代临近带电部位，检修人员在工作前应由工作负责人带领全体工作人员现场宣读工作票，交代安全措施，但都未能进行。

【知识导航】

一、励磁系统

发电机要发出电来，除了需要原动机带动其旋转外，还需给转子绕组输入直流电流（称为励磁电流），建立旋转磁场。供给励磁电流的电路，称为励磁系统，包括励磁机、励磁调节器及控制装置等。

（一）励磁系统的作用

励磁系统不仅是在发电机中建立旋转磁场，而且还对发电机及电网的安全、经济运行起着重要作用。励磁系统的主要作用如下：

（1）在正常运行的条件下供给发电机的励磁电流，并根据发电机负载情况作相应的调整，以维持发电机端电压或电网某点电压为一定水平。

（2）当电力系统发生短路故障或其他原因使系统电压严重下降时，对发电机进行强行励磁以提高电力系统的稳定性。

（3）当发电机突然甩负荷时实行强行减磁以限制发电机端电压的过度增高。

（4）当发电机出现内部短路故障时能进行灭磁以减少故障损坏程度。

（5）能使并联运行发电机的无功功率得到合理分配。

（二）励磁系统的检查

励磁系统在电力系统中的作用很大，可以根据发电机负荷的变化相应地调节励磁电流，以维持机端电压为给定值，控制并列运行各发电机间无功功率分配，提高发电机并列运行的静态稳定性，提高发电机并列运行的暂态稳定性，在发电机内部出现故障时，进行灭磁，以减小故障损失程度，提高继电保护的灵敏度，同时可根据运行要求对发电机实行最大励磁限制及最小励磁限制，改善电力系统的运行条件，其检查项目见表 3-16。

表 3-16 励磁系统检查项目

序号	启动前	运行中
1	检修工作结束，工作票已终结，安全措施已拆除，场地清洁，有“能运行”的书面交代	DCS励磁系统画面无异常报警，系统状态显示正常，运行方式为正常运行方式
2	检查励磁变压器（按高厂变要求）符合投运条件	发电机机端电压、无功功率、励磁电压、励磁电流等参数指示正常
3	检查启励变压器（按干式变要求）符合投运条件	各屏柜温度正常，无异常发热
4	检查发电机滑环清洁、完整、无划伤，励磁碳刷和大轴接地碳刷上、下活动	励磁调节柜、各整流柜风机运行正常，无异常声音，入口滤网无堵塞
5	联系检修确认调节器柜有关参数正确	励磁调节屏就地表计指示与DCS指示一致，就地控制面板信号指示正常，无异常报警
6	励磁系统有关试验合格（励磁变保护传动试验、励磁柜风机联动试验、灭磁开关与发变组开关联动试验、灭磁开关分合闸试验）	整流桥显示屏指示各柜电流平衡，无桥臂熔丝熔断报警，无风机故障报警。励磁系统交、直流封闭母线外壳无异常发热，无雨水侵入
7	励磁系统有关绝缘测量合格（励磁变绝缘、发电机转子绝缘、励磁柜风机绝缘）	变压器声音正常、气味正常，各相温度正常且温差不大，引线接头、母线无发热迹象，本体及铁芯接地良好，变压器二次端子箱应关严
8	检查励磁调节柜、整流柜、进出线柜、灭磁开关柜、灭磁电阻柜无灰尘和污垢，滤网清洁，否则联系维护人员清理	发电机滑环清洁、无火花，轴承无渗油；接地碳刷无跳动、卡涩现象，碳刷无碎裂，长度不短于限额线，铜辫子无断股，根部不松动；刷握、均压弹簧固定牢固，无断裂现象
9	励磁小间空调运行	

二、大型机组发电机-变压器组的相关保护

组成电力系统的各电气元件在运行过程中，可能会出现各种故障和不正常运行状态，影响电力系统的安全可靠运行，甚至造成人身伤亡、设备损坏和大面积停电事故。继电保护装置能反映电力系统中电气元件发生的故障或不正常运行状态，并动作于断路器跳闸或发出信号。被保护元件发生故障时，某些物理量将发生变化，如电流增大、电压降低、电压和电流的比值或相位变化等，继电保护能够反映这些物理量的变化，当突变达到一定值时，发出跳闸脉冲或信号。具体保护见项目六任务一。

三、发电机并网及带初负荷

发电机并网有自动准同期和手动准同期两种方式，正常情况下，应采用自动准同期并网，若需采用手动准同期并网，应经领导批准。

（一）发变组并网前的准备

确认发变组保护正常投入，保护连接片按检查卡要求正确投入。联系检修在保护管理员机上确认相关保护状态正常；发电机励磁系统处于热备用状态，启励电源正常投入。确认发电机励磁调节器控制方式为“远方/自动控制”方式；确认发变组已转至热备用状态。

（二）发电机升压

当汽轮发电机升速至额定转速且定子绕组已通水的情况下，就可以加励磁升高发电机定子绕组电压，称为发电机升压。发电机转速达到额定并稳定后方可升压，发电机升压应缓慢进行，转子电流、电压、定子电压均匀上升，且检查发电机三相电压平衡。发电机升压过程及并网前励磁电流、励磁电压不正常地偏高或定子电流异常，应立即灭磁。

当发电机电压升到额定值后，可准备对电网并列。并列是一项非常重要的操作，必须小心谨慎，操作不当将产生很大的冲击电流，严重时会使发电机遭到损坏。

（三）并网

达到额定转速后，经检查确认设备正常，完成规定试验项目，即可进行发电机的并网操作。汽轮发电机组并网操作都采用准同期法，准同期并列是将未投入系统的发电机加上励磁，并调节其电压和频率，在满足并列条件（即电压、频率、相位相同）时，将发电机投入系统，如果在理想情况下，使发电机的出口开关合闸，则在发电机定子回路中的环流将为零，这样不会产生电流和电磁力矩的冲击。为满足上述要求，准同期并网必须满足三个条件，即待并发电机与系统的电压相等，误差在5%以内；待并发电机电压相位角与系统一致；待并发电机频率与系统相等，误差在2%～3%以内。根据DL/T 1164—2012相关规定，采用准同期并列时，发电机频率与系统频率相差在1Hz以内方可投入。

准同期法又分自动准同期、半自动准同期和手动准同期三种。调频率、调电压及合主断路器全由运行人员手动操作的称手动准同期；三项操作全由自动装置来完成的，称自动准同期；三项操作中有一项或两项为自动的，即为半自动准同期。现代大型机组都采用自动准同期的方法并网。

自动准同期装置能够根据系统的频率调机组的转速，当DEH投入“自动同期”方式后，自动准同期装置获得对转速的控制权，发出脉冲去调节待并发电机的转速，使机组的转速达到比系统高出一个预先整定的数值。然后，检查同期的回路开始工作，当待并发电机以微小的转速差向同期点接近，且待并发电机与系统的电压差在±5%以内时，提前一个预先整定好的时间发出合闸脉冲，主断路器自动合上，实现与系统的并列。并网时，同期表指针必须缓慢且顺时针转动；指针转动过快、跳动或不转禁止并列；同期装置不能长时间通电。

（四）初负荷暖机

机组并网后，DEH自动给出阀位指令，机组带3%～5%负荷。确认发电机已带上初负荷时，切断同期表开关和同期开关。此时，发电机可立即接带部分无功负荷以改善系统电压水平。

大型汽轮机在额定转速时的蒸汽流量为额定时的4%～5%，同额定转速时相比，机组并网后蒸汽流量增加，调节级后蒸汽压力上升，蒸汽对通流部分金属的放热系数比定速暖机时增加很多，使汽缸内、外温差剧烈增加，这时最容易出现较大的金属温差及胀差。因此，机组并网后要进行低负荷暖机。机组暖机的时间根据主蒸汽温度和第一级金属温度按机组“启动-升负荷”曲线确定。在机组带初负荷暖机期间应全面检查汽轮机振动、胀差、汽缸膨胀、轴向位移、轴承金属温度、润滑油回油温度、润滑油压、EH油压、汽缸上下壁温差等各项参数在正常范围之内，机组带初负荷结束时应注意低压缸排汽温度应低于52℃。

【任务引导】

学习完相关知识后，需回答下列问题：

(1) 发电机励磁系统启动检查项目都有哪些?

(2) 简述发电机并网的条件。

(3) 说出发电机并网前的准备及操作步骤。

【任务实施】

(1) 课前学生自行观看在线开放课程，并完成网上自测。

(2) 查阅《仿真机组的运行规程》及参考任务流程表，以运行小组为单位填写“机组并网及带初负荷”任务操作票（可参考表3-17），操作票由组长负责编写，指导教师负责检查和评分。

(3) 恢复火电机组仿真机初始条件为“机组冲转完成”，确认机组运行状态，记录机组当前状态。

(4) 按照任务操作票，运行值班员具体操作，组长负责安全监护。

(5) 启动完成后，检查机组状态，记录主要参数，填写实训报告。

表3-17 机组并网及带初负荷任务流程

任务	菜单	步骤	备注
满足并网条件	电气就地 6.9m层MCC3	合上“3号机起励电源”开关	合闸操作方法为：切换开关打到就地位；按红色合闸按钮，合闸指示灯亮；切换开关打回远方位
	电气DCS 发变组及励磁	合上发电机出口隔离开关	
	电气就地 电气主接线	分别合上1TV、2TV、3TV的三个交流一次融断器和控制回路融断器	投发电机TV
		合上发电机中性接地开关	
		投入TV二次融断器	
	电气就地 励磁巡检	将励磁装置分别打到“AUTO”“CH. I”“RE-MOTE”	如果发电机TV未投，此处投不上自动
	电气就地 励磁间设备	将左侧ER柜励磁装置开关全部合上	鼠标点击柜门把手才能打开柜门
		将右侧5个功率柜（EG1-EG5）的风扇开关全部投入	
	电气就地 同期表盘	将同期闭锁开关打到“TJJ投入”，合上同期表电源	
	电气就地 机组保护	发电机-变压器组保护A1柜，投相关保护	1排4、6并网后投入，1排10和备用不投入，其余全部投入；双向连接片全部投向右侧
		发变组保护B1柜，投相关保护	1排4、6并网后投入，1排10和备用不投入，其余全部投入；双向连接片全部投向右侧
		非电量保护通信柜，投相关保护	先复位绿色按钮，1排1并网后投入，1排8、3排9和备用不投入，其他已全部投入，双向的连接片全部投向右侧
	电气DCS 发电机并网程控	发电机开关同期合闸允许中的条件全部满足	

续表

任务	菜单	步骤	备注
连步程控并网	DEH 自动控制	点击左下角的“自动同期”按钮，将同期装置投入	
	电气 DCS 发电机并网程控	单击机组启动按钮（空白键），在弹出的“机组启动复位”窗口上单击“程控”后点“OK”	机组进入连步程控并网状态，操作完毕后会有“程控”字样出现
		单击“退出”按钮，在弹出的“机组启动执行”面板中点“投入”后点击“OK”	机组开始执行连步程控并网操作，直至并网带初负荷
	电气就地同期表盘	并网过程执行完毕后，将同期表开关拉下	
	电气就地机组保护	并网结束后，投入相应保护	A1 柜和 B1 柜中的 1 排 4、1 排 6 连接片投入，将非电量保护柜中 1 排 1 连接片投入
单步程控并网	电气 DCS 发电机并网程控	单击机组启动按钮（空白键），在弹出“机组启动复位”窗口上单击“单步”后点“OK”	机组开始执行单步并网程控操作；操作完毕后会有“单步”字样出现
		单击“退出”按钮，在弹出“机组启动执行”面板中点“投入”后点击“OK”	此时并网操作第一步开始执行，操作步骤计数器开始记数；以后每步的投入都要如此操作；注意每个步骤投入时都要等按钮上的小红点返回到“退出”位置才能操作
	DEH 自动控制	当第三步执行完毕后，在“自动同期请求”信号发出后点击左下角的“自动同期”按钮，将同期装置投入	
	电气 DCS 发电机并网程控	在“机组启动执行”窗口中点“投入”后点击“OK”	就地同期表盘会有同期数据显示并有红色光标移动，当同期条件全部满足后发电机出口开关会自动合闸并网
		在“机组启动执行”窗口中再点击“投入”，点击“OK”	退出发电机准同期装置
	电气就地同期表盘	并网过程执行完毕后，将同期表开关拉下	
	电气就地机组保护	并网结束后，投入相应保护	A1 柜和 B1 柜中的 1 排 4、1 排 6 连接片投入，将非电量保护柜中 1 排 1 连接片投入

资源 3.5.1：并网及带初负荷

【检查评估】

检查任务完成情况，检查评估表见表 3-18。

表 3-18　　机组并网及带初负荷任务检查评估表

评估内容	评价标准	评价人	权重	评分	总评
预习测试	课程平台自动评分	平台	10		
学习态度	出勤情况：迟到扣 2 分，缺勤扣 5 分	班委	5		
	课堂表现：积极发言，表达清晰、流利	教师	5		
任务实施	1. 工作计划				
	任务流程正确	小组成员	10		
	操作票里设备和开关描述和操作正确	教师	10		
	2. 并网前准备				
	检查项正确，无遗漏	小组成员	10		
	操作正确，满足并网条件	小组成员	10		
任务实施	3. 连步程控并网				
	操作正确，机组并网成功	小组成员	10		
	并网后相关保护投入正确	小组成员	10		
	带初负荷，机组状态检查无误	教师	10		
团队协作	与小组成员一起分工合作	小组成员	5		
学生自评	客观评价自己	自己	5		

注　主要操作界面及机组状态参数，以小组为单位截图保存，附在实训报告后。

【知识拓展 3.5-发电机强行励磁、手动准周期并网操作主要步骤】（本项目末扫码获取）

任务六　机组升负荷至满负荷

【学习目标】

（1）能说出制粉系统的作用、主要设备，并根据规定熟练启动制粉系统。

（2）能说出给水系统的作用、主要设备，并根据规定熟练启动汽动给水泵，能进行切泵操作。

（3）能按照机组启动流程，将机组带至满负荷。

（4）能说出锅炉燃烧控制方法，并在升负荷期间进行燃烧调整，保证机组参数正常。

（5）能进行单元机组运行维护及主要监控参数的调整。

【任务描述】

单元机组所有辅助系统启动后，锅炉点火、升温、升压至汽轮机冲转参数，汽轮机冲转定速，发电机并列及初负荷暖机，在此基础上进行单元机组升负荷至额定负荷。在此过程中，根据负荷要求，启动制粉系统和汽动给水泵，控制锅炉燃烧，调整和监视主要参数。

本任务建议采用项目教学法组织教学，其实施过程参照教学实施过程表（表 1-1）。

【情景案例】

事故经过：1994 年 8 月 7 日，20：55，运行中的＃16 风扇式磨煤机一次风压回零，初步判断为锁风器堵塞，锅炉值班员要求副值班员停止＃16磨运行，让巡检员检查＃16磨锁风器无杂物后，判断为分离器堵。22：00，值班人员姜某某和吕某某去处理＃16磨。此时，＃4炉＃14、＃15磨运行，投一个油枪助燃，22：33，由于煤湿造成＃15磨突然断煤，致使＃4炉燃烧不稳瞬间正压（60Pa），由于检修人员在处理分离器堵时，没有插入分离器出口插板，＃16磨没有与运行系统隔绝，运行人员没有按安全工作规定监督检修人员采取可靠的隔绝措施，致使火焰冲入磨煤机分离器并引起内部煤粉爆燃，将正在处理分离器堵塞的姜、吕二人烧成重伤，姜某某于次日死亡。

事故原因：此次事故是由于严重违反《电业安全工作规程》热力机械工作票制度，在生产现场进行检修、试验或安装工作，必须填写热力机械工作票，需要将生产设备、系统停止运行或退出备用，由运行值班人员按规定采取断开电源，隔断与运行设备联系的热力系统，对检修设备进行消压、吹扫等任何一项安全措施的检修工作。

【知识导航】

一、机组升负荷主要操作

机组升负荷，实质就是增加汽轮机的进汽量，主要靠加强锅炉燃烧增大锅炉蒸发量。随着蒸发量的增加，主蒸汽压力也相应提高。在低负荷阶段，要求将主蒸汽压力变化率控制在20～30kPa/min范围内。这样既可以确保稳定地升负荷，也可以防止通流部分蒸汽流量增加过快，造成高压外汽缸及其法兰跟不上转子的加热，引起正胀差超过允许值。由于蒸汽压力和温度随着负荷的增加而提高，汽轮机金属温度也随着升高。通常汽轮机金属温度的升高速度与负荷增加的速度成正比。因此在升负荷过程中，控制金属的温升率也就是要控制汽轮机升负荷的速度。允许升负荷的速度取决于最危险区域（一般在调节级附近）金属温度的允许升温速度。

在升负荷过程中增加燃油投入的同时，要注意二次风温，且条件具备时及时投入制粉系统和一次风机运行。当锅炉煤点火能量允许（汽包压力和二次风温许可）、满足投粉条件时及时投粉运行。升负荷过程中，应确认调节系统动作正常，调节阀门无卡涩；应监视发电机冷氢温度、定子冷却水温度、铁芯温度、绕组温度、绕组出口风温。当机组负荷到达80％额定负荷左右时，主蒸汽压力达到额定值后机组定压运行至带上额定负荷。机组带额定负荷后应进行一次全面检查，并且尽可能将自动调节系统全部投用。超临界参数机组升负荷期间主要操作见表3-19。

表3-19　600MW超临界参数机组升负荷期间主要操作

序号	机组负荷	主　要　操　作
1	5％	在DEH主画面设定阀位目标值90％，设定阀位速率4MW/min，逐渐增加机组负荷；控制主、再热蒸汽升温率不超过2℃/min，随着机组负荷的增加，通过“运行/保持”键和汽轮机旁路门开度，按冷态启动曲线控制主蒸汽参数（压力、温度）
2	10％	检查汽轮机高压段疏水应全部关闭，否则手动关闭
3	15％	检查高压旁路逐渐关小直至全关（通过控制燃烧率与机组功率的配合实现），高压旁路从定压运行模式转入跟随模式

续表

序号	机组负荷	主要操作
4	20%	检查汽轮机中、低压段疏水全部关闭；检查低压缸喷水自动停用（否则应手动停用），低压缸排汽温度正常，停止除氧器再循环泵
5	25%	给水流量为420t/h左右，通过控制汽温、汽压，在主汽压力大于8.9MPa之前完成锅炉运行的直流转换。压力大于8.9MPa，检查361阀应自动关闭，锅炉汽水从循环态转为直流态（湿/干态），投入361阀暖管系统运行
6	30%	检查低压旁路逐渐关闭，高压调速汽门开度90%，尽量维持蒸汽压力不变，开始暖机
7	升负荷期间	视情况投入过热器一级减温水，检查过热器一、二级减温水和再热器减温水调节阀均在自动位
		当给水旁路调节门开度大于95%且给水泵转速达5500r/min，将给水管道切换至主给水运行
		当冷段再热蒸汽压力大于0.9MPa时，开启冷段再热蒸汽至辅汽联箱供汽电动门，将冷段再热蒸汽供汽调节门投自动，定值设为0.9MPa
		视情况启动第一台磨煤机，投入B磨运行正常后，缓慢调节出力
8	30%负荷暖机	轴封系统进入自密封状态，轴封辅汽供汽调节门应已自动全关，检查投入低压轴封减温水自动
		当四抽汽压力达0.25MPa时，除氧器汽源切换至四抽汽，除氧器滑压运行
		切换高压加热器疏水，当3号高压加热器汽侧压力与除氧器压力之差大于0.25MPa时，将高压加热器疏水切至除氧器
		启动第二台磨煤机，投入F磨运行正常后，增加出力，根据热负荷上升以及燃烧状况的稳定，逐支且缓慢退出F层启动油枪
		启动第一台汽动给水泵
9	30%	高压调节门开度90%时，开始滑压运行。通过调整燃料量、风量和给水，升温、升压、升负荷
		维持升温率不超过2℃/min、维持升压率不超过0.2MPa/min
		根据氧量情况及时增加炉风量
10	40%	启动D层点火油枪，启动D制粉系统，逐渐增加D制粉系统出力
		将运行的三台制粉系统出力调平后投入D制粉系统自动控制
11	50%	启动第二台循环泵
12	60%负荷暖机	启动第二台汽动给水泵
		采用四抽汽供汽，按汽动泵的启动方法，投入第二台汽动给水泵运行，停电动给水泵备用。将两台汽动给水泵投入自动运行
		在炉侧投入一次风自动、给煤自动、容量风自动、给水自动的前提下，投入燃料主控自动，投入锅炉主控自动；在机侧投入CCS遥控的情况下，投入汽轮机主控自动。机、炉主控均投入自动，则机组即投入了协调控制
		停止B层启动油枪运行
		所有启动油枪停止完毕后，停止空气预热器连续吹灰，投入所有电除尘
		在CCS主画面设定负荷目标值70%负荷，设定变负荷率6MW/min，选择滑压运行，以协调方式升负荷

续表

序号	机组负荷	主　要　操　作
13	70%	启动B层点火油枪运行，启动B制粉系统，投入B制粉系统自动。运行稳定后，视燃烧情况停运所有点火油枪
		汽轮机由单阀运行切换至顺序阀运行
		在CCS主画面设定负荷目标值100%负荷，设定变负荷率6MW/min，继续升负荷。启动C、E制粉系统，投入C、E制粉系统自动
14	90%	检查机组转入定压运行方式
15	100%	全面检查机组各参数正常，视情况可停止E制粉系统运行

二、制粉系统

制粉系统可以分为直吹式和中间储仓式两种。直吹式制粉系统是指，煤在磨煤机中磨成煤粉后直接将气粉混合物送入锅炉去燃烧的制粉系统；将煤磨制成煤粉后先储存在煤粉仓中，煤粉通过给粉机后与热空气混合，形成气粉混合物，再入锅炉去燃烧的制粉系统称为中间储仓式制粉系统。

（一）直吹式制粉系统

直吹式制粉系统的制粉量在任何时候都必须等于锅炉的燃料消耗量，也就是说制粉量是随着锅炉负荷的变化而改变的。直吹式制粉系统可分为正压系统和负压系统两种。目前，国内多数电厂采用正压直吹式系统。

下面以某600MW机组的制粉系统为例进行说明。机组配有6套冷一次风正压直吹式双进双出钢球磨煤机制粉系统。和负压制粉系统相比，减少了制粉系统漏风；和热一次风制粉系统相比，延长了一次风机的使用寿命。每台磨煤机通过两个煤粉分离器引出的4根送粉管道将磨好的煤粉送至同一层的4个煤粉燃烧器。本炉的6套制粉系统则对应锅炉6层的24个煤粉燃烧器。机组满负荷运行时，5套制粉系统运行，一套备用。

图3-14所示为双进双出磨煤机分体布置系统。该系统由两个独立对称的回路构成，每个回路的流程为原煤依靠自重从原煤斗进入给煤机，经给煤机进入混料箱，经高温旁路风干燥后与分离器的回粉汇合，再通过落煤管进到磨煤机进煤管的螺旋输送装置中。螺旋输送装置随磨煤机筒体同步旋转，使原煤通过中空轴进入磨煤机。磨煤机是利用圆筒的滚动，将钢球带到一定的高度，通过落下的钢球对煤的撞击以及由于钢球与钢球之间、钢球与滚筒衬板之间的压力而将煤磨碎的。

采用双进双出磨煤机正压直吹式制粉系统煤种适应性强，可以磨挥发分低的无烟煤。且系统备用容量小，锅炉负荷变化时延迟时间短，负荷调节范围相对较大，风煤比低，着火所需要的热量少，适用于低挥发分的煤。

（二）中间储仓式制粉系统

中间储仓式制粉系统（见图3-15）是将磨制好的煤粉先储存在煤粉仓中，再根据锅炉燃烧的需要通过给粉机将煤粉送入炉膛燃烧。因此，系统中增加了煤粉仓、细粉分离器、给粉机、排粉机和螺旋输粉机等设备。

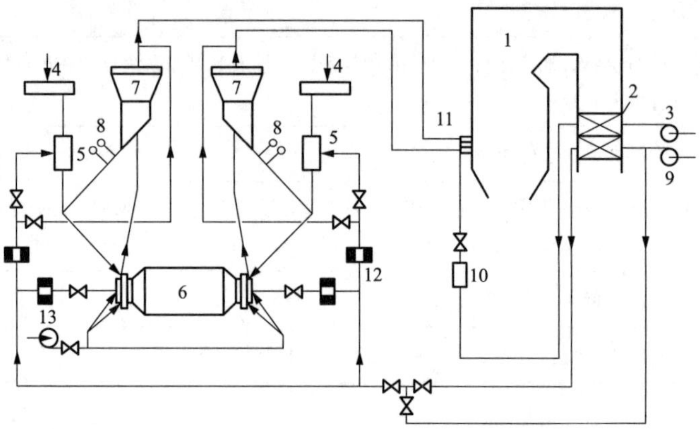

图 3-14　双进双出磨煤机分体布置系统

1—锅炉；2—空气预热器；3—送风机；4—给煤机；5—下降干燥管；6—磨煤机；7—粗粉分离器；8—锁气器；9—一次风机；10—二次风箱；11—燃烧器；12—风量测量装置；13—密封风机

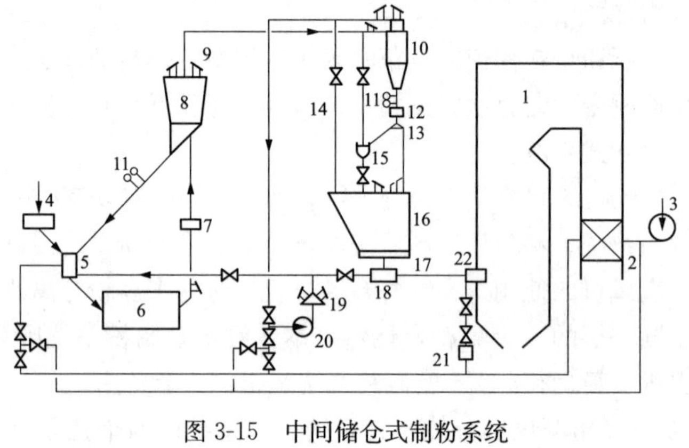

图 3-15　中间储仓式制粉系统

1—锅炉；2—空气预热器；3—送风机；4—给煤机；5—下降干燥管；6—磨煤机；7—木块分离器；8—粗粉分离器；9—防爆门；10—细粉分离器；11—锁气器；12—木屑分离器；13—换向器；14—吸潮管；15—螺旋输粉机；16—煤粉仓；17—给粉机；18—风粉混合器；19—一次风箱；20—排粉机；21—二次风箱；22—燃烧器

中间储仓式制粉系统的工作过程为给煤机将原煤送入磨煤机，热空气和原煤一同进入磨煤机，热空气一边干燥一边将煤粉带出磨煤机进入粗粉分离器，分离器将不合格的粗粉分离出来送回磨煤机重磨，合格的煤粉进入细粉分离器将煤粉和空气分开，煤粉进入煤粉仓。

（三）运行规范及标准

制粉系统在启动、停运过程中易发生爆炸，运行人员应特别注意运行参数的变化。根据 DL/T 5203—2005 相关规定，制粉系统应注意运行监视，监视项见表 3-20。

表 3-20　　制粉系统运行监视项

序号	监　视　项
1	煤流及断煤信号
2	煤粉仓粉位
3	磨煤机出口气粉混合物温度，不宜超过最高和最低允许值
4	保持煤粉仓上部空间的负压值不宜低于 150Pa，也不宜高于 300Pa
5	惰性气氛下运行的制粉系统，末端干燥剂的含氧量不宜超标
6	如果发现系统中有积粉、自燃、漏粉、漏风等现象，应及时消除

一般亚临界压力锅炉，热风温度达到 150℃时，方可启动制粉系统。采用直吹式制粉系统时，应达到锅炉启动时投粉所具备的条件后方可投粉。断油负荷要视燃用煤种来定。一般机组负荷升至 60%BMCR，燃烧正常后，可停用全部油枪，全烧煤粉，燃油系统打循环；停油后，对燃油系统进行全面检查，确认油枪及油系统不漏油，具体的启动和跳闸条件见表 3-21 和表 3-22。

表 3-21　　600MW 超临界参数机组磨煤机启动和跳闸条件

序号	启动条件	跳闸条件
1	无磨煤机跳闸信号	MFT
2	润滑油泵启动且润滑油压力＞0.09MPa	RB 要求切磨
3	润滑油流量＞121 L/min	一次风压力低持续 5min 以上或两台一次风机均跳闸
4	润滑油滤网差压＜0.2MPa	一次风压力小于设定值 1.25kPa 以上
5	润滑油温度＞15℃	一次风与炉膛压差低延时 5～10s
6	一次风压力＞6.2kPa	磨煤机密封风与一次风差压＜1kPa 延时 1min
7	磨密封风与磨碗下部差压＞1kPa	磨煤机出口温度＞90℃，延时 15s
8	一次风冷风隔绝门开启	磨煤机任一电机轴承温度＞95℃；齿轮箱任一轴承温度＞80℃
9	磨煤机出口门开启	磨煤机润滑油温度＞65℃或＜15℃
10	石子煤斗进口阀开启	磨煤机润滑油箱液位＜700mm；润滑油泵跳闸
11	对应层油枪已投入	冷却器后油压＜0.07MPa，延时 2s
12		任一磨煤机出口门关
13		给煤机运行＞3min，煤层火检监测 1/5 无火
14		给煤机运行＜3min 且点火油枪跳闸

表 3-22 600MW超临界机组给煤机启动和跳闸条件

序号	启动条件	跳闸条件
1	给煤机就地控制开关在“REMOTE”位置	对应磨煤机发生跳闸
2	无给煤机跳闸信号	给煤机就地控制开关在“LOCAL”位置
3	对应磨煤机运行正常，且磨煤机出口温度＞65℃	给煤机就地跳闸
4	对应层油枪已投入	给煤机进口阀“开启”信号消失
5	给煤机出口电动门已开	该层燃烧器点火条件不满足
6	给煤机进口门已开	

三、给水泵组的运行与切换

（一）给水泵汽轮机电液控制系统

大型机组为了提高机组的热效率、节省能源、减少厂用电，采用汽轮机代替电动机驱动锅炉给水泵。汽动给水泵的启动和运行与电动给水泵相比要复杂得多，为提高机组的安全可靠性、减少误操作、进一步提高自动化水平，锅炉给水泵汽轮机也采用数字式电液控制系统，一般只具有转速控制功能。锅炉给水泵汽轮机（数字式）电液控制系统简称 MEH。

驱动汽轮机的蒸汽通常有两路，一路是来自锅炉的主蒸汽（高压汽源），另一路是汽轮机的抽汽，即低压汽源。在每路汽源管道上设有主汽阀和调节汽阀。汽轮机在低负荷工况时（25%～30%），由于抽汽压力太低，故全部用高压汽源，由高压调节阀（HPGV）来控制进入汽轮机的蒸汽流量，从而改变汽轮机的转速，以控制给水泵出水流量，满足锅炉给水量的需求。汽轮机负荷升高到一定范围时（40%），由高压汽源和抽汽同时供汽，主要由高压调节阀控制，低压调节阀（LPGV）基本上全开；在汽轮机负荷高于一定数值后（如 40%负荷以上），全部用抽汽，由低压调节阀控制汽轮机的转速。

（二）给水泵组的运行及切换

启动初期，由电动给水泵向锅炉送水。锅炉点火，当负荷逐渐增加至 30%BMCR 左右时，可以启动一台汽动给水泵。汽动给水泵出口压力达到电动给水泵出口压力时，开启汽动给水泵的出口电动门，再适当提高汽动给水泵转速，使其带负荷运行。此后逐渐增加汽动给水泵的转速，增大汽动给水泵流量，同时减少电动给水泵的流量。这时电动给水泵仍继续运行，直至汽轮机负荷大于 50%BMCR 第二台汽动给水泵投入运行为止。当汽轮机的负荷增加，抽汽压力和流量能够驱动给水泵汽轮机时，给水泵汽轮机的低压主汽门自动开启，逐步切换到四段抽汽供汽；高压汽源处于热备用状态。高压加热器根据机组运行情况投运。在不影响凝汽器真空的前提下，高压加热器可在汽轮机闸后随机启动。

在正常运行期间，要求两台汽动给水泵（启动和跳闸条件见表 3-23）和三台高压加热器全部投入运行。给水泵汽轮机转速投入自动调节，电动给水泵自动备用。给水流量通过改变给水泵汽轮机转速来进行调节。

表 3-23 **600MW 超临界机组汽动给水泵启动和跳闸条件**

序号	启动条件	跳闸条件
1	前置泵进口门开	给水泵进口压力太低（≤1.25MPa 延时 30s）
2	再循环门全开	最小流量时，再循环阀 10s 未开
3	密封水压力正常（>卸荷水压 100kPa）	
4	润滑油压力正常（≥110kPa）	
5	给水泵进口压力正常（≥1.4MPa）	
6	除氧器水箱水位正常	

当机组负荷大于 60%BMCR 时，任何一台汽动给水泵或其前置泵解列，电动给水泵应立即投入运行。电动给水泵与另一台汽动给水泵并列运行时，机组可带 80%额定负荷。当机组负荷小于 60%BMCR 时，一台汽动给水泵或其前置泵解列，则可以不必启动备用电动给水泵。若抽汽参数较低，没有足够的能量驱动一台汽动给水泵满负荷运行，可将汽源切换至高压汽源（如再热汽冷段），驱动一台汽动给水泵单独运行，可满足锅炉给水量的要求。机组甩负荷时，电动给水泵投入运行。随着给水需求量的下降，电动给水泵通过给水再循环管道运行，直至给水需求量为零，停止电动给水泵。

【任务引导】

学习完相关知识后，需回答下列问题：

（1）发电机并列完成后如何将机组负荷带到额定负荷？

（2）机组升负荷的过程中，辅助设备的启动时间是多少？

（3）如何保证所有设备均处于良好状态？

【任务实施】

（1）课前学生自行观看在线开放课程，并完成网上自测。

（2）查阅《仿真机组的运行规程》及参考任务流程表，以运行小组为单位填写“机组升负荷至满负荷”任务操作票（可参考表 3-24 和表 3-25），操作票由组长负责编写，指导教师负责检查和评分。

（3）恢复火电机组仿真机初始条件为“机组并网及带初负荷完成”，确认机组运行状态，记录机组当前状态。

（4）按照任务操作票，运行值班员具体操作，组长负责安全监护。

（5）启动完成后，检查机组状态，记录主要参数，填写实训报告。

表 3-24 **制粉系统启动任务流程表**

任务	菜单	步骤	备注
制粉系统启动	锅炉就地 一次风机 A、B 电机润滑	开一次风机油站各相关就地门	
		开一次风机电机油站各相关就地门	
	锅炉 DCS 一次风机油站	启动 1、2 号一次风机油泵	
		启动 1、2 号一次风机电机油泵，投连锁	

续表

任务	菜单	步骤	备注
制粉系统启动	锅炉DCS风烟系统	启动一次风机	热一次风出口门自动联开
		打开一次风门出口隔绝门，调整一次风机动叶开度	维持一次风压为8～9kPa，风压将影响制粉系统出粉量
		投自动	待一台磨煤机稳定运行后可投入自动
		启动一台密封风机，出口门联开	调整入口挡板，保持密封风压高于一次风压
	FSSS对应层	投点火油枪	
	锅炉就地磨煤机润滑	开相关就地门	
	锅炉DCS磨油站	启动磨煤机低压油泵，待压力稳定后，启动高压油泵	待出现压力“OK”，即可视为压力稳定
	锅炉DCS二次风箱	开启对应层燃烧器两侧二次风调节挡板60%左右	调节层二次风/炉膛差压为1.0～1.5kPa，也可置自动位
	锅炉DCS三次风系统	检查三次风门已开至燃煤位置	
	锅炉DCS制粉系统	检查制粉系统所有风、煤闸门均关闭，慢传电机停运	
		打开粉管清扫风门，吹扫1min后关闭	
		打开各粉管关断门	
		全开磨煤机密封风入口电动门，调整入口调节门，维持密封风/一次风差压	密封风/一次风差压为2～4kPa
		启动大齿轮密封风机，并投入连锁；投入给煤机密封风	给煤机密封风仿真机未仿
		启动减速机润滑油泵	
		检查关闭对应层燃烧器冷却风门	
		开启磨煤机进口一次风电动隔离总门、调节总门	
		开启磨煤机冷风门、热风门，待旁路风门、容量风门开启后，通过调整冷、热风门控制磨煤机进口一次风温	一次风温为180～280℃
		快速开启两侧旁路风门30%	保证粉管风速为21～25m/s
		开启容量风门5%	容量风大小与出粉量有关
		分离器出口温度达到65℃时暖磨结束	暖磨的目的在于防止磨煤机升温过快，热应力和热变形对磨煤机的筒体及转动部件有不利影响
		启动磨煤机主电机	确认磨煤机电流、料位显示正常
		开启给煤机出口下煤闸门	

续表

任务	菜单	步骤	备　注
制粉系统启动	锅炉 DCS 制粉系统	启动给煤机	
		开启给煤机进煤闸门，增加给煤机转速	给煤量控制在 12t/h，料位接近正常值（400～500mm），投给煤机自动，偏置设定为 0
		投入冷、热风门及磨煤机进口一次风调节总门自动	保证分离器出口温度为 80～100℃
		给煤之后可以逐渐开大容量（负荷）风至 30%左右，并逐步关小旁路风门	关小旁路风，在其他条件不变的情况下，相当于增大了容量风
		磨煤机启动运行正常后，调整一次风压，调整给煤量，将磨煤机两侧负荷风门投入自动	按启动曲线保持汽温、汽压和负荷

表 3-25　汽动给水泵启动任务流程

任务	菜单	步骤	备　注
汽泵启动	汽轮机 DCS	检查小汽轮机“润滑油系统”工作正常，盘车运行	
	汽轮机就地小机轴封和疏水	投小汽轮机轴封蒸汽系统	
		投小汽轮机疏水系统	
	汽轮机 DCS 小机轴封和疏水	开小汽轮机供汽门	第一台汽动泵采用辅助蒸汽供汽、第二台汽动泵采用四段抽汽供汽
		开小汽轮机排汽蝶阀，开供汽母管和汽缸疏水电动门	
	DEH&MEH MEH 系统帮助	前置泵启动检查	检查除氧器水位应正常，检查汽动泵再循环电动门、调节门开启，汽动泵出口电动门关闭，出口流量小于 400t/h，汽动泵再循环门应开启
	汽轮机 DCS 小机控制画面	按“跳闸复位”键，小汽轮机挂闸	检查小汽轮机盘车 400r/min 正常后操作
		按“主汽门开关”键，开启主汽门	
		按“自动/手动”键，投入自动控制方式	设定转速目标值 3100r/min，设定升速率为每分钟 300r/min，开始升速
		并泵	小汽轮机升速至 3100r/min，投入锅炉自动，MEH 开始接受 DCS 遥控指令
	汽轮机 DCS 给水除氧	缓慢增加汽动泵转速	提高汽泵出口压力
		打开泵出口门	当泵出口压力等于或略大于给水母管压力时开泵出口门
		开启汽动泵中间抽头	注意给水流量变化，注意再循环门开度，保持给水流量稳定

资源 3.6.1：机组升负荷 1（30MW）
资源 3.6.2：机组升负荷 2（30MW 一次风机和密封风机）
资源 3.6.3：机组升负荷 3（30MW 第一套制粉系统）
资源 3.6.4：机组升负荷 4（至 180MW）
资源 3.6.5：机组升负荷 5（180MW 启动汽泵）
资源 3.6.6：机组升负荷 6（180～350MW）
资源 3.6.7：机组升负荷 7（350MW 暖机）
资源 3.6.8：拓展知识：给煤机

【检查评估】

检查任务完成情况，检查评估表见表 3-26。

表 3-26　　机组升负荷至满负荷检查评估表

评估内容	评价标准	评价人	权重	评分	总评
预习测试	课程平台自动评分	平台	10		
学习态度	出勤情况：迟到扣 2 分，缺勤扣 5 分	班委	5		
	课堂表现：积极发言，表达清晰、流利	教师	5		
任务实施	1. 工作计划				
	任务流程正确	小组成员	10		
	操作票里设备和阀门描述和操作正确	教师	10		
	2. 辅机启动				
	操作正确，完成汽动给水泵启动	小组成员	10		
	操作正确，完成制粉系统启动	小组成员	10		
	3. 升负荷				
	暖机及机组监视	小组成员	10		
	燃烧调整及参数控制正确	小组成员	10		
	完成升负荷操作，机组状态检查	教师	10		
团队协作	与小组成员一起分工合作	小组成员	5		
学生自评	客观评价自己	自己	5		

注　主要操作界面及机组状态参数，以小组为单位截图保存，附在实训报告后。

【知识拓展 3.6-一次风机】（本项目末扫码获取）

任务七　单元机组热态启动

【学习目标】

（1）能说出热态启动的原则。

（2）能对比热态滑参数启动与冷态启动的异同。

（3）能阐述热态启动的注意事项。

（4）能按照600MW超临界参数机组规程，熟练完成机组热态启动过程。

【任务描述】

当机组停运时间不久，机组部件尚处于较高温度水平时，再次进行的机组启动称为热态启动。热态启动关键是控制主、再热汽温度与汽轮机高中压内缸金属温度相匹配，其基本操作过程类似于机组冷态启动。机组热态启时应尽快带负荷，以避免转子金属温度下降而产生过大的热应力。

本任务建议采用项目教学法组织教学，其实施过程参照教学实施过程表（表1-1）。

【情景案例】

事故经过：2001年9月29日18：26，某厂在8号机发PLC通信失败信号后，运行人员只是检查机械、电气设备无明显异常现象，而未通知检修人员对设备做进一步详细检查。2001年9月30日0：45，8号机突然强烈振动，并从发电机下方冒出一股烟雾和摩擦产生的焦臭味。手动解列后检查发现推力瓦、镜板严重磨损，推力油漏尽。

事故原因：主要为运行人员责任心差。首先表现在思想麻痹，安全意识淡薄。长期的非正常运行现象导致运行人员思想麻痹大意，对异常现象习以为常，以至于8号机监控计算机于9月29日18：30至9月30日0：45出事故止，死机时间长达6h之久，竟无人发现，充分说明值班人员麻木不仁。其次表现在检查不认真。9月29日8号机发故障信号，运行人员仅仅检查机械、电气设备无明显异常现象，未认真查找真正原因，也未通知检修人员对设备做进一步详细检查，就草草了事。再者，现场巡回检查不及时、不到位。推力油位下降，推力油泵停止运行，均没能及时检查发现，说明运行人员未按规定要求巡视设备，工作不到位，错失了发现和处理异常的最佳时机，最终酿成轴瓦烧损事故。

【知识导航】

一、热态启动分类、特点及原则

冷态与热态划分的原则主要是考虑汽轮机转子材料的性能。试验研究表明，转子金属材料的冲击韧性随温度的降低而显著下降，呈现冷脆性。这时即使在较低的应力作用下，转子也有可能发生脆性断裂破坏。因为热态启动时的金属温度超过了转子材料的脆性转变温度，所以可以避免产生转子的脆性损坏事故。

热态启动的特点主要表现为启动前机组金属温度水平较高、冲转参数高、启动时间短等几个方面。有些机组按照调节级后汽缸金属温度水平的高低又把热态启动分为温态、热态、极热态三种，这三种方式没有原则上的区别，只是更加强调它们要求的启动蒸汽参数、升速时间、升负荷快慢各不相同。为了避免启动中金属的剧烈冷却，应根据金属温度，采用不同的启动主蒸汽参数、升速时间和升负荷时间。表3-27为几种典型超临界参数机组启动状态的划分情况。

表 3-27 几种典型超临界参数机组启动状态划分

状态名称		东芝公司	西屋公司	G/A 公司	ABB 公司	通用公司
冷态启动	高压缸第一级金属温度（℃）	<270	<121	≤190	<100	<149
	中压缸第一级金属温度（℃）			≤150		
温态启动	高压缸第一级金属温度（℃）	270～350		190～300	>100	
	中压缸第一级金属温度（℃）			150～290		
热态启动	高压缸第一级金属温度（℃）	350～400	>121	300～430	>350	>371
	中压缸第一级金属温度（℃）			290～430		
极热态启动	高压缸第一级金属温度（℃）	>400		>		
	中压缸第一级金属温度（℃）			>		
备注					高压转子温度	

热态启动时，机组金属温度水平较高，冲转、升速、并网、带负荷速度快，由于汽轮机各部件金属温度较高，停机期间各部件的冷却条件不同，故存在较大的温差，动静间隙产生了不同程度的变化。故热态启动必须严格遵守以下原则：

（1）上、下汽缸温差在允许的范围内。由于保温、冷却和输水等条件不同，上、下汽缸在停机后往往会产生较大的温差，致使汽缸产生翘曲，容易引起动静摩擦。通常规定单层缸或双层缸上、下温差不超过 50℃，双层缸温差不超过 35℃。

（2）转子的挠度不超过允许值。转子的挠度过大容易引起动静摩擦和机组振动，甚至造成大轴弯曲。通常规定汽轮机冲转前，转子的挠度不允许超过原始值的 0.03mm。

（3）启动参数匹配。启动参数不匹配造成的热冲击不但加大机组寿命损耗，还会引起汽缸的变形。通常要求主蒸汽温度高于汽缸内壁金属 50～100℃。有旁路系统的再热机组，再热蒸汽温度要高于中压缸内壁温度 30～50℃。

二、启动前检查与准备

启动前检查与准备工作参照机组冷态启动，但应注意以下事项：

（1）对已运行的设备系统进行全面检查确认无异常。

（2）对已投入的系统或已承压的电动阀、调节阀均不进行开、关试验。

（3）若锅炉停止期间没有放水，锅炉上水时不须开启汽水分离器前的空气门。

（4）机组抽真空前应先送轴封，轴封汽源温度应与汽缸温度相匹配，轴封送汽后立即抽真空，抽真空前开启真空泵气动快速切换阀。

（5）若锅炉在高压时跳闸，则锅炉蒸汽的压力必须先降到规定值（某超临界 600MW 机组为 10MPa）以下才能重新启动，降压时水冷壁出口的介质温度变化率不大于 1.85℃/min。

（6）锅炉点火期间，发变组恢复热备用。

（7）汽轮机冲转前，连续盘车期间检查汽轮机上下缸温差、大轴偏心、盘车电流应正常，大轴弯曲值应正常。

（8）汽轮机冲转前投入发电机氢气冷却器，注意检查凝汽器、除氧器、高低压加热器水位变化，其他各辅助设备、系统运行正常。

三、热态启动过程

热态启动时，锅炉开始供出的蒸汽温度往往过低，故先将汽轮机、锅炉之间隔绝起来。

点火后锅炉产生的蒸汽可经旁路系统送入凝汽器或对空排汽，直到蒸汽的参数满足要求时才能冲转。锅炉以较快的速度调整燃烧，避免因锅炉通风吹扫等原因使蒸汽压力有较大幅度降低。在这个过程中，锅炉出口蒸汽温度应在安全的前提下较快升高，而压力则相对上升得慢一些。冲转前须先投入制粉系统，以满足汽轮机较高冲转参数的要求。

汽轮机冲转时，利用机组本身的启动曲线来确定冲转参数、升速率等控制指标。目前有不少机组按照冷态滑参数启动曲线进行热态滑参数启动。根据汽缸金属温度在冷态滑参数启动曲线上找出对应的工况点，查出该点对应的蒸汽参数和起始负荷，该蒸汽参数即作为热态启动的冲转参数。在新蒸汽压力和温度达到要求时，使用调节汽门冲动转子。起始负荷之前的升速和升负荷过程应该尽可能地快，减少在这一工况点之前的一切不必要的停留时间。一般在满足低速全面检查要求的基础上稍作停留，然后快速地以 200～300r/min 的速度把转速提升到额定转速及时并列。迅速并列后即以每分钟 5%～10%的额定负荷加到起始负荷点，这样做可避免汽轮机金属的冷却。达到起始负荷以后，按照冷态滑参数启动曲线开始新蒸汽参数的滑升，以后的工作与冷态滑参数启动时相同，表 3-28 为某 600MW 超临界参数机组热态启动冲转参数。

表 3-28　某 600MW 超临界参数机组热态启动冲转参数

启动方式	启动温度	主汽压力（MPa）	主汽温度（℃）	再热汽压力（MPa）	再热汽温（℃）
中压缸启动	温态启动	8.73	410	1.1	380
	热态启动	10.0	480	1.1	450
	极热态启动	10.0	500	1.1	480
高中压缸联合启动	温态启动	8.73	410	0	380
	热态启动	10.0	480	0	450
	极热态启动	10.0	500	0	480

热态启动在起始负荷之后，蒸汽才开始对汽轮机金属进行加热。加热后，汽缸和转子的膨胀差值可能逐步由负值变为正值。法兰与螺栓加热装置的使用，应根据当时汽缸温度水平灵活掌握。因为同样是热态启动，其温度差别是比较大的。机组在汽缸温度为 150℃时启动，与汽缸温度为 300℃或 400℃时的启动，其启动参数与启动时间均有所区别。胀差的变化也不一样，当汽缸温度为 150～300℃时，要防止胀差正值过大，需投入法兰螺栓加热装置，以便适当地提高汽缸温度，控制胀差的正值增长。当汽缸金属温度高于 300℃时，就不需要投入法兰螺栓加热装置。表 3-29 和表 3-30 为超临界参数机组中压缸启动和高中压缸联合启动的过程控制参数。

表 3-29　600MW 超临界参数机组中压缸启动过程控制参数表

参数	温态启动	热态启动	极热态启动
负荷与主汽压对应值	198MW→9.8MPa 330MW→13.6MPa 594MW→24.2MPa	198MW→10MPa 330MW→13.3MPa 594MW→24.2MPa	198MW→10MPa 330MW→13.3MPa 594MW→24.2MPa
升压率（MPa/min）	9.8～13.6MPa 时为 0.2 13.6～24.2MPa 时为 0.4	10～13.3MPa 时为 0.33 13.3～24.2MPa 时为 0.52	10～13.3MPa 时为 0.33 13.3～24.2MPa 时为 0.84
主蒸汽升温率（℃/min）	1.11	1.32	1.11
再热汽升温率（℃/min）	1.33	1.66	1.32

续表

参数	温态启动	热态启动	极热态启动
升负荷率（MW/min）	16.5～59.4MW 时为 33 59.4～198MW 时为 4.5 198～330MW 时为 5 330～660MW 时为 6.6	33～72.6MW 时为 33 72.6～198MW 时为 6.6 198～330MW 时为 9.9 330～660MW 时为 13.2	33～72.6MW 时为 33 72.6～198MW 时为 6.6 198～330MW 时为 9.9 330～660MW 时为 16.5

表 3-30　600MW 超临界机组高中压缸联合启动过程控制参数

参数	温态启动	热态启动	极热态启动
负荷与主汽压对应值	198MW→9.8MPa 330MW→13.6MPa 594MW→24.2MPa	198MW→10 至 11.5MPa 330MW→14MPa 594MW→24.2MPa	198MW→10 至 11.5MPa 330MW→14MPa 594MW→24.2MPa
升压率/(MPa/min)	9.8～13.6MPa 时为 0.2 13.6～24.2MPa 时为 0.35	10～14MPa 时为 0.27 14～24.2MPa 时为 0.41	10～14MPa 时为 0.18 14～24.2MPa 时为 1.02
主蒸汽升温率/(℃/min)	0.98	0.96	0.88
再热汽升温率/(℃/min)	1.16	1.22	1.08
升负荷率/(MW/min)	16.5～198MW 时为 3.3 198～330MW 时为 6.6 330～660MW 时为 9.9	26.4～198MW 时为 5 198～330MW 时为 9.9 330～660MW 时为 13.2	26.4～198MW 时为 5 198～330MW 时为 9.9 330～660MW 时为 16.5

四、热态启动注意事项

（1）热态启动时，汽轮机连续盘车应不小于 4，汽轮机转子偏心度比原始值大 10%，或超过制造厂家规定值时更应增加盘车时间。

（2）热态启动应先送轴封后抽真空。根据缸温决定轴封汽源，注意轴封蒸汽和转子表面的温差不应超过 111℃。

（3）点火后，注意缸温变化，注意高中压主汽阀、调速汽门、高排止回阀、抽汽门应关闭严密，防止漏汽冲转汽轮机或局部冷却。

（4）机组冲转、并网、带负荷各阶段，主蒸汽和再热蒸汽管道、汽轮机本体应暖管充分，疏水畅通。

（5）热态启动过程中严密监视胀差、调节级蒸汽和调节级金属温差为在－56～＋110℃、高中压缸上下缸温差小于 42℃。升速或加负荷过程中汽缸金属温度不应上升或下降过快，如果胀差负值增加过快，应提高汽温或增加负荷。按热态启动要求尽快加负荷至缸温相对应的负荷值。

（6）带上 30MW 的初负荷后，参照启动曲线决定初负荷的保持时间及加负荷、继续升负荷过程中应控制调节级金属温升率不大于 165℃/h，对照启动曲线确定暖机时间。

（7）特别注意机组振动，发现明显增大，轴振超过保护动作跳机，否则应立即打闸停机。因振动异常停机必须回到盘车状态，应全面检查，认真分析，查明原因，严禁盲目启动。

（8）机组热态启动时，应待锅炉压力下降至“储水罐水位调节阀压力高闭锁开”解除时，方能启动给水泵向锅炉补水。

【任务引导】

学习完相关知识后，需回答下列问题：

（1）什么是热态启动？

（2）热态启动与冷态启动的根本区别在哪里？

【任务实施】

（1）课前学生自行观看在线开放课程，并完成网上自测。

（2）查阅《仿真机组的运行规程》及参考任务流程表，以运行小组为单位填写“机组热态启动”任务操作票，操作票由组长负责编写，指导教师负责检查和评分。

（3）恢复火电机组仿真机初始条件为“机组热态启动练习”，确认机组运行状态，记录机组当前状态。

（4）按照任务操作票，运行值班员具体操作，组长负责安全监护。

（5）启动完成后，检查机组状态，记录主要参数，填写实训报告。

【检查评估】

检查任务完成情况，检查评估表见表 3-31。

表 3-31　单元机组热态启动检查评估表

评估内容	评价标准	评价人	权重	评分	总评
预习测试	课程平台自动评分	平台	10		
学习态度	出勤情况：迟到扣 2 分，缺勤扣 5 分	班委	5		
	课堂表现：积极发言，表达清晰、流利	教师	5		
任务实施	1. 工作计划				
	任务流程正确	小组成员	10		
	操作票里设备和阀门描述和操作正确	教师	10		
	2. 确定机组状态				
	检查机组参数，确定机组状态	小组成员	10		
	根据运行规定，完成启动准备工作	小组成员	10		
	3. 热态启动				
	锅炉点火、升温操作正确，无异常	小组成员	10		
	汽轮机冲转、升速、带负荷操作正确，无异常	小组成员	10		
	满负荷后运行参数检查	教师	10		
团队协作	与小组成员一起分工合作	小组成员	5		
学生自评	客观评价自己	自己	5		

注　主要操作界面及机组状态参数，以小组为单位截图保存，附在实训报告后。

拓展资源_项目三

项目四　机组运行监视与调整

任务一　锅炉运行参数的监视与调整

【学习目标】

（1）能背诵锅炉运行调整的目的及特点。

（2）能说出锅炉运行需要对哪些参数进行监视和调节，并说出这个参数的影响因素。

（3）能在仿真机上对锅炉主要运行参数进行监视和调节。

【任务描述】

单元机组中，锅炉运行必须适应电力系统的负荷要求，适应发电机负荷的变化。然而锅炉和汽轮机的动态特性存在较大差异。锅炉的热惯性大、反应慢，即从燃料量的改变到蒸发量的改变时间较长，本任务主要学习锅炉运行调整的目标、特点及燃烧、汽压、汽温和给水调整等相关内容。

本任务建议采用项目教学法组织教学，其实施过程参照教学实施过程表（表 1-1）。

【情景案例】

事故经过：2003 年 6 月 17 日，某发电厂锅炉分公司本体班人员，在处理 7 号炉 2 号角火嘴护板堵漏缺陷时，工作前按规定履行了工作票手续，而且安全措施中也明确指出：炉内保持负压，保持运行参数。工作票中所列安全措施是完备的。工作中当锅炉炉膛突然正压，王某因躲避从炉膛喷出的火焰，从 2m 高的脚手架上掉下，造成右脚扭伤、骨折。

事故原因：运行人员安全意识不强，对检修工作所提出的安全措施没有引起足够的重视，特别是对于存在人身安全的问题思想重视不够，没有对可能出现的问题做好事故预想，致使运行中炉膛正压，是发生本次事故的重要原因。在处理 7 号炉 2 号角火嘴护板堵漏缺陷工作过程中，检修人员不认真执行防范措施，为图方便不顾烧伤危险，采取正面作业的错误方法，在场的其他工作人员也没有及时制止，反映出检修人员在危险点分析上，还存在做表面文章的现象。

【知识导航】

一、锅炉运行调整目标

（1）确保各主要参数在正常范围内运行，及时发现和处理存在的缺陷，使机组安全、经济、高效地运行。

（2）调整锅炉蒸发量，使其满足机组负荷的要求。

（3）保持良好的燃烧工况，减少热损失，提高锅炉效率。保持炉内燃烧工况良好，保持各受热面清洁。

（4）合理安排设备、系统的运行方式，保持最佳工况运行，以提高机组的经济性。

（5）保持炉水和蒸汽的品质合格。

二、锅炉运行调整特点

（1）锅炉设备调节特性是热惯性大而反应较慢，且从燃料改变到产汽量改变时间间隔长。

（2）汽轮机热惯性小，反应迅速。当调节汽量时，负荷能迅速改变。

（3）电力负荷是随时都在变化的。即使机组带基本负荷运行，其工况都有可能发生变化。

三、锅炉运行参数监视

锅炉运行时检查锅炉燃烧状况良好，无结焦、结渣的现象，各检查孔、人孔门关闭严密；检查锅炉本体汽水系统无泄漏，无异音，过热、再热器安全门正常，无内漏现象，锅炉各支吊牢固，锅炉膨胀正常，燃烧器区域无漏油、漏粉；确保炉膛负压、烟气氧量、飞灰含碳量在正常范围内，引风机动叶开度、送风机动叶开度指示正确，引、送风机电流与风量匹配，总风量与机组负荷相匹配；监视制粉系统出力正常，与机组出力相匹配，磨煤机出口温度、一次风压力及风量在正常范围内，超临界直流锅炉汽水分离器出口温度正常稳定，燃水比合适；监视一次风机运行正常，一次风压在正常范围内、密封风与一次风压差正常，一次风机动叶开度、电流正常；监视空气预热器入口和出口的一、二次风温及烟温正常，空气预热器压差、锅炉排烟温度在正常范围内，具体参数可参考表 4-1（本项目末扫码获取）。

四、锅炉运行参数调整

（一）燃烧调整

机组运行过程中对进入炉膛的燃料量、风量进行调节，以使锅炉产生满足外界电负荷需要的蒸汽，同时应保证锅炉运行的安全性和经济性。当锅炉的燃料特性、给水温度等较大幅度地偏离设计数据时，需要进行相应的燃烧调整，以使锅炉能够安全经济地运行。通过对锅炉燃料供给量和配风参数的调整等，保证进入锅炉炉膛内的燃料稳定燃烧，并在满足机组负荷要求的前提下，获得尽可能完全的燃烧和污染物排放最小的运行工况。锅炉的燃烧调整对自然循环锅炉、控制循环锅炉和直流锅炉都是基本相同的。

1. 调整原则

锅炉燃烧调整是保证机组安全经济运行的首要任务。锅炉正常燃烧时，燃烧的着火距离适当，炉内燃烧稳定；火焰不应直接冲刷炉墙、水冷壁；火焰充满度好，炉膛热负荷均匀，出口及各段烟道两侧烟气温度偏差不大于 50℃；减少未完全燃烧热损失，提高锅炉运行经济性；保持锅炉各级受热面不超温；尽量减少污染物的生成；避免结渣。

2. 影响因素

（1）锅炉负荷。锅炉负荷改变将引起燃料消耗量、炉内辐射换热量、对流换热量、锅炉效率等发生相应变化。

1）燃料消耗量应与负荷相适应，负荷变化不大时，燃料消耗量与负荷基本成正比关系。

2）炉内辐射受热面换热量随负荷增减而增减，但对应于单位质量工质的辐射换热量随负荷增加而减少，单位燃料量的辐射换热量也减少，炉内温度和炉膛出口烟气温度升高，辐射过热器出口汽温降低。

3）对流受热面的换热量随负荷增减而增减。

4）锅炉负荷增加时，燃料消耗量、烟气量相应增加，炉膛出口烟温升高，排烟温度会略有升高，排烟损失增加，但炉内温度升高提高了燃烧效率，减少了气体和固体未完全燃烧热损失，散热损失也相对减少。

（2）燃用煤种性质。锅炉燃料性质变化，尤其是煤质变化是不可避免的，包括挥发分、水分、灰分、发热量及煤粉细度的变动，对燃烧的影响较大。

1）挥发分含量。煤粉的性质对着火影响最大的是挥发分含量，燃料挥发分是煤粉在加热过程中有机质分解而析出的气体物质，煤中挥发分含量对煤粉气流着火过程影响很大，干燥无灰基挥发分越高的煤，着火温度就越低，火焰传播速度也越快。挥发分含量高的煤不仅容易着火，而且着火稳定性也越好，挥发分降低时，煤粉气流的着火温度显著提高，着火热也随之增大。煤中除了挥发分和水分剩余的部分就是焦炭，包括固碳和灰分。挥发分的燃烧对焦炭起加热作用，从而为焦炭的燃烧创造有利条件，一般而言，挥发分越高的煤就越容易燃尽，固体未完全燃烧热损失少。随着煤的碳化程度不同，挥发分的析出温度也不同，挥发分的成分及含量也不同。挥发分的着火点低，容易燃烧。挥发分高的煤火焰传播速度也越快，火焰也越长，大部分挥发分的着火以及燃尽时间很短，约占整个燃烧时间的百分之十。

2）水分。煤粉在加热的过程中首先析出的是水分，水分分为外部水分和内部水分。水分的增加会影响发热量，从而使炉内温度降低影响燃料着火，增加排烟热损失，加剧尾部受热面的腐蚀和堵灰。水分的增加影响着火热，水分多时加热煤粉气流的一部分热用于水分的蒸发和过热，使着火热增加，推迟着火。但是煤粉内的水分蒸发后可使煤粉颗粒的表面积增大，从而提高着火能力和燃烧速度。烟气中的水蒸气常压下不会凝结，汽化潜热未能被利用，使锅炉效率有所降低。水分还会影响火焰的传播速度，水分含量大时，火焰的传播速度变低。

3）灰分。焦炭中不能燃烧的部分就是灰分。它可以使单位燃料的发热量降低，还影响燃料的着火和燃尽，也会造成锅炉受热面积灰、结渣、磨损。灰分含量增大时，煤粉的发热量就会降低，燃煤量增加，灰分覆盖在可燃物上减少与氧气的接触面积使着火比较困难，着火稳定性差，着火温度高，影响火焰传播速度。还会使燃烧不完全，增加固体未完全燃烧热损失。灰分还会形成灰渣附着在水冷壁面、过热器、再热器、省煤器、空气预热器上，增大热阻，减少传热。

4）发热量。发热量大，可以使煤的分解速度加快，迅速释放出挥发分，有利于达到着火热，迅速达到着火温度，并且稳定地燃烧。

5）煤粉细度。煤粉越细，其中的挥发分就越容易析出出来，可以迅速燃烧，也容易着尽，减少固体未完全燃烧损失，还会提高火焰传播速度。煤粉气流的着火温度也随煤粉的细度而变化，煤粉越细，着火就越容易。这是因为在同样的煤粉细度下，煤粉越细，进行燃烧反应的表面积就越大，而煤粉本身的热阻却减小，因而在加热时，细煤粉的温升速度要比粗煤粉快。这样就可以加快化学反应速度，更快地达到着火。

（3）燃烧器摆角。燃烧器摆角对炉膛燃烧和主再热蒸汽温度都有十分重要的影响，如图4-1所示，摆角过高，会造成火焰中心上移，还原区减少，炉膛出口烟温过高，NO_x浓度增加。同时会造成工质在水冷壁吸热量减少，过热器吸热量增加，对直流锅炉来说，过热器增加的吸热量不能补偿水冷壁减少的热量，使过热汽温降低。但对于汽包锅炉来说，摆角过高，蒸发量降低，过热汽温增加。改变燃烧器摆角位置调节灵敏，惯性小，不需额外增加换热面和功率消耗。

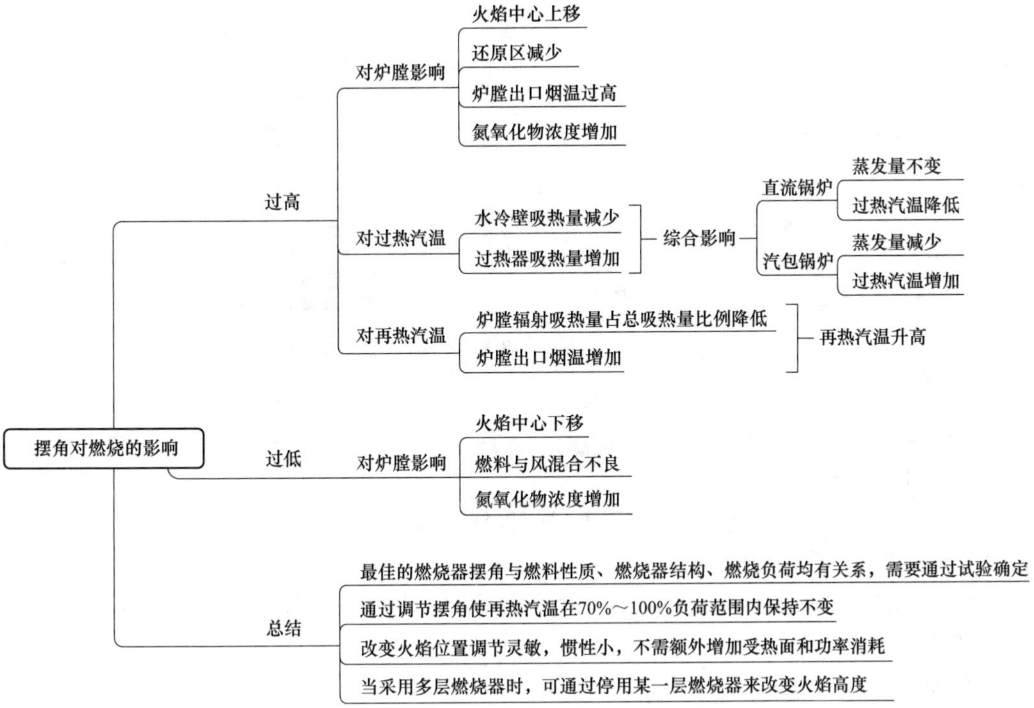

图 4-1　燃烧器摆角对燃烧的影响

（4）过量空气系数。炉内过量空气系数增大时，烟气量增多，排烟温度升高，排烟热损失增大，炉内单位辐射换热量减少，单位对流换热量增大。炉内过量空气系数减少，未完全燃烧热损失增加，排烟热损失在通常情况下会降低。送风量不变，炉膛和制粉系统漏风增大时，过量空气系数也将增大，但由于漏入的是冷空气，对机组经济性影响更大，具体见图 4-2。

（5）给水温度。高压加热器故障解列会引起给水温度明显降低。此时欲维持锅炉蒸发量不变，必须增加燃料量，因此，单位质量工质的对流吸热量增加，辐射吸热量减少，对流过热器出口汽温升高，是引起过热器超温的主要因素。给水温度降低会使省煤器传热温差增大，省煤器吸热量增加，由于燃料量增加，空气量相应增加，空气预热器吸热量增加。高压加热器停用，汽轮机抽汽减少，导致整个机组经济性明显下降。

3. 燃烧优劣判断

（1）正常稳定的燃烧应是炉膛内具有光亮的金黄色火焰，火焰稳定，均匀而且充满燃烧室，但不触及四周水冷壁。

（2）当负荷高时火色偏白，负荷低时火色偏黄。火焰炽白刺眼，表示风量偏大；火焰暗红时，风量不足，此时要防止锅炉熄火。

（3）着火点一般应距离燃烧器 20～30cm。火焰中不应有煤粉离析，也不应有明显的星点。

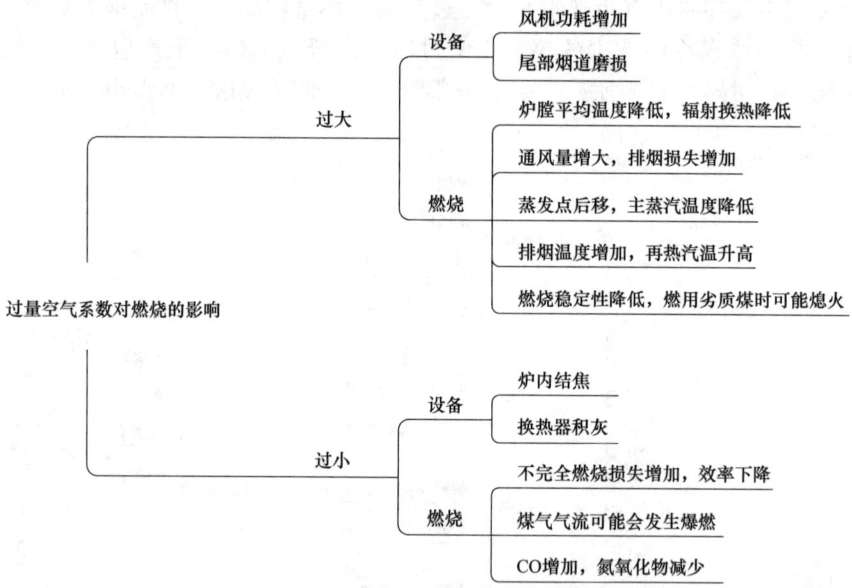

图 4-2 过量空气系数对燃烧的影响

(4) 在火检显示上观察运行喷燃器火检强度满量程，火检显示无闪烁。在炉膛火焰监视电视上观察火焰充满程度良好。

(5) 当炉膛压力正负频繁波动，同时氧量值高低来回变化时则说明燃烧极不稳定，应采取稳燃措施。

4. 调整要求

(1) 通过火焰电视的火焰显示，认真监视炉内燃烧情况及煤粉着火距离，正常燃烧时火焰应呈金黄色，有良好的充满程度，煤粉射流扩散角合适，不偏斜，不冲刷水冷壁。

(2) 经常观察火检运行情况，尤其是启停磨煤机和低负荷期间应及时调整煤粉浓度，保证火检强度足够，如发现火检故障立即通知检修处理。

(3) 调整好送、引风量，保持炉膛负压在－100～－50Pa 之间，防止变正压。

(4) 正常时烟气含氧量应控制在 3%～6%之间，当燃用灰熔点过低或油、煤混烧时，为防止结渣，可适当提高氧量值。

(5) 正常运行中，前后墙燃烧器尽量对称投入，以减少热偏差。高负荷情况下，应使各层燃烧器出力尽量均衡，避免局部热负荷过高烧损火嘴。

(6) 当负荷变化时，如幅度不大，可用改变磨煤机容量风量的方法来调整，如果幅度较大，可用启停整台或半侧磨煤机来实现。

(7) 启、停磨煤机过程中，机组负荷增减应主要通过调整该磨煤机容量风门实现，其他磨煤机可以微调，需要注意的是停磨煤机操作时，应保持或增加运行磨煤机的负荷，防止运行磨煤机负荷过低，不能维持自身燃烧器着火。

(8) 手动调节燃烧时，高负荷下，加负荷应先加二次风后加容量风，负荷降低时，应先减少容量风再减少二次风，低负荷时相反。

(9) 根据煤质变化和燃烧器投停情况，合理分配各风箱（包括燃尽风室）二次风，尽可能保证燃烧完全。

（10）调整燃料量的同时，给水应配合调节，防止燃水比严重失调，造成参数的大幅度波动。

（11）当负荷过低或其他情况导致燃烧不稳时，应及时投入点火油枪稳燃。

（12）有油枪运行时，值班员应经常就地检查油枪雾化、着火情况，及时发现并消除内漏、外漏等异常，防止燃油系统起火。

（13）保证受热面的清洁，按规定定期吹灰、除焦。

（14）积极了解煤质变化情况，以便根据燃料特性及时调整运行工况，并做好事故预防。

（15）定期对飞灰、炉渣进行取样分析，以便及时对煤粉细度、燃烧等进行调整。

（二）汽压调整

锅炉主汽压力的调整，就是在满足外界电负荷需要的同时，维持汽轮机所需的蒸汽压力。汽压偏低，蒸汽做功能力下降，外界负荷不变时，汽耗量增大，转子轴向推力增加；汽压偏高，机械应力大，危及锅炉、汽轮机和蒸汽管道的安全，引起调节级叶片过负荷，机组末几级的蒸汽湿度增大。

1. 调整原则

（1）在机组未进入直流运行前。

1）用控制燃料量的大小来控制汽压，当汽压偏高时降低燃料量。

2）燃料量的增减应该保证各部金属温度不超限。

3）保证省煤器入口最低给水流量的稳定。

（2）直流阶段主汽压力调整。

1）直流锅炉采用定压运行时，应根据机组负荷的需要，相应调整锅炉蒸发量，维持汽轮机在额定蒸汽压力运行，力求做到汽压稳定。

2）直流锅炉蒸汽压力及蒸发量的调整是在增减给水量的同时，相应按比例增减燃料量，以保持过热蒸汽压力稳定，并使锅炉蒸发量的变化与机组负荷所需要的变动值相适应。

2. 影响因素

汽压变化实质上反映了锅炉的蒸发量与外界负荷之间供求关系的变化。供大于求，则汽压上升；供不应求，则汽压下降。引起锅炉汽压发生变化的原因可归纳为下述两方面：一是锅炉外部的因素，称为“外扰”；二是锅炉内部的因素，称为“内扰”。

外扰是指外部负荷的正常增减及事故情况下的甩负荷，它具体反映在汽轮机所需蒸汽量的变化上。当机组负荷突然增加时，汽轮机调节门开大，蒸汽量瞬间增大，如燃料量未能及时增加，再加上锅炉本身的热惯性，将使锅炉的蒸发量适应不了机组负荷的需要，汽压将要下降。相反，当机组负荷突减时，汽压将要上升，在外扰的作用下，锅炉汽压与蒸汽流量的变化方向是相反的。

内扰即由锅炉机组本身的因素引起汽压变化。当炉内燃烧工况变化时，如送入炉内的燃料量、煤粉细度、煤质或风量等发生变化，都会产生内扰。在外界负荷不变的情况下，汽压的稳定主要取决于炉内燃烧工况的稳定。此外，锅炉热交换情况的改变也会影响汽压的稳定。如果热交换条件变化，如炉膛结渣、管壁结垢会使受热面内的工质得不到所需要的热量或者是传给工质的热量增多，则必然会影响产生的蒸汽量，也就必然会引起汽压变化。

当负荷变化引起汽压变化时，汽压变化的速度说明了锅炉保持或恢复规定汽压的能力。汽压变化的速度主要与负荷变化速度、锅炉的储热能力以及燃烧设备的惯性有关。负荷变化速度越快，引起汽压变化的速度也越快；锅炉的储热能力越大，汽压下降的速度就越慢；燃烧设备的惯性大，则当负荷变化时，恢复汽压的速度较慢。

3. 调整要求

当汽压变化较大时，应检查协调控制系统工作是否正常，燃水比是否正常：若汽压波动很大，在调节锅炉的同时可适当调节汽轮机调门来控制，其调整策略见表 4-2。

表 4-2　　蒸汽参数调整策略

序号	汽压	温度	调整策略
1	高	高	应降低燃料量，将汽压降到正常范围运行
2	高	低	应适当降低给水量，将汽压维持在正常范围
3	低	高	应增加给水量，将汽压升到正常范围运行
4	低	低	应适当增加给煤量，将汽压维持在正常范围

（三）汽温调节

1. 调整原则

（1）在保证各部金属温度不超限的前提下尽量维持额定的蒸汽参数，以保证机组运行的经济性。

（2）调整机组烟温偏差，防止单侧温度异常，造成蒸汽带水或单侧管壁超温。

（3）蒸汽温度变化均匀，防止温度骤变造成短时蒸汽品质恶化或大的热应力。

2. 影响因素

实际运行中引起汽温变化的具体原因较多，如锅炉负荷、给水温度、燃料性质、燃烧工况及受热面的清洁程度等工况的改变都将引起汽温发生变化，同时再热汽温还受到过热汽温变化的影响。归纳起来，主要有两个方面，即烟气侧和蒸汽侧传热工况的变化。

（1）烟气侧主要影响因素。

1）炉内燃烧工况的变化。运行中炉内燃烧工况的变化，如燃料性质、过量空气和配风以及燃烧器运行方式的变化等，均会影响炉内的传热工况，从而导致过热汽温发生变化。

当燃煤的挥发分降低，含碳量增加或煤粉较粗时，煤粉在炉内的燃尽时间增加，火焰中心上移，炉膛出口烟温升高，则将使汽温升高。运行中当送风或漏风过大使炉内过量空气增加时，由于低温空气的吸热，将使炉膛温度降低、炉内辐射传热减少，炉膛出口烟温升高。过量空气的增加还将使流经过热器的烟气流量和烟气流速增大，对流换热增强，从而引起对流过热器的汽温升高。在进入锅炉的总风量保持不变的情况下，炉内配风工况的变化，也会引起炉膛火焰中心的变化，从而影响过热汽温。如四角布置的燃烧器，加大上二次风、减小下二次风，将使火焰中心降低，过热汽温降低。燃烧器运行方式改变时，将引起燃烧室火焰中心位置的改变，因而可能引起汽温变化。例如，燃烧器从上排切换至下排时，汽温可能会降低。

2）给水温度变化。当锅炉负荷不变，给水温度变化时，工质在锅炉中的焓增也发生变化。为了维持锅炉蒸发量不变，燃料量势必要相应改变，以适应加热给水所需热量的变化。由此将造成流经对流过热器的烟气流速和烟气温度发生变化，引起汽温变化。例如，当给水温度降低时，加热给水所需的热量增多，燃料量必然要加大，但这时蒸发量未变，即由饱和蒸汽加热到额定温度的过热蒸汽所需的热量未变，因而燃料量加大的结果必然造成过热器烟气侧的传热量大于蒸汽侧的需热量，这就必然会引起过热汽温的升高。如运行中当高压加热器故障停用时，给水温度下降，加热给水所需的热量增加，为维持锅炉负荷，必须增加燃料量，这必然造成过热器烟气侧的传热量大于蒸汽侧所需的热量，导致过热汽温升高。

3）受热面的清洁程度。运行中受热面积灰、结渣和管内结垢，都会使过热器的换热量变化，从而引起过热汽温发生变化。当过热器受热面本身结渣、严重积灰或管内结盐垢时，将使汽温降低。水冷壁和凝渣管管外积灰、结渣或管内结垢将引起汽温升高。因为无论是灰、渣或水垢都会阻碍传热，使水冷壁或凝渣管的吸热量减少，而使过热器进口的烟温升高，因而引起汽温升高。过热器管内结垢不但会影响汽温，而且可能造成管壁过热损坏。若过热器积灰、结渣不均匀时，有的地方流过的烟气量多，这部分汽温就高。

（2）蒸汽侧主要影响因素。

1）锅炉负荷的变化。锅炉负荷发生变化时，炉内辐射传热和对流传热量的分配比例将发生变化。辐射式过热器的汽温随锅炉的负荷增加而降低，对流过热器的汽温随锅炉负荷的增加而升高；半辐射过热器，在锅炉负荷增加时，辐射换热减少而对流换热量增加，因而总的传热量变化不大，即半辐射过热器的汽温变化比较平缓。过热器的布置大多采用联合式，若布置合理，则可在较大负荷变化范围内得到较平稳的汽温变化特性。但在实际布置时，由于受结渣等条件的限制，进入过热器的烟气温度不允许太高，因此，联合式过热器的汽温特性一般趋向对流特性。

2）饱和蒸汽湿度和减温水的变化。从锅炉汽包引出的饱和蒸汽中均含有少量的水分，锅炉正常运行时，饱和蒸汽的湿度一般变化很小。但在一些特殊工况下，如锅炉负荷突增、汽包水位过高以及炉水含盐浓度太大而发生汽水共腾时，将会使饱和蒸汽的湿度大大增加。由于增加的水分在过热器中汽化要吸收热量，在燃烧工况不变的情况下，用于使干饱和蒸汽过热的热量相应减少，因而引起过热蒸汽温度下降。如果饱和蒸汽大量带水，将造成过热汽温急剧下降。

采用喷水减温器调温的过热器系统中，在烟气侧工况不变的情况下，减温水温度和减温水流量变化时，会引起过热器蒸汽侧的变化，汽温也相应发生变化。如减温水温度降低时，汽温下降；烟气侧传热量不变而减温水量增大时，汽温降低。

3）减温水变化。减温器中减温水温度和流量变化时，将引起过热器蒸汽侧总吸热量的变化，汽温就会发生变化。当用给水作为减温水时，在给水系统压力增大时，虽然减温水调节阀门的开度未变，但这时减温水量增加了，使过热器蒸汽被吸走的热量增加，因而将引起汽温下降。此外，当减温器发生泄漏时，也会引起汽温下降。

3. 调整要求（以某600MW超临界参数机组为例）

（1）主蒸汽温度调整。

1）锅炉正常运行时，主蒸汽温度在35％～100％BMCR负荷范围内应控制在（566±5)℃，两侧蒸汽温差小于10℃。

2）燃水比是调整主蒸汽温度的主要手段，而中间点温度的变化能快速反应燃水比变化，维持该点温度稳定才能保证主蒸汽温度的稳定。

3）中间点蒸汽过热度的变化反映了工质在水冷壁中蒸干点位置的变化，为保护水冷壁不超温和防止过热器进水，在达到临界压力前的直流工况下，该过热度应在5～15℃范围内，在超过临界压力后，该点蒸汽温度应维持在（410±15)℃的范围内，异常工况下，应不超出（410±30)℃的范围。

（2）中间点过热度和机组负荷的调整。中间点过热度和机组负荷均偏高（偏低）时，应优先降低（增加）燃料量；中间点过热度偏高（偏低），而机组负荷低于（高于）目标负荷时，应优先增加（降低）给水量。

1）主蒸汽一、二级减温水是主蒸汽温度调节的辅助手段。一级减温水用于保证屏式过热器不超温并调整左右侧温度偏差，二级减温水用于对主蒸汽温度的精确调整。

2）锅炉低负荷运行时要尽量避免使用减温水，防止减温水不能及时蒸发造成受热面积水。

3）投用减温水要注意，减温后的温度必须保持20℃以上过热度，防止过热器积水。

4）在一、二级减温水手动调节时要考虑到汽温调节的惯性和迟滞性，注意监视减温器后汽温的变化，不要猛增、猛减，要根据汽温偏离要求值的大小及减温器后温度变化情况及时调整减温水量，若有其他操作，应派专人调节，并加强联系。

5）在高压加热器投退、启停给水泵、负荷变化、投退制粉系统或油枪、吹灰除焦、炉底大量漏风等情况下，要特别注意蒸汽温度的监视和调整。

6）在主蒸汽温度调整过程中要加强受热面金属温度监视，以金属温度不超限为前提进行调整，若金属温度超限，必要时要适当降低蒸汽温度或降低机组负荷，并积极查找原因进行处理。

（3）再热蒸汽温度调整。

1）锅炉正常运行时，再热蒸汽温度在50%～100%BMCR负荷范围内应控制在（566±5)℃的范围内，两侧蒸汽温度偏差小于14℃，同时，受热面沿程工质温度、受热面金属温度不超过规定值。

2）尾部烟气挡板是再热蒸汽温度的主要调节手段，开大再热器侧、关小过热器侧挡板，可提高再热蒸汽温度，反之降低。调节过程中应注意避免两侧挡板同时关闭。

3）再热器事故减温水用于再热蒸汽温度超限时的事故减温，正常运行中要尽量避免开启，在使用减温水时，应保证减温后蒸汽有20℃以上过热度。

4）锅炉低负荷运行时要尽量避免使用减温水，防止减温水不能及时蒸发，造成受热面积水。

5）如用手动方式调节再热蒸汽温度，要考虑到汽温调节的惯性和迟滞性，不要猛开、猛关烟气挡板，事故减温水的调节要注意减温器后蒸汽温度的变化，防止再热蒸汽温度振荡过调。

6）当再热蒸汽温度、烟气挡板开度不能维持在正常范围、事故减温水需保持一定开度时，要对系统进行检查分析。检查制粉系统运行方式是否合理；燃烧器执行机构是否损坏，燃烧器配风挡板位置是否正确；燃烧器是否损坏；煤质是否严重偏离设计值；炉膛和燃烧器是否严重结焦；蒸汽吹灰是否正常投入；烟气挡板是否损坏。

7）在负荷变化，启、停制粉系统，投停油枪，吹灰除焦、炉底大量漏风、煤质变化等情况下，要加强蒸汽温度的监视和调整。

8）再热蒸汽温度的调整要以金属温度不超限为前提，金属温度超限时要适当降低蒸汽温度或降低机组负荷，并积极查找原因进行处理。

（四）给水调整

1. 直流锅炉给水调节

直流锅炉的汽水流程中没有汽包，为保证工质在水冷壁中稳定流动，直流锅炉依靠给水泵的压力来推动工质在水冷壁稳定流动。超临界直流锅炉在不同的运行阶段给水系统的动态特性差异很大。当锅炉在冷态启动阶段时，该动态特性类似于汽包锅炉，给水流量的变化主要影响的是汽水分离器的水位，存在汽水两相区；随着锅炉压力的升高达到临界压力时，水在22.129MPa压力下加热到374.15℃时，全部汽化为蒸汽即为相变点；当工作压力大于临界压力时，即在超临界压力下，水的汽化潜热变为零，水变成蒸汽，不再存在汽水两相区。给水泵强制一定流量的给水进入炉内，一次性流过加热段、蒸发段和过热段，然后去汽轮机。它的循环倍率始终为1，与负荷无关。给水泵出口水压通过上述三段受热面，直接影响出口汽压，因此直流锅炉的汽压是由给水压力、燃料量和汽轮机调节汽门共同决定的。

当给水流量变化时，破坏了原来的平衡状态，例如给水流量减小，则蒸发段向锅炉汽水流程入口方向移动，汽水流程中各点工质的焓值都有所提高。工质焓值上升是由两个因素引起的：一是因为受热面吸热量不变，而工质流量减少，导致流经本区的工质焓值上升；另一个原因是工质焓值随流过的受热面面积增加而增加。所以离锅炉出口越近，工质的焓增就越大，汽温变化也就越大。燃水比失调1%，出口汽温变化就可达8～10℃。因此，直流锅炉给水控制主要任务是维持中间点温度有一定的过热度，同时保证炉膛受热面能得到与热负荷相适应的冷却水量，即保持一定的燃水比。用保持燃水比的方法直接控制过热器出口汽温是直流锅炉重要的控制任务。下面以600MW超临界参数机组为例，讲述给水调整基本要求：

（1）机组不论启、停，负荷在0～150MW范围内，应维持420t/h左右的最小循环流量运行，保证水冷壁管有足够的冷却。

（2）主给水流量在30%BMCR以下由主给水旁路调节阀来调节给水量。

（3）主给水流量接近30%BMCR时逐渐全开主给水电动阀，视给水流量变化，逐渐全关主给水旁路调节阀。

（4）正常运行中给水调整原则：根据燃料量调整给水量；根据启动分离器出口温度修正给水流量；根据一、二级减温水流量与给水流量的比值修正给水流量。

（5）在给水调整的过程中，应注意中间点温度和过热度合适，防止燃水比失调造成参数的大幅度波动。

（6）燃烧工况阶跃扰动、给水自动失灵或跳手动等造成燃水比失衡，应将给水切至手动方式，参考前10min稳定运行时的燃水比，调节给水量使之重新恢复平衡，但应尽量避免燃烧和给水同时调节；给水自动调节不稳定，波动较大时，应考虑退出燃烧自动。

（7）手动调整给水流量时，加减指令应慢速，频率不得过快，CCS转速与实测转速之差不得大于700r/min，否则汽动泵跳本机（CCS转速与实测转速之差不得大于1000r/min，否则跳汽泵），同时注意监视给水泵指令和给水量的变化，各泵出力基本一致。

（8）启动分离器温度和机组负荷均偏高（偏低）时，应优先降低（增加）燃料量。

（9）启动分离器温度偏高（偏低），而机组负荷低于（高于）目标负荷时，应优先增加（降低）给水量。

2. 汽包锅炉给水调节

在汽包锅炉中，汽包把整个锅炉的汽水流程分隔成三部分，即加热段（省煤器）、蒸发段（水冷壁）和过热段（过热器）。这三段受热面面积的大小是固定不变的。汽包除作为汽水的分离装置外，其中的存水和空间容积还作为燃水比失调的缓冲器。例如，增加给水流量，给水量的变化就破坏了原来的平衡状态，汽包水位升高了。在汽包锅炉中，水位是燃水比是否失调的标志。用给水流量调节水位，实质上起到了间接保持燃水比不变的作用。汽包水位正常是保证锅炉和汽轮机安全运行的重要条件之一。汽包水位一般规定在汽包中心线下50～100mm，允许波动范围为±50mm。

若给水流量与锅炉蒸发量不平衡，将发生满水或缺水事故。汽包水位上升满水，会导致汽包蒸汽空间下降，汽水分离装置工作异常，蒸汽少量带水，蒸汽品质恶化，导致过热器管壁、汽轮机通流部分积盐垢，时间一长盐垢加厚，引起管子过热损坏，减小汽轮机通流面积、增大汽轮机轴向推力。严重满水时，可能引起过热蒸汽温度急剧下降，不仅降低了机组效率，而且使蒸汽管道和汽轮机发生水击，造成破坏性事故。汽包水位下降缺水，引起下降管带汽，破坏水冷壁正常水循环。严重缺水时可能造成烧 干锅的重大事故。大型单元机组的锅炉，汽包存水量相对减少，允许变动的水量就更少。如果给水中断而继续运行，在10～30s汽包水位计中的水位就会消失。可见对于大容量锅炉，运行中必须更加严密监视汽包水位，同时也要求配备非常合理和可靠的给水系统及给水调节装置。

（1）影响水位变化的主要因素。

1）机组负荷对水位的影响。蒸汽是水进入锅炉以后逐渐受热汽化而产生的。当负荷变化，也就是所需要产生的蒸汽量变化时，引起锅炉中水的消耗量发生变化，因而必然会引起汽包水位发生变化。负荷减少时，如果给水量不变或者不能及时地相应减少，则锅炉中的水量逐渐增加，最终结果使水位上升；反之，水位下降。

当锅炉负荷增加时，如果给水量不变或不能及时地相应增加，会导致蒸汽压力下降，其结果是蒸汽相对应的饱和温度下降，锅水和蒸发部件金属放出蓄热量，产生附加蒸汽，再加上蒸汽压力下降导致蒸汽比体积增大，从而使锅水中气泡数量大大增大，汽水混合物体积膨胀，形成“虚假水位”。虚假水位是暂时的，因为锅炉负荷增加，锅水消耗增加，锅水中的气泡逐渐逸出水面后，汽水混合物体积又将收缩，所以负荷变化时，在给水量和燃烧率尚未做相应调节之前，汽包水位先上升后下降，此时若不及时增加给水，水位将急剧下降到正常水位以下，甚至出现缺水事故；反之，如果锅炉负荷减少时，汽包水位会先下降后上升。

运行中应对虚假水位要有思想准备，如负荷突然增加时，首先增加风、煤，强化燃烧，恢复蒸汽压力，然后再适当加大给水，以满足蒸发量的需要。但如果虚假水位严重，不加限制可能造成满水事故。这时，可适当减少给水，同时强化燃烧，待水位开始下降时，再加强给水，恢复正常水位。

2）燃烧工况对水位的影响。在机组负荷不变的情况下，强化燃烧时，水位将暂时升高，然后又下降；燃烧减弱时，水位将暂时降低，然后又升高。这是由于燃烧工况的改变使炉内放热量改变，因而引起工质状态发生变化的缘故。例如，当送入炉内的燃料量突然增多时，炉内放热量就增加，受热面的吸热量也增加，炉水汽化加强，炉水中产生的气泡数量增多，体积膨胀，因而使水位暂时升高。由于产生的蒸汽量不断增多，使汽压上升，相应地提高了饱和温度，炉水中气泡数量有所减少，水位又会下降。如果这时汽压不能及时恢复继续上升，则由于蒸汽做功能力的提高而外界负荷又没有变化，因而汽轮机调节机构将关小调节门，减少进汽量。由于锅炉蒸汽量减少而给水量却没有变，因而将使得水位又要升高。

3）给水压力对水位的影响。当给水压力变化时，将使送入锅炉的给水量发生变化，从而破坏了给水量与蒸发量的平衡，将引起汽包水位的波动。在其他条件不改变的情况下，给水压力升高使给水量加大时，水位升高；给水压力降低使给水量减少时，水位下降。

（2）水位调整。大容量单元机组均采用全程给水自动调节系统。机组启动时，由于汽、水流量不平衡，故采用单冲量调节，仅接受汽包水位为被调量，通过给水旁路阀开度控制或给水泵转速控制实现对汽包水位的自动调节。锅炉负荷大于30%MCR时，给水自动调节系统自动切换到三冲量控制方式，蒸汽流量作为前馈信号，借以消除虚假水位的影响；给水流量作为反馈信号，避免过调，或用以消除因给水压力变化等引起的给水扰动；汽包水位信号是主信号，它也起校正作用，最后使水位维持在规定值。

【任务引导】

学习完相关知识后，需回答下列问题。

（1）影响锅炉汽压和汽温的主要因素都有哪些？

（2）直流锅炉和汽包锅炉的给水调整有什么区别？

（3）锅炉燃烧调整的原则是什么？

【任务实施】

（1）课前学生自行观看在线开放课程，并完成网上自测。

（2）查阅《仿真机组的运行规程》及参考任务流程表，以运行小组为单位填写“锅炉运行参数的监视与调整”任务操作票，操作票由组长负责编写，指导教师负责检查和评分。

（3）恢复火电机组仿真机初始条件为“机组满负荷”，确认机组运行状态，记录机组当前状态。

（4）按照任务操作票，运行值班员具体操作，组长负责安全监护。

（5）启动完成后，检查机组状态，记录主要参数，填写实训报告。

资源4.1.1：锅炉的燃烧调节

资源4.1.2：蒸汽温度调节

资源4.1.3：锅炉给水流量调节

资源4.1.4：拓展知识：磨煤机巡检

【检查评估】

检查任务完成情况，检查评估表见表4-3。

表 4-3　锅炉运行参数的监视与调整任务检查评估表

评估内容	评价标准	评价人	权重	评分	总评
预习测试	课程平台自动评分	平台	10		
学习态度	出勤情况：迟到扣 2 分，缺勤扣 5 分	班委	5		
	课堂表现：积极发言，表达清晰、流利	教师	5		
任务实施	1. 工作计划				
	任务流程正确	小组成员	10		
	操作票里设备和阀门描述和操作正确	教师	10		
	2. 锅炉运行参数监视				
	确定锅炉主要运行参数的正常值和限值	小组成员	10		
	检查项正确，无遗漏	小组成员	10		
	3. 锅炉调整				
	负荷变化时，汽压调整	小组成员	5		
	负荷变化时，汽温调整	小组成员	10		
	负荷变化时，给水调整	小组成员	5		
	负荷变化时，燃烧调整	教师	10		
团队协作	与小组成员一起分工合作	小组成员	5		
学生自评	客观评价自己	自己	5		

注　主要操作界面及机组状态参数，以小组为单位截图保存，附在实训报告后。

【知识拓展 4.1-锅炉的储热能力】（本项目末扫码获取）

任务二　汽轮机运行参数的监视与调整

【学习目标】

（1）能背诵汽轮机运行调整的主要任务。
（2）能说出汽轮机运行主要参数对汽轮机的影响。
（3）能在仿真机上，对机组进行参数监视及调整。

【任务描述】

在正常运行维护过程中，应根据机组特点选择对机组安全运行至关重要的参数作为经常性监视项目，例如负荷、真空、主蒸汽压力、再热蒸汽压力和温度及高压缸排汽温度；振动、轴向位移及高、中压胀差；轴承油温、轴承金属温度；汽轮机各监视段压力；凝汽器和除氧器水位等。对其他一些参数及辅机阀门的启停开关情况作定期或不定期检查。

本任务建议采用项目教学法组织教学，其实施过程参照教学实施过程表（表 1-1）。

【情景案例】

事故经过：1989 年 11 月 17 日，某电厂 1、2 号两台机组运行，调度令晚高峰后停 1 号机备用。20：31，值长令：“1 号发电机解列转备用”。20：40，1 号机断路器切开，发电机与系统解列。但操作人、监护人没有对操作票余下的项目继续进行操作，如断开 1 号机出口隔离开关等，而是坐下闲谈，班长也没有进行纠正。22：20，班长令操作人、监护人到 1 号发电机小间拉开 1 号发电机出口隔离开关，两人虽然拿着操作票，但却走到 2 号机小间，在没有核对设备名称、编号，也没有进行唱票和复送的情况下，将 2 号机 02 甲、02 乙电压互感器隔离开关拉开，当即造成 2 号机两组电压互感器全部失压，强励动作，无功大量上涨（表计已不能显示），定子电流剧增，发电机组负荷过电流保护动作跳开发电机组出口及灭磁断路器。

事故原因：执行倒闸操作票制度不严肃，一项操作未完全结束，无故随意中止操作。运行操作应按照操作票内容和程序连续进行，但操作人员在该次操作中，在完成盘面上拉开发电机断路器后，没有按照操作票票面内容进行连续地拉开发电机隔离开关、电压互感器隔离开关的操作，而是回到控制室闲谈，接下来的操作在时隔近 2h 后进行，严重违反了两票执行的要求，致使操作前进行的模拟预演失去意义，防止事故发生的第一个关口失去作用。劳动纪律涣散。电气运行班长在 1 号机解列后没有督促监护人、操作人把整个操作进行完，而与大家坐在一起、闲谈。操作中，值班负责人带头违反劳动纪律，生产管理形同虚设。分散了本次操作中操作人、监护人的注意力，在布置下一步操作中，值班负责人没有对操作人的精神状态认真分析，没有交代操作注意事项，防止事故发生的第二道关口失去作用。

【知识导航】

一、汽轮机运行调整目标

（1）通过检查、监视和调整，及时发现和消除设备的缺陷，提高设备的健康水平，预防事故的发生，保证设备长期安全运行。

（2）通过检查、监视及经济调度，尽可能使设备在最佳工况下工作，提高设备运行的经济性。

（3）定期进行各种保护试验及辅助设备的正常试验和切换工作，保证设备的安全可靠性。

二、汽轮机运行参数监视

在汽轮机正常运行维护过程中，一些重要的参数，如主蒸汽参数、真空、轴向位移、胀差等，对汽轮机的安全和经济运行起着决定性的作用。因此，运行中必须对这些参数认真监视并及时调整，使其保持在规定范围内（见表 4-4，本项目末扫码获取）。

（一）主蒸汽压力的监视

当主蒸汽温度不变的情况下，在运行规程规定范围之内，进入汽轮机的主蒸汽压力升高可提高机组的经济性。因为压力升高可使蒸汽焓降增大，在同样的负荷下进汽流量就会减少，提高循环热效率。但是，如果主蒸汽压力升高超过规定范围时，将会直接威胁机组的安全。最危险的是引起调速级叶片过负荷，尤其当喷嘴调节的机组第一个调速汽门全开，而第二个调速汽门将要开启时。主蒸汽压力过高还会引起主蒸汽管道、自动主汽门、调速汽门、汽缸法兰盘及螺栓等处的内应力增高，缩短使用寿命，造成部件的损坏、变形或松弛。

综上所述，当主蒸汽压力升高时，可以降低机组的汽耗率，只要排汽湿度未超过规定值，流量、功率未超过设计最大值，并能避开第一阀全开和第二阀未开时的危险工况，汽轮机运行一般是安全的。运行中通常规定主蒸汽压力上限为额定汽压的103%～105%。由于长期超压运行会加速承压部件和紧固件的寿命损耗，因此当压力超限时，应通知锅炉尽快恢复汽压，或开启旁路系统降压。若机组没有带到满负荷时，可暂时增大负荷加大进汽量，紧急情况时可开启锅炉安全阀，达到降压目的。

当主蒸汽温度不变而压力降低时，汽轮机内焓降减少，使汽耗量增加，经济性降低。若调速汽门开度不变，进汽量将成比例地减少，如汽压降低过多则带不到满负荷。如果初压降低后仍要保证汽轮机带额定功率，则汽轮机的进汽流量将大于额定流量，此时会引起各压力级前扭力升高，并且使末几级焓降增大。因此各压力级的负荷都有所增加，并以末几级过负荷升高最为严重，同时全机的轴向推力增大。此时能否安全运行，必须经过专门的计算来决定。一般在运行中，当初压降低时需要限制汽轮机的出力。

（二）再热蒸汽压力的监视

蒸汽从高压缸排出后，经过再热器管道进入中压缸，压力将会有不同程度的降低，该压力损失通常称为再热器压力损失。在正常运行中，再热蒸汽压力是随蒸汽流量的变化而变化的。再热器压损的大小，对汽轮机的经济性有着显著的影响。如果发现再热蒸汽压力不正常地升高，说明进入中压缸的蒸汽阻力增加，应及时查明原因并采取相应的措施。如果再热蒸汽压力升高达到安全门动作的程度，一般是由调节和保护系统方面的故障引起的。遇到这种情况，要首先检查中压自动主汽门和调速汽门是否关闭，并迅速采取处理措施，使之恢复正常。

（三）主蒸汽温度的监视

在初压不变的条件下初温升高，从经济性方面来看是有利的，它不仅提高了机组的循环热效率，而且还减少了汽轮机的排汽湿度，从而减少了低压级的湿汽损失，使机组的相对内效率也有所提高。汽温每升高5℃，热耗可降低0.12%～0.14%。但从安全角度来看，主蒸汽温度的升高将使金属材料的蠕变加剧，缩短了其使用寿命，如蒸汽室、主汽阀、调节阀、调节级、高压轴封、汽缸法兰、螺栓及蒸汽管道等均要受到影响。因此，提高初温时应严格监视这些部件的安全，尤其对于大型单元机组，即使初温增加不多，也可能会引起急剧的蠕变而大幅度地降低许用应力，因此在大多数情况下不允许升高初温运行。再热蒸汽温度升高对汽轮机的影响，大致与主蒸汽温度的影响相同。

主蒸汽温度降低不但影响机组的经济性，降温速度过快，还会威胁设备的安全。主蒸汽温度下降缓慢时，若要保持电负荷不变就要增加进汽量，使机组经济性降低。一般来说，主蒸汽温度每降10℃，汽耗将增加1.3%～1.5%，而热耗约增加0.3%。主蒸汽温度降低而汽压不变时，末几级叶片的蒸汽湿度将增大，缩短叶片的使用寿命。当主蒸汽温度急剧下降时，将使轴封等套装部件的温度迅速降低，产生很大的热应力，汽缸等高温部件会产生不均匀变形，使轴向推力增大。汽温急剧下降往往是发生水冲击事故的征兆。

（四）再热蒸汽温度的监视

再热蒸汽温度通常随着主蒸汽温度和汽轮机负荷的改变而变化。同主蒸汽温度一样，再热蒸汽温度的变化也直接影响着设备的安全和经济性。再热蒸汽温度超过额定值时，会造成汽轮机和锅炉部件损坏或缩短使用寿命。当再热蒸汽温度升高时，最好不使用喷水减温装置。因为此时向再热器喷水，将直接增加中、低压加热器缸的蒸汽量，一方面会引起中、低压加热器缸各级前的压力升高，造成隔板和动叶片的应力增加和轴向推力的增加，另一方面对经济性也很不利。再热蒸汽温度低于额定值时，不仅会使末级叶片应力增大，还会引起末几级叶片的湿度增加，若长期在低温下运行，将加剧叶片的侵蚀。在运行中，如果发现再热蒸汽汽温下降情况与负荷的变化不相适应，要检查锅炉再热器减温水门是否关闭严密。

（五）凝汽器真空的监视

凝汽器真空的变化，对汽轮机的安全与经济运行有很大的影响。凝汽器真空高即汽轮机排汽压力低，可以使汽轮机减小耗汽量，提高经济性。一般情况下真空降低1%，汽轮机的热耗将增加0.7%～0.8%。但真空过高时，如机组仍在最大流量下运行，则最末级叶片的应力可能超过允许值，并且湿度增加，将会加剧叶片的冲蚀损坏。

汽轮机的真空下降时，会使汽轮机排汽温度升高，使低压缸及轴承等部件受热膨胀，引起机组中心变化，使汽轮机产生振动，由于热膨胀和热变形，可能使端部轴封径向间隙减小乃至消失，如果排汽温度过分升高，可能引起凝汽器管板上的铜管胀口松弛，破坏了凝汽器的严密性，引起凝汽器铜管泄漏，由于排汽压力升高，汽轮机的可用焓降减小，将限制机组的出力，同时机组效率降低。若要维持额定功率，则汽轮机的进汽量就要增加，将使机组的轴向推力增大。

（六）监视段压力

在汽轮机运行中，将调节级汽室压力和各抽汽段压力通称为“监视段力”。通过对这些部位压力变化的监视，可以判断汽轮机通流部分的运行状况是否正常（见图4-3）。

在负荷大于30%额定负荷时，凝汽式汽轮机除最末一、二级外，各监视段压力均与主蒸流量成正比例变化。根据这个原理，可通过监视各监视段的压力来有效地监督汽轮机负荷的变化和通流部分的运行工况。每台机组都有额定负荷下对应的各段抽汽压力，且在机组安装或大修后，应在正常工况下通过试验得出负荷、主蒸汽流量及各段监视压力的对应关系，以作为平时运行监督的标准。在正常运行中及某一负荷下，如果监视段压力升高，则说明该段以后通流部分有可能结垢，或其他金属部件脱落堵塞；如果调节级和高压缸各段抽汽压力同时升高时，则可能是中压调速汽门开度受阻或中压缸某级抽汽停运，或者高压缸排汽止回阀失灵。此外，当某台加热器停用后，若汽轮机的进汽量保持不变，则相应汽段的压力将升高。

机组在运行中不仅要看监视段压力变化的绝对值，还要看监视各段之间的压差是否增加。如果某个级的压差超过了规定值，表明该段内隔板和动叶片过负荷，严重时会使动静部件的轴向间隙消失而产生摩擦，导致叶片等设备损坏事故。

（七）轴向位移的监视

汽轮机转子的轴向位移，现场习惯上称为窜轴，是指汽轮机转子在轴向推力作用下，承受轴向推力的推力盘、推力瓦块、推力轴承等部件的弹性变形和油膜厚度变化的总和。监视轴向位移的变化可以监视轴向推力的变化情况、推力轴承的工作情况，以及通流部分动静部件间隙的变化情况。

引起轴向推力变化的原因很多。一般情况下，轴向推力是随蒸汽流量的增加而增大的。当新蒸汽压力、温度降低或凝汽器真空降低而又要维持负荷不变时，就要增加进汽量，使轴向推力增大。当通流部分结垢时，轴向推力也会增大。特别是当通流部分发生水冲击时，将会产生很大的轴向推力。轴向推力过大时，会使油膜破裂、推力瓦烧损，轴向位移就会急剧

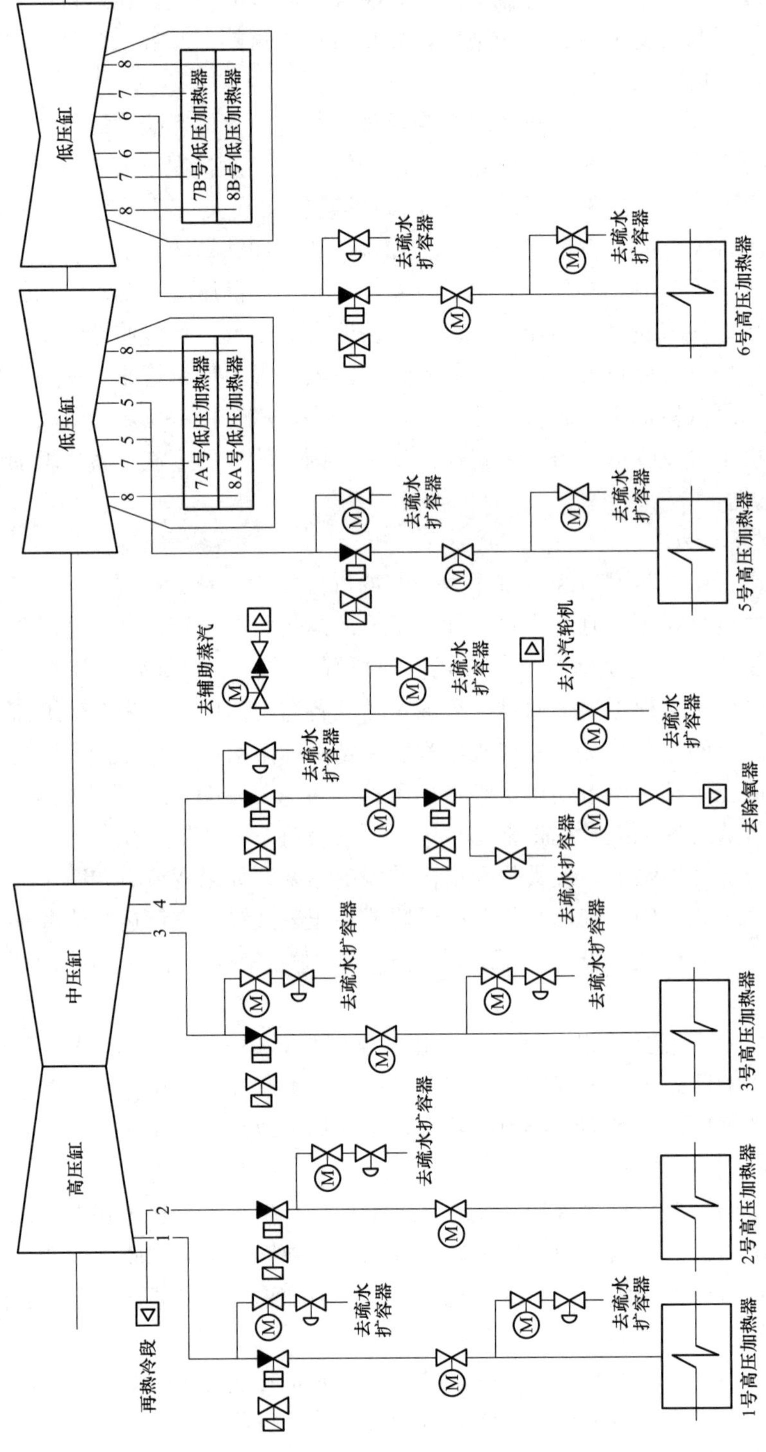
低压缸
低压缸
中压缸
高压缸
7B号低压加热器
8B号低压加热器
7A号低压加热器
8A号低压加热器
去疏水扩容器
6号高压加热器
5号高压加热器
3号高压加热器
2号高压加热器
1号高压加热器
去辅助蒸汽
去小汽轮机
去除氧器
再热冷段

图 4-3 抽汽系统

增加。大型汽轮机均装有轴向位移保护和推力瓦块金属温度指示表计。为保证汽轮机动、静部件不发生摩擦，必须保证轴向位移不超过允许值。此允许值是根据各个机组动、静部分的最小轴向间隙而定的。

（八）胀差的监视

汽轮机在启停和负荷变动过程中，由于转子和汽缸产生的相对胀差变化会引起通流部分的动静间隙发生变化。当某段的胀差值超过了在这个方向的动静部件轴向间隙时，就会发生动静部件的摩擦或碰撞，造成启动时间的延误或引起机组振动、大轴弯曲等严重事故。在机组的启停和运行中，必须严格监视和控制胀差的变化，使之不超出最大的允许值。

（九）轴瓦温度

汽轮机的主轴在轴瓦内高速旋转时，会引起润滑油温和轴承温度的升高。轴瓦温度过高，将威胁轴承的安全运行。运行中通常采用监视润滑油温升的方法间接监视轴瓦温度。一般控制轴承进油温度为38～49℃，轴承进出口油温差应在10～15℃之间。由于油温滞后于金属温度，不能及时反应轴瓦温度的变化，因而只能作为辅助监视。为保证轴瓦的润滑和冷却，运行中还要经常检查润滑油油箱的油位、油质和冷油器的运行情况，当发现油位持续下降无法控制、轴承冒烟及进出口油温超温时应打闸停机。

三、机组振动

汽轮发电机组的振动对机组非常有害，振动过大，会使轴承乌金脱落，油膜被破坏而发生烧瓦；会使动静部分发生摩擦而损坏设备；会使轴端汽封和转子发生摩擦而造成大轴弯曲；会造成动静部件的疲劳损坏；会造成某些固定件的松动甚至脱落等严重事故。不但如此，振动还会影响汽轮发电机组的经济性，当动静部分发生摩擦后，动静间隙将增加，因此漏汽量将增加，最终导致汽轮机的热耗增加。为此，在运行中必须掌握振动规律，将汽轮发电机组的振动水平维持在振动标准的规定范围之内。

机组振动是由多方面因素引起的。汽轮发电机组出现振动故障的主要部件和故障源如图4-4所示。汽轮发电机组的转子在高温、高压蒸汽介质和强电磁场中高速运转，转子由滑动轴承支撑，轴承座放置在基础台板上并由联轴器将机组的各转子连成轴系。转子、联轴器、

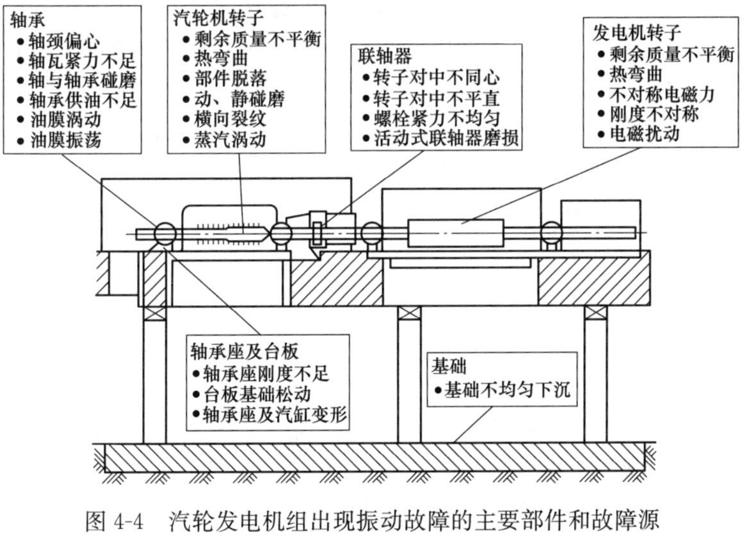

图4-4　汽轮发电机组出现振动故障的主要部件和故障源

轴承及轴承座、基础台板及基础、密封（汽封、油封等）等部件的任何缺陷或故障，以及蒸汽参数波动和电网扰动，均会不同程度地诱发激振力，产生不同的振动形式。

1. 机械激振

机械激振是因转子质量不平衡、转子弯曲以及转子连接和校中心缺陷引起的。

2. 轴承座松动

轴承座松动使转子支撑系统刚性降低，引起振动。

3. 电磁激振

发电机转子匝间短路而使转子磁通量发生变化，产生电磁激振力，引起振动；发电机转子与定子相互作用力在圆周上作周期性变化，引起定子铁芯强迫振动；发电机转子与定子径向空气间隙不均匀引起振动。

4. 运行工况变动引起振动

(1) 摩擦振动。若运行调整不当，蒸汽参数变化过快以及汽轮机进水或冷蒸汽，造成机组膨胀或收缩不均，胀差急剧变化，引起动静部分间隙消失，以致产生摩擦振动。此外，如果轴向位移过大，也会引起动静部件之间产生摩擦振动。

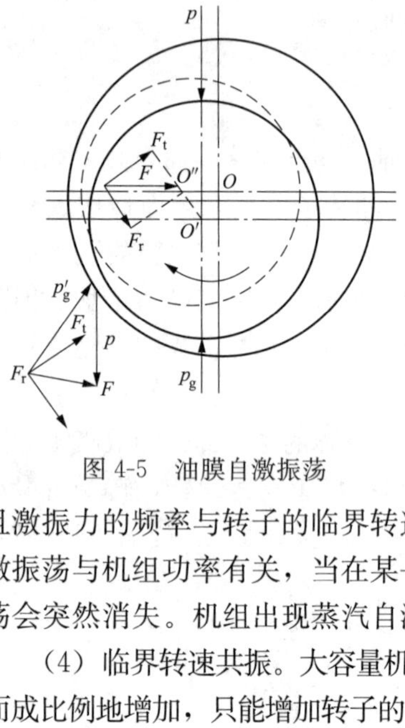

图 4-5 油膜自激振荡

(2) 油膜自激振荡（见图 4-5）。油膜自激振荡是由半速涡动产生的，涡动转速在较大范闱内不随转子转速上升而变化，其幅度也维持在共振状态时急剧增大的数值上，所以不能用升速的方法来消除油膜自激振荡，一般要通过改进轴承结构和油温、油压等运行参数方能解决。

(3) 蒸汽自激振荡。在运行中，汽轮机转子由于弯曲而和隔板套（静叶持环）中心不一致，造成叶片与隔板套之间的径向间隙不均匀，在叶轮上产生一个不平衡的周切向力，其方向与转子弯曲方向垂直，并有使转子沿旋转方向涡动的趋势。另外，转子由于弯曲在不停地甩转，当阻尼作用不足以消耗由于激振力作用所具有的激振能量，并且激振力的频率与转子的临界转速相一致时，就会发生共振，这就是蒸汽自激振荡。蒸汽自激振荡与机组功率有关，当在某一负荷发生蒸汽自激振荡时，把负荷减少到一定数值后，振荡会突然消失。机组出现蒸汽自激振荡后，只能减负荷运行，无法带满负荷。

(4) 临界转速共振。大容量机组转子直径由于受到锻造技术的限制，不能随单机容量的增加而成比例地增加，只能增加转子的长度，因此大容量机组转子的固有频率都比中小型机组低，相应的临界转速也低。另外，大容量机组转子数多，由高中压转子、低压转子、发电机转子、励磁机转子等组成，使得轴系临界转速分布复杂。所以，机组在升、降速过程中要越过多个转子临界转速和轴承座、基础框架等构件的共振转速。在启动过程中要尽量避开各临界转速，找到一个合适的定速暖机的转速。在出现故障需要保持转速时，注意不要停留在临界转速附近。

四、汽轮机运行调整

(1) 每小时抄表一次，按规范要求进行巡回检查，如在运行方式改变、加减负荷或设备存在缺陷时，需加强监视。

(2) 每个班次测量一次油管道附近热力管道表面温度不高于 50℃。

（3）机组启、停；交接班；负荷急剧变化；汽轮机声音变化时应对汽轮机进行听音检查。

（4）经常监视负荷，真空，主、再热蒸汽温度和压力，油系统各部件压力、温度，前置泵、凝结水泵、内冷水泵、开式水泵、闭式水泵、真空泵、密封油泵、小汽轮机主油泵电流的变化，凝结水压力、给水压力，凝汽器、除氧器、闭式水箱、主油箱等水位与油位的变化，氢压在正常范围内。对异常变化的参数进行分析并做记录，再热汽温应维持566℃左右，主蒸汽温度应控制在566℃左右。

（5）机组运行中要求轴承振动不超过30μm或轴振不超过76μm，超过时应设法消除。

（6）主油箱油位低至1808mm时，应及时启动油净化器或联系检修补油；净油箱油位低于300mm，小汽轮机油箱油位低至800mm，EH油箱油位低至500mm时，应及时联系加油，并查明油位降低的原因，予以消除，密封油箱自动补油不正常时应及时手动补油，并联系处理。

（7）加热器应保持正常水位运行，有L、H信号时应调整水位设定值及时消除报警，控制加热器疏水端差为6～11℃。若疏水端差为11～28℃，则疏水冷却段可能部分进汽，应及时调整水位。

（8）维持轴封母管压力在溢流状态0.021MPa（a）左右运行，低压缸与小汽轮机汽封不冒汽、不吸气。

（9）维持高、低压凝汽器之间的差压小于10.1kPa。

（10）正常运行时，维持空侧密封油与氢气差压在0.084MPa左右，当第一备用油源投入时该差压维持在0.056MPa左右，空氢侧密封油差压维持在±490Pa范围内。

（11）各水泵轴承振动值小于0.06mm，各轴承油温和金属温度在限额内，法兰有少量水滴出，排水畅通，电机线圈温度正常，油质良好，油量足够，冷却水畅通。

（12）开式水、密封油、主机润滑油、小汽轮机调节油、小汽轮机润滑油、凝结水泵进口、内冷水、前置泵进口、给水泵进口、闭式水泵进口、电动泵耦合器等滤网堵塞应及时清洗或联系清洗。

（13）抗燃油滤清器硅胶变成红色表明已经失效，应及时联系更换处理。

（14）按规定做好设备定期试验与轮换工作。

（15）及时进行凝汽器胶球清洗。

（16）机组配汽运行方式：本机组采用变压运行方式，即汽轮机调速汽门保持90%左右开度不变，通过调节改变锅炉压力来调节机组负荷。机组变负荷调峰可采用定-滑-定运行方式。负荷在30%以下或90% ECR以上采用定压运行；负荷在30%ECR～90%ECR时采用滑压运行。变负荷运行期间，推荐按以下调节方式运行：高负荷正常运行期间，负荷变动较大且频繁，应选用节流调节方式（即SIN模式），若机组长期稳定在低于额定负荷，应选择喷嘴调节方式，即SEQ模式。

（17）顺序阀运行。满足切换条件后，汽轮机单阀切换至顺序阀运行，阀切换完毕，应加强监视1、2瓦温度、振动不超限，应适当降低主蒸汽压力，尽量避免出现GV1开度小于20%的工况，负荷反馈退出时，应注意阀位手动参考值变化，如退出时阀位指令异常波动，应及时手动设定目标值，再按“进行”键。

【任务引导】

学习完相关知识后，需回答下列问题：

(1) 汽轮机主要运行监视参数都有哪些？各对机组有什么影响？

(2) 说出汽轮机振动的原因、影响因素及有效措施。

【任务实施】

(1) 课前学生自行观看在线开放课程，并完成网上自测。

(2) 查阅《仿真机组的运行规程》及参考任务流程表，以运行小组为单位填写“汽轮机运行参数的监视与调整”任务操作票，操作票由组长负责编写，指导教师负责检查和评分。

(3) 恢复火电机组仿真机初始条件为“机组满负荷”，确认机组运行状态，记录机组当前状态。

(4) 按照任务操作票，运行值班员具体操作，组长负责安全监护。

(5) 启动完成后，检查机组状态，记录主要参数，填写实训报告。

资源 4.2.1：拓展知识：真空泵巡检

【检查评估】

检查任务完成情况，检查评估表见表 4-5。

表 4-5　汽轮机运行参数的监视与调整任务检查评估表

评估内容	评价标准	评价人	权重	评分	总评
预习测试	课程平台自动评分	平台	10		
学习态度	出勤情况：迟到扣 2 分，缺勤扣 5 分	班委	5		
	课堂表现：积极发言，表达清晰、流利	教师	5		
任务实施	1. 工作计划				
	任务流程正确	小组成员	10		
	操作票里设备和阀门描述和操作正确	教师	10		
	2. 汽轮机运行参数监视				
	查阅运行规程，确定汽轮机主要运行参数的正常值和限值	小组成员	10		
	检查项正确，无遗漏	小组成员	10		
	3. 汽轮机调整				
	汽温、汽压监视	小组成员	5		
	真空、轴段监视与调整	小组成员	10		
	监视段压力监视	小组成员	5		
	汽轮机振动参数监视与调整	教师	10		
团队协作	与小组成员一起分工合作	小组成员	5		
学生自评	客观评价自己	自己	5		

注　主要操作界面及机组状态参数，以小组为单位截图保存，附在实训报告后。

【知识拓展 4.2-单元机组控制方式】（本项目末扫码获取）

任务三　发电机运行参数的监视与调整

【学习目标】

（1）能背诵发电机运行调整任务。

（2）能说出发电机主要运行参数，并分析其对发电机组的影响。

（3）能根据运行规程，在仿真机上对发电机运行进行监视和调整。

【任务描述】

汽轮发电机根据设计和制造所规定的条件长期连续工作，称为额定工况。这一工况下的电压、电流、出力、功率因数、冷却介质温度和压力等参数，称为发电机的额定参数。发电机在额定工作状态下能长期连续运行。本任务要求学生能对发电机主要运行参数的进行监视和调整。

本任务建议采用项目教学法组织教学，其实施过程参照教学实施过程表（表 1-1）。

【情景案例】

事故经过：某机组 2000 年 9 月 4 日起，发电机定子线棒层间温度 12 点在机组负荷 500MW 及以上时开始异常升高，与最低点温差由投运初期的 4℃逐渐增大至 7℃，9 月 6 日，机组负荷 600MW，层间温度 12 点（65℃）与层间温度 9 点（57℃）温差达 8℃；10 月 28 日，机组负荷 620MW，层间温度 12 点（70℃）与层间温度 29 点（60℃）温差达 10℃。查发电机定子线圈上层出水温度 12 点和下层出水温度 12 点变化趋势均无异常，发电机绝缘过热装置输出电流和射频监测仪输出也正常，无异常增大趋势。

事故原因：通过对各数据历史趋势分析对比，可能是定子 12 槽线棒冷却水回路不畅，引起线棒过热。定子每根线棒由矩形的空心和实心股线按照 1∶2 比例混合编织而成，空心股线中流过水介质来冷却。任一空心股线局部结垢、小颗粒堵塞、内壁存在小气泡等均会影响该线棒冷却水流量，线棒因冷却不良造成温度异常升高。线棒发热量与流过电流的平方成正比，在机组高负荷期间表现尤为显著。

由于发电机定子线棒层间温度 12 点随机组负荷缓慢升高且刚超过报警值，因此没有立即采取停机或降负荷措施。发电机保持进相运行，尽量减小定子电流，减轻定子线棒的发热量；调整定冷水流量，控制定冷水进水温度，增强对线棒的冷却效果。对定冷水回路反冲洗。利用机组春节停备机会，对发电机定子线棒水回路进行 48h 反冲洗，冲洗后的滤网上发现少量的絮状物，说明线棒水回路存在局部堵塞可能。从冲洗后的运行效果看，线棒层间 12 点温度异常升高现象已消除，与最低点温差已降至 4℃左右，进一步验证了线棒水回路存在局部堵塞的判断。

【知识导航】

一、发电机运行调整目标

（1）监视发电机电压、电流与机组负荷相匹配，励磁调节装置参数正常。

（2）监视发电机各部温度正常，无局部过热现象，进出水温、风温正常。
（3）检查发电机各部振动及声音正常，机壳内氢气压力、纯度、温度正常。
（4）检查发变组保护投入运行正常，指示灯指示正常。

二、发电机运行参数监视

同步发电机要想长期持续地发电就必须有一个平稳的、正常的工作状态，即保证发电机在规定的参数内长期运行，也就是按机组的出厂铭牌标定的参数运行，此时发电机的损耗小、效率高（见表4-6）。但由于电力系统的发、供、配合用电同时完成的特点，所以不可能所有网上运行的发电机每时每刻都能按额定的工况运行。故要求发电厂运行人员在机组正常运行及变工况时对发电机进行监视和必要的调整，以保证发电机的安全运行。

表4-6　某660MW超临界参数机组发电机系统运行参数及限额

名称		单位	正常值或范围	报警值		跳闸
				高限	低限	
发电机功率		MW	660	726		
发电机容量		MVA	733.33			
发电机电流		A	19 245			
发电机电压		kV	22	23.1	20.9	
周　波		Hz	50	52.5	47.5	
励磁电压	额定	V	425.8			
	空载		152			
励磁电流	额定	A	4663.7			
	空载		1786.3			
定子铁芯温度		℃		115		>120
定子线圈温度		℃				>120
转子线圈温度		℃		110		115
集电环温度		℃				>120
定子进水温度		℃	45	50	40	
定子出水温度		℃	≤64	≥74		≥78
定子线棒层间温差		℃				>12
同层线棒出水温差		℃				>12
定子冷却水压力		MPa	0.1～0.2	0.3		
定子水流量		t/h	96		≤76	≤64 延时 30s 跳机
氢气与定子冷却水差压		MPa	0.084		0.04	
发电机密封油与氢气差压		MPa	0.056			
定子冷却水导电度		μS/cm	≤0.3	1.5		≥9.9
定子冷却水 pH 值			7～8			
氢气纯度		%	≥98		95	

续表

名称	单位	正常值或范围	报警值		跳闸
			高限	低限	
氢气湿度（机内）	g/m^3	≤2			
氢 压	MPa	0.45	0.45		
氢冷器冷却水压	MPa	0.2～0.3			
冷氢温度	℃	42	48	35	
热氢温度	℃	≤65			
氢气露点	℃	−14～−2.5			
氢冷器进口水温	℃		38		
氢冷器出口水温	℃	≤48			

三、发电机正常运行的监视与调整

正常运行的发电机，其各参数应保持在额定值允许的范围内运行，当参数偏离额定值时，应及时调整，使发电机保持在合理的运行工况。当参数发生变化时，必须遵循下列原则：

（1）发电机定子电压允许在额定值的±5%范围内变动，若发电机各部位温度均未超限，此时发电机的出力可保持不变。发电机仍可以在额定容量、额定频率及功率因数下运行。正常运行时应严格按照调度下达的无功曲线或电压曲线运行。

（2）发电机定子电流在额定参数下连续运行，不平衡电流应小于8%的额定电流，短时负序电流须满足 $t\leqslant10s$ 的要求。

（3）发电机功率因数的监视。正常情况下，应根据系统的需要尽可能提高或降低功率因数运行，当发电机在自动励磁方式下运行且低励限制可靠投入，发电机可以进相运行。发电机进相运行与否以及进相深度，则由调度命令或系统母线电压决定；发电机的功率因数应在额定值范围内，发电机定子、转子电流、电压不得超过当时的进风温度下所允许的数值。

（4）发电机频率。发电机运行期间频率的变化范围为（50±0.5）Hz，能保证发电机在额定出力下运行。正常运行时频率波动范围不得超过±0.2Hz。当功率因数为额定值，电压变化范围不超过±5%和频率变化范围不超过±2%时，发电机允许连续输出额定功率。在电压变化±5%和频率变化−5%～+3%时发电机也允许输出额定功率，但每年不超过10次，每次不超过8h。

（5）发电机负荷不平衡时的监视。发电机在持续稳定三相不平衡负荷下运行时，其负序电流不得超过额定值的8%，且任何一相电流均不得大于额定值。

（6）发电机温度（见表4-7）。

（7）冷却介质运行参数监视。

1）发电机正常工作时进风温度保持在40～48℃，最低不低于40℃，最高不超过50℃。当进风温度超过额定值时，如果定子绕组、转子绕组及定子铁芯的温度，经过试验未超过其绝缘允许的温度，可以不降低发电机的容量。但当这些温度超过允许值时，则应减少定子和转子电流，直到允许温度以内。

表 4-7　　　　发电机冷却系统监视项目

序号	监视项	标准
1	定子绕组进水温度	45～50℃（大于 53 或小于 42 报警）
2	定子绕组及出线出水温度	≤85℃
3	冷氢温度	40～48℃
4	热氢温度	45～80℃（随负荷变化）
5	氢气冷却器进水温度	≤35℃
6	定子铁芯允许最高温度	≤120℃
7	转子绕组温度	≤110℃

2）发电机额定氢压为 0.4MPa，最高允许氢压为 0.44MPa，最低允许氢压为 0.38MPa。发电机共 4 组氢冷器，退出一组冷却器时发电机允许出力为 480MW（80％额定出力），此时应监视各部温度不超过允许值。

3）当氢压降低时，应降低发电机容量。

4）定子线棒层间最高与平均温度间的温差不大于 10℃，定子线棒引水管出水温差不大于 8℃。

5）当发电机降氢压运行时，定子冷却水压力和氢气冷水压力均不得超过氢压。

6）定子绕组的内冷水温应高于发电机的进风温度（冷风温度）2℃以上，以防止定子绕组结露。

(8）发电机内氢气纯度按容积应在 95％以上，气体混合物含氧量不得超过 1.2％。

(9）发电机内氢气在运行氢压下的允许湿度的高限：发电机内最低温度为 5℃，湿度高限限值为露点温度－5℃；发电机内最低温度不低于 10℃，湿度高限为露点温度 0℃。允许湿度的低限为露点温度－25℃。

(10）进入发电机的内冷水水质应透明纯净，无机械混杂物，同时符合表 4-8 的要求（水温为 25℃时）。

表 4-8　　　　发电机内冷水水质要求

序号	监视项	标准
1	电导率	<1.5μS/cm（定子绕组独立水系统）
2	pH 值	7.0～9.0
3	硬度	≤2μmol/L
4	含铜量	<20μg/L

注　水中杂质不得含有如联氨、吗啉、磷酸盐等化学物质。

(11）发电机降低功率因数运行时，转子励磁电流不应超过额定值；功率因数升高时，发电机有功出力由汽轮机功率限定，此时定子电流不应超过额定值。

【任务引导】

学习完相关知识后，需回答下列问题：

(1）发电机都有哪些主要的运行参数？

（2）发电机温度异常的检查项目都有哪些？

【任务实施】

（1）课前学生自行观看在线开放课程，并完成网上自测。

（2）查阅《仿真机组的运行规程》及参考任务流程表，以运行小组为单位填写“发电机运行参数的监视与调整”任务操作票，进行运行参数和“发电机温度异常”任务监视与调整任务，操作票由组长负责编写，指导教师负责检查和评分。

（3）恢复火电机组仿真机初始条件为“机组满负荷”，确认机组运行状态，记录机组当前状态。

（4）按照任务操作票，运行值班员具体操作，组长负责安全监护。

（5）启动完成后，检查机组状态，记录主要参数，填写实训报告。

资源 4.3.1：拓展知识：发电机巡检

【检查评估】

检查任务完成情况，检查评估表见表 4-9。

表 4-9　发电机运行参数的监视与调整检查评估表

评估内容	评价标准	评价人	权重	评分	总评
预习测试	课程平台自动评分	平台	10		
学习态度	出勤情况：迟到扣 2 分，缺勤扣 5 分	班委	5		
	课堂表现：积极发言，表达清晰、流利	教师	5		
任务实施	1. 工作计划				
	任务流程正确	小组成员	10		
	操作票里设备和阀门描述和操作正确	教师	10		
	2. 发电机主要运行参数监视				
	查阅运行规程，确定发电机运行参数规定范围	小组成员	10		
	检查项正确，无遗漏	小组成员	10		
	3. 发电机温度异常				
	检查判断异常	小组成员	10		
	分析异常现象的原因，定冷水系统异常	小组成员	10		
	正确操作，恢复设备状态	教师	10		
团队协作	与小组成员一起分工合作	小组成员	5		
学生自评	客观评价自己	自己	5		

注　主要操作界面及机组状态参数，以小组为单位截图保存，附在实训报告后。

【知识拓展 4.3-发电机温度异常】（本项目末扫码获取）

任务四　单元机组调峰运行

【学习目标】

（1）能背诵机组调峰的背景及意义。

（2）能说出单元机组调峰运行有哪些方式，并分析其优缺点。

（3）能根据要求，在仿真机上完成升、降负荷的操作。

【任务描述】

由于电能不能储存，而电力系统中的用电负荷又是经常发生变化的，为了维持有功功率平衡，保持系统频率稳定，需要发电部门相应改变发电机的功率以适应用电负荷的变化，叫做调峰。本节任务是在机组处于某一负荷稳定运行的基础上，根据负荷指令进行升、降负荷操作，并确保机组安全运行，同时尽可能提高机组运行的经济性。

本任务建议采用项目教学法组织教学，其实施过程参照教学实施过程表（表 1-1）。

【情景案例】

事故经过：2007 年 4 月，某企业 1 台 XX65-3.82/450-YQT 燃气锅炉运行异常，紧急停炉。检查后发现有 2 根悬吊管已经爆管，喷出大量的汽水混合物甚至将旁边的低温过热器管吹漏。经内窥镜检查，管子内壁以胀粗点为界，下部呈砖红色，上部呈现淡蓝色。三通上下焊口内表面未见焊缝余高偏高造成流通截面积缩小等异常现象，管内部未见大块异物；检查胀粗、爆管的管子内、外表面，分布有纵向的细微裂纹，破口为钝边，未见短期过热的尖锐鱼嘴状破口；检查与之相邻的低过和对流管束，除与泄漏的悬吊管相邻的个别低过管被吹漏外，其余管子未见过热、胀粗变形等异常现象；使用单位对锅炉房管理比较严格，未见超压运行的记载。值得注意的是，该厂于 2006 年扩大产能，新装 1 台 100t/h 余热锅炉，该 65t/h 锅炉的出力经常维持在 30～40t/h，负荷最低时甚至到 24～28t/h。

事故原因：从该锅炉结构来说，后水管存在 1 个三通，假设两边管子由于某种原因（低负荷运行、火焰中心位置下移等）使吸热量发生变化，就会使锅炉的水循环发生故障，这是事故发生的内因。当锅炉负荷偏低时，悬吊管的吸热量明显减少而后水管吸热量基本不变，这样在悬吊管中出现了自由水面，管子失去了水的保护，同时水面以上部位管壁积盐，造成管壁超温。由于负荷的频繁变动，使得胀粗点管壁的温度忽高忽低，造成管壁超温疲劳失效，这是事故发生的外因。

【知识导航】

一、机组调峰原则

随着我国电力工业的发展，风电、光伏等新能源装机规模不断增加，各大电网的容量不断增大，电网的峰谷差日益增大，原来承担调峰任务的中、小火电机组已逐步退出运行，调峰能力较强的抽水蓄能电站目前投产的很少，水电机组调峰又受到汛期及蓄水量的影响，不能满足电网调峰的要求，因此大容量火电机组参与调峰已势在必行。

调峰运行的主要原则：①电网高峰负荷期间，最大限度挖掘潜力，多带负荷；②电网低谷负荷期间，尽可能降低负荷稳定运行；③升降负荷时，确定合理的负荷变化率。

二、机组调峰运行方式

由于我国各大电网的组成结构一般都是以燃煤火电机组为主。从调峰的现状来看，大型火电机组参加调峰主要采用四种方式：滑压运行、两班制运行、少汽无负荷运行和低速旋转热备用运行（见表 4-10）。

表 4-10　单元机组调峰方式

序号	调峰方式	调峰操作	优缺点
1	滑压运行	维持主汽门全开，调节汽门全开或固定在某一适当开度，蒸汽压力随负荷的变化而变化，主蒸汽温度和再热蒸汽温度不变	优点：蒸汽温度变化小，改善机组热应力和热变形，低负荷保持较高热效率。 缺点：负荷响应慢
2	两班制运行	机组根据电网日负荷曲线的分配规律，白天正常运行，夜间电网负荷低谷时停机 6～8h，次日白天热态启动，机组重新并网	优点：可调出力大，夜间监护简单。 缺点：运行操作复杂，主、辅机启停频繁影响设备的寿命
3	少汽无负荷运行	在夜间电网低谷时间将机组减负荷到零，但不从电网解列，保持并列运行，发电机从电网中吸收部分电力，用以驱动转子空转；同时，为带走由于汽轮机叶轮因鼓风摩擦产生的热量，应不断向汽轮机供给少量低参数的冷却蒸汽。到次日白天电网负荷回升后，再接带负荷，转为发电机方式运行	优点：可在整个负荷范围内调峰，而且可以省去启停操作，缩短带负荷时间，转子寿命损耗率也小。 缺点：但这种方式技术要求高，具体实现时存在一定的困难
4	低速旋转热备用运行	在减负荷至零后同电网解列，并向汽轮机中通入少量低参数蒸汽，使汽轮机在低于第一临界转速的低速状态下运转，此时转速为 300～800r/min	优点：金属处于较高的温度水平，带负荷速度快，操作简单。 缺点：低速运行稳定性差

三、滑压运行

对比集中调峰方式，目前大型单元机组普遍采用滑压运行调峰，根据滑压范围的不同又可将滑压运行分为以下几种。

（1）纯滑压运行。在整个负荷变化范围内，调节阀保持全开，单纯依靠调节锅炉来调节负荷的运行方式。该方式由于无节流损失，高压缸可获得最佳效率和最小热应力，给水泵耗电也最小。但这种方式由于锅炉的调节迟延大，对负荷响应能力较差，不能满足电网一次调频的要求。

（2）节流滑压运行。正常情况下，调节阀不全开，对主蒸汽保持一定的节流（5%～15%），负荷降低时进入滑压运行，负荷突然上升时可以立即全开调节阀，利用锅炉的储热量来暂时满足负荷增加的需要，待锅炉出力增加，汽压升高后，调节阀恢复到原位，再滑压运行。这种运行方式能快速响应外界负荷的变化，但在正常运行时会产生节流损失，降低了机组经济性。

（3）复合滑压运行。在整个负荷范围内分三阶段进行，在高负荷区（85%～100%额定负荷）保持定压运行，用增、减燃料的数量来调节负荷；在中间负荷区（30%～85%额定负荷）全开部分调节阀进行滑压运行；在低负荷区（30%额定负荷以下）恢复定压运行。这种方式使汽轮机在全负荷范围内保持较高的效率，同时具有较高的负荷适应能力，因此这种运行方式应用较为广泛。

负荷调整时，相对于定压运行，单元机组采用滑压运行的优点：①滑压运行时，保持进汽温度基本不变，在相同的变负荷速度下，转子和汽缸的温度变化小，其热应力和转子的相对胀差变化较小，可以加快负荷变化速度，提高汽轮机对外负荷变化的适应性。②滑压运行时，锅炉受热面和主蒸汽管道内的压力下降，其应力降低，可以延长机组使用寿命，提高其可靠性。并且由于滑压运行时汽轮机末级蒸汽湿度的减少，减轻对叶片的冲蚀，延长了末级叶片的使用寿命。③低负荷时滑压运行可以使机组保持较高的热效率。滑压运行时主蒸汽压力随负荷的减小而下降，而主蒸汽温度不变，使进入汽轮机的容积流量也基本不变，改善了高压缸汽流的流动情况，在负荷变化时，速比、焓降基本保持不变。同时汽轮机调门保持全开或部分全开，减少了节流损失，并且，滑压运行时蒸汽压力减小，降低了湿汽损失。所以滑压运行与定压运行相比，在低负荷时有较高的热效率。

但是机组采用滑压运行也存在一些问题：①主蒸汽压力降低时机组的循环热效率会降低，对于亚临界压力机组，在高负荷区汽轮机内效率的提高不足以弥补循环热效率降低对经济性的影响。②负荷变动时，汽包内压力和温度随着变化，汽包的应力问题比定压运行时严重，成为限制汽包锅炉负荷变动速度的主要因素。③超超临界压力直流锅炉在整个滑压运行过程中，蒸发点的变化使水冷壁金属温度发生变化，容易引起疲劳破坏。此外，在临界压力以下运行时，水冷壁管内会产生两相流动，易使水冷壁因膜态沸腾而导致管壁超温。④采用滑压运行时，若汽轮机的调节阀在整个负荷变化范围内均处于全开状态，完全要靠锅炉调节燃烧来适应负荷变化，存在负荷调节滞后的问题。因此采用该运行方式时，汽轮机的调节阀在整个负荷变化范围内，要保持一两个调节阀处于关闭或部分开启状态，以便机、炉实行协调控制。

【任务引导】

学习完相关知识后，需回答下列问题：

（1）什么是复合滑压运行？都有什么优缺点？

（2）机组低负荷运行都有哪些注意事项？

【任务实施】

（1）课前学生自行观看在线开放课程，并完成网上自测。

（2）查阅《仿真机组的运行规程》及参考任务流程表，以运行小组为单位填写“机组调峰运行”任务操作票，操作票由组长负责编写，指导教师负责检查和评分。

（3）恢复火电机组仿真机初始条件为“机组满负荷”，确认机组运行状态，记录机组当前状态。

（4）按照任务操作票，运行值班员具体操作，组长负责安全监护。

（5）启动完成后，检查机组状态，记录主要参数，填写实训报告表。

资源 4.4.1：机组负荷调节

【检查评估】

检查任务完成情况，检查评估表见表 4-11。

表 4-11　机组调峰运行检查评估表

评估内容	评价标准	评价人	权重	评分	总评
预习测试	课程平台自动评分	平台	10		
学习态度	出勤情况：迟到扣 2 分，缺勤扣 5 分	班委	5		
	课堂表现：积极发言，表达清晰、流利	教师	5		
任务实施	1. 工作计划				
	任务流程正确	小组成员	10		
	操作票里设备和阀门描述和操作正确	教师	10		
	2. 低负荷运行				
	检查机组运行状态	小组成员	10		
	能在低负荷状态长期稳定经济运行	小组成员	10		
	3. 机组调峰				
	根据要求，快速降负荷操作	小组成员	15		
	根据要求，快速升负荷操作	教师	15		
团队协作	与小组成员一起分工合作	小组成员	5		
学生自评	客观评价自己	自己	5		

注　主要操作界面及机组状态参数，以小组为单位截图保存，附在实训报告后。

【知识拓展 4.4-机组正常运行中负荷的调整】（本项目末扫码获取）

拓展资源 _ 项目四

项目五　机组停运及维护

任务一　滑参数停机

【学习目标】

（1）能识读滑参数停机曲线，能说出停运过程中各阶段降温、降压的要求。
（2）能说出停炉保养的方法和要求。
（3）正确完成机组滑参数停运的操作，及时处理停机过程中出现的各种问题。

【任务描述】

滑参数停机是指在停机过程中，在汽轮机进汽调节阀保持全开或开度不变的情况下，调整锅炉燃烧，使新汽压力和温度逐渐降低，将机组负荷逐渐减小到零。

本节任务是按照机组检修计划，在仿真机上模拟机组滑参数停机过程，并严格控制各阶段的降温、降压速率，保证机组设备安全。

本任务建议采用项目教学法组织教学，其实施过程参照教学实施过程表（表 1-1）。

【情景案例】

事故经过：2015 年 12 月 31 日，某电厂计划在 13∶30 后由部门清扫小组负责人带领劳务派遣人员进行清理＃71 皮带机尾部地面积煤工作。13∶20，清扫小组负责人许某安排孙某拆除皮带导煤槽的挡煤胶皮，以便清扫时将地面的积煤铲至皮带尾部，皮带运行时可以将积煤带走。13∶25，工作监护人许某带着另外 5 人从班组出发前往工作地点，孙某行走较快，较工作组其他人员提前约 3min 率先抵达转运站。13∶35，其他人员达到转运站，众人发现皮带机尾部地上落有一顶安全帽，随后发现导煤槽支架上卡着孙某的身体（已死亡），立即拉动皮带紧急停机拉线开关，停止皮带机运行。有关人员立即逐级汇报，并保护事故现场，公司迅速启动应急处置工作。

针对事故现场没有目击者、事故现场无监控画面、不能直接还原发生事故过程的特殊情况，经专家推断：死者孙某提前来到转运站，此时＃72 皮带机尚未运行。本来要拆除＃71 皮带机导煤槽挡煤胶皮，却走错位置至＃72 皮带，脚踩皮带下部的支架，从防护栏杆横杆中去拆除挡煤的胶皮。拆除过程中，即使听到安装在皮带机头部的警铃，也无法辨别哪条皮带启动，安装在皮带机中部闪光报警灯被落煤管遮挡，孙某未能看到闪光报警灯。孙某将拆除的挡煤胶皮扔到台阶准备下来时，此时＃72 皮带机启动运行，孙某身体某处被皮带牵拉，倒向皮带，防护栏杆掉落，孙某被皮带卷入、挤压致死。

直接原因：作业人员走错工作位置，违章拆除＃72 皮带机导煤槽挡煤胶皮时，被突然启动的皮带卷入挤压死亡。

间接原因：一是落煤清扫违反本单位应拉至煤场的规定，怕麻烦、图省事，违章将落煤铲至皮带上；二是清扫落煤作业时未执行工作票，未能按工作票履行工作许可手续，工作许可人和工作监护人未能按工作票要求审查和补充完善安全措施、危险点和安全注意事项，安全防范措施落实不到位，未能真正落实工作监护责任；三是监控装置未能覆盖重点部位，运行人员虽在上煤前检查了整个输煤系统，但无法做到皮带启动前切换监控画面，检查发现有人在皮带上工作的安全风险；四是安全监护不到位，工作监护人未能与作业人员同时来到作业现场，责任心不强，未能真正起到安全监护作用；五是隐患排查治理不彻底，现场发现部分皮带两侧插入式活动防护栏杆固定不牢，皮带启动时警铃和闪光报警灯未能起到明确的提示作用，失去有效的人身防护作用；六是安全教育培训工作不到位，人员安全意识薄弱、自我保护能力差，未能在突发情况下采取人身防范措施；七是未认真做到“两交清”工作，工作监护人在安排工作时交代安全注意事项不具体，无针对性。

【知识导航】

一、机组滑参数停运

机组滑参数停运是指本体有停机检修项目，需要对汽轮机及相关的管道进行冷却，缩短开工检修时间进行的停机。

滑参数停运时，汽轮机方面渐开各高压调节汽门至接近全开，锅炉方面通过减少锅炉燃料量和风量以及调节减温水量进行降温、降压，随着燃料量的减少，蒸汽温度、蒸汽压力逐渐下降，负荷逐渐下降，但要注意控制下列主要参数的变化符合规定：

（1）过热蒸汽、再热蒸汽过热度大于50℃，防止蒸汽带水，引起汽轮机水冲击事故。

（2）主蒸汽压力变化率小于0.1MPa/min。

（3）主蒸汽、再热蒸汽温度变化率小于1.5℃/min。

二、典型停机曲线

图5-1所示为某600MW超临界压力机组滑参数停机曲线。由图可见，在整个停机过程中各阶段采用了不同的蒸汽温度和蒸汽压力下降速度，在高负荷阶段，蒸汽温度下降速度较快；在低负荷阶段，蒸汽温度下降速度较缓慢一些，这符合汽轮机冷却和热应力变化的要求。

三、滑参数停机过程

（一）停运前的准备

（1）值长接到停机命令并明确停机的原因、时间、方式后，应通知各相关部门及各岗位做好停机前的准备及工作安排，并及时汇报调度。

（2）通知各岗位值班人员对所属设备、系统进行一次全面检查，将所发现的设备缺陷详细记录。做好辅汽、轴封及除氧器汽源的切换准备。

（3）停炉五天之内，据总工安排煤仓是否烧空，停炉15天以上，应烧空全部煤仓，提前通知煤控值班人员，合理控制各煤仓煤位。

（4）若采用给水加氨加氧处理，机组停运前25h，通知化学改为加氨加联胺处理。对燃油系统全面检查确认系统良好备用，油库油量充足。

（5）将空预器吹灰汽源切至辅汽，对锅炉各受热面（包括空预器）进行一次全面吹灰。

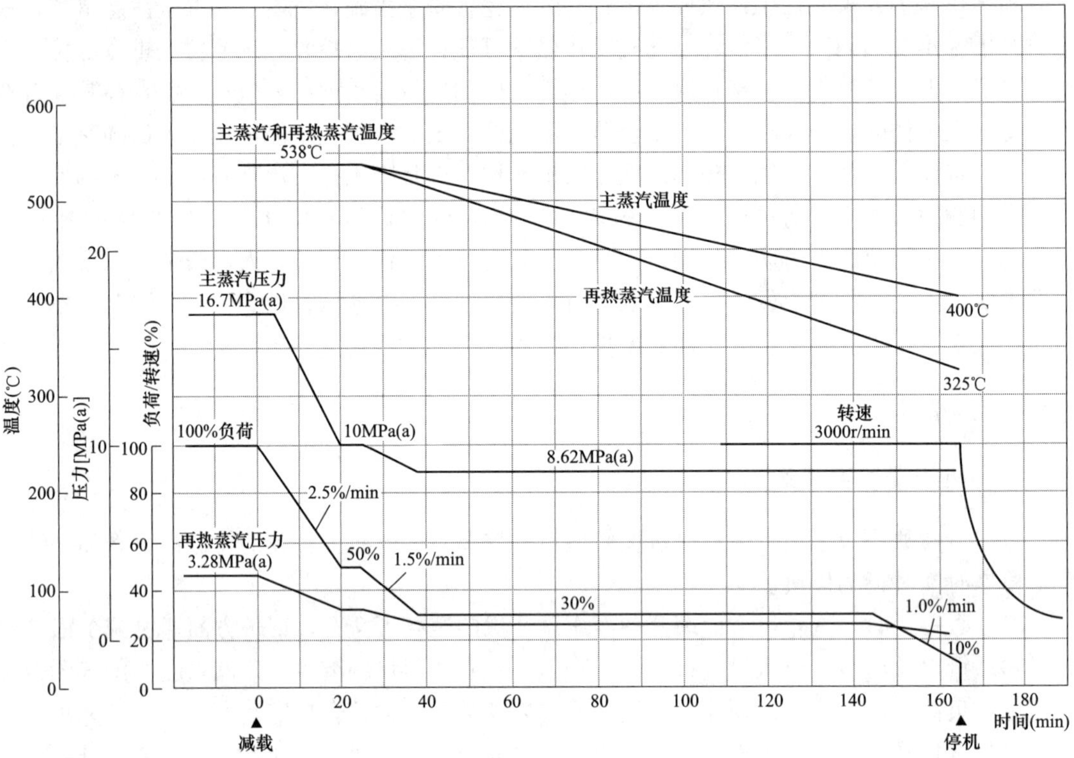

图 5-1 某 600MW 超临界压力机组滑参数停运曲线

（6）停机前，试开 TOP、EOP、MSP、JOP 及小机交、直流润滑油泵，就地点动盘车电机。

（7）检查确认机组各自动控制装置“自动调节”正常。

（8）按照停机记录表全面抄表。

（二）停运规定

严格监视主蒸汽温度至少有 56℃的过热度，控制主蒸汽温降率小于 1.5℃/min、金属降温率小于 1.5℃/min、再热汽温温降率小于 2.5℃/min，控制蒸汽与金属温差在限额内，转子应力控制在允许范围，若主蒸汽过热度小于 56℃，应立即打闸停机。滑停过程中，再热蒸汽温度的下降速度应尽量跟上主蒸汽温度的下降速度，且主、再热汽温不应有突变现象。主、再热蒸汽的温度偏差应满足主、再热蒸汽温度偏差曲线的要求。

严格监视机组振动、轴向位移、推力瓦温度、胀差等正常，当达到报警值时，应停止滑停，调整参数正常。监视高、低压轴封母管压力、温度正常。监视凝汽器真空，低压缸排汽温度正常。在汽轮机降负荷过程中，注意高、中压调门无卡涩现象，注意除氧器、凝汽器及加热器水位正常。各加热器随机滑停。停用磨煤机的原则是从上到下逐台停用，注意及时投油枪以满足煤粉点火能量，并加强炉内燃烧工况的监视，给煤机停用前应将其皮带走空。降负荷过程中，应注意锅炉干湿态工况的变化，当锅炉在湿态运行时，加强对储水箱水位及给水流量的监视，注意检查炉水循环泵运行情况。降负荷过程中，应注意维持省煤器进口流量不小于 645t/h。

（三）停运主要操作（以某 600MW 机组为例）

（1）机组负荷 600～540MW，采用定压运行方式减负荷。在主控画面上设定目标负荷为 540MW，设定负荷变化率不高于 15MW/min，缓慢减少锅炉燃烧率，机组负荷随主蒸汽压力的降低而减少。

（2）机组负荷 540～300MW，采用滑压运行方式减负荷。减负荷过程中设定机组负荷变化率不高于 15MW/min，主汽压力变化率低于 0.446MPa/min；根据机组减负荷要求，停用制粉系统，停运时原则上按自上而下的顺序停运（若原煤仓烧空，需就地确认）。

（3）负荷 480MW，根据情况做真空严密性试验。减负荷过程中注意轴封汽源切换正常；当主汽压力小于 16MPa 时，检查储水箱小流量阀在自动位；当负荷降至 300MW 时，检查各系统运行参数、确认自动控制正常。

（4）机组负荷 300～210MW，逐步降温降压减负荷。减负荷过程中注意控制机组负荷变化率：主机无检修工作时负荷变化率低于 9MW/min；主机有检修工作时负荷变化率低于 3MW/min。控制主汽压力变化率小于 0.1MPa/min，主汽温降小于 1.5℃/min，再热汽温降小于 2.5℃/min；负荷至 240MW，空预器投连续吹灰，将空预器 LCS 系统提升至最大位。

负荷减至 240MW 左右时，启动电泵并入给水系统，将一台汽泵退出运行；注意监视锅炉储水箱的水位，当水位达到 2350mm 以上时，启动炉水循环泵确认运行正常，其过冷水调节阀、再循环调节阀动作正常；根据需要，投入高、低压旁路系统暖管，将旁路处于手动热备用状态。

负荷降至 240MW 时将辅汽切至邻炉供；机组负荷降至 240MW 以下，根据锅炉燃烧情况，投运部分油枪进行助燃，投油枪前通知灰控停运脱硫系统，确认脱硫系统旁路挡板开启正常，逐步停用电除尘电场；当负荷降至 210MW 时检查各系统运行参数、自动控制正常，关轴封回四抽汽电动门。

（5）机组负荷 210～60MW，逐步降温降压减负荷。减负荷过程中控制机组负荷变化率：机组正常停运时，机组在 210MW 停留 20min，减负荷时控制负荷变化率低于 4.8MW/min；主机有检修工作时，机组负荷在 210～150MW 时负荷变化率小于 1MW/min，并在 150MW 负荷时停留 120min，对汽缸充分冷却。150MW 以下时控制负荷变化率小于 3MW/min。

机组负荷降至 180MW，检查确认低压疏水门自动打开；五段抽汽止回阀前疏水阀；六段抽汽止回阀前疏水阀。负荷降至 150MW 时，将第二台汽泵撤出给水系统；将厂用电切至启备变供。机组负荷降至 120MW，检查确认中压疏水门自动打开。负荷 120MW，除氧器汽源由四抽切至辅汽；减负荷过程中注意调整省煤器进口流量大于 645t/h，注意加热器的水位变化。

机组负荷 90MW 时，检查汽轮机低压缸喷水自动投入，并维持低压缸排汽温度不大于 52℃；负荷降至 60MW，检查确认高压疏水门自动打开；负荷 60MW，确认锅炉最后一组制粉系统燃烧正常，逐步减少给煤量，停运最后一组制粉系统。磨煤机全部停用后，停用两台一次风机和密封风机；最后一台制粉系统停运后，应立即停用减温水，关闭过、再热汽减温水电动门；监视汽轮机缸温、胀差、缸胀、轴向位移、振动位移的变化，如超过极限值，应立即打闸停机。

（6）发电机解列及相关操作。发电机解列是发电机组并列的反向操作，一般在发电机和电力系统其他部分之间、系统的一部分和系统其他部分之间失去同步并无法恢复同步时，将它们之间的电联系切断，分解成相互独立、互不联系的部分，以防止事故扩大造成严重后果。简单来说，就是将并网运行的发电机组脱离发电网，发电机解列时，应将发电网所带负载卸载或降至最低，以避免解列后的发电机由于突然甩负荷产生过电压，引起发电机故障。主要步骤如下：

1）检查机组负荷减到零，无功负荷接近于零。

2）启动主机交流润滑油泵和氢密封油备用泵，检查运行正常，接到值长打闸命令后，应核对功率表显示，调节级后压力与调节门开度位置对应关系是否正确，确认负荷已经小于零，汽轮机打闸停机。正常情况，严禁机组带负荷解列。

3）检查发电机解列灭磁，汽轮机转速下降，高、中压主汽门、调速汽门关闭，抽汽电动门、止回阀及高压缸排汽均关闭，高压缸排汽通风阀开启。

4）拉开发电机出口隔离开关。

5）断开发电机出口断路器、隔离开关的控制电源及动力电源。

6）接到值长命令后，将发电机转冷备用。

7）发电机解列应遵守下列规定：①除紧急停机外，解列发电机必须有值长的命令方可进行；②正常情况时，应由汽轮机打闸并通过热工保护来跳开发电机出口开关；③发电机解列灭磁时，应通过各电流电压指示来确定开关确在断开位置。

（7）停炉。锅炉的停运是指切断锅炉燃料、停止向外供汽，并逐步降压冷却的过程，又区分为正常停运和故障停运。由于外界负荷需求减少，将正常运行的锅炉停下来作为热备用、冷备用或按预定计划的检修，均为正常停运。故障停运是指电网突发事故或设备发生严重缺陷时的被迫停运。对单元机组，停炉和停机同时进行，锅炉的停运方式与汽轮机的停运密切相关。主要步骤如下：

1）依次停止各启动油枪和点火油枪运行。

2）锅炉 MFT 后，检查 MFT 自动动作正常，开启再热器系统各疏水门。

3）维持炉膛风量在 30%以上，对炉膛进行不少于 10min 的通风吹扫。

4）吹扫结束后，根据需要停运送、引风机，关闭各风、烟挡板。

5）锅炉储水罐上水至高位后，停运电动给水泵。

6）根据需要关闭有关的加药、取样门。

7）退出空气预热器密封装置运行。

8）启动分离器压力降到 0.6～0.8MPa 时，开启水冷壁及过热器系统各疏水门带压放水。

9）启动分离器压力降到 0.3MPa 时，开启过热器系统各空气门。

10）停炉 6～8h 后，视情况可开启烟道挡板进行自然通风冷却。

11）当炉膛出口温度降至 150℃以下时，可停运火检冷却风机。

12）空气预热器入口烟温下降至 150℃，停运空气预热器。

（8）汽轮机惰走。在停机时，主汽阀、高压调节阀和中压联合汽阀全部关闭，汽轮机停止进汽，转子在自身惯性的作用下继续转动的过程，称之为转子惰走。

汽轮机转子惰走过程中，一方面，由于汽轮机转子叶片的鼓风摩擦作用，将转子的一部分旋转机械能转换为热能，体现为转子受热伸长；另一方面，由于轴承和主油泵等机械阻力的作用使得汽轮机转子转速逐渐下降，主油泵出口油压随之降低。当转速低于一定值时，电动辅助油泵应自动启动，否则可手动启动。以确保轴承润滑油压力正常。主要步骤如下：

1）汽轮机打闸后，严密监视各部轴承油温和油压、振动、低压胀差的变化，机组发生强烈振动时，应破坏真空降速。

2）检查汽缸各疏水门状态正常，疏水扩容器减温水开启；疏水扩容器温度正常。

3）停用主机 EH 油系统。

4）停运密封油备用泵。

5）转速下降至 2600r/min，检查低压缸排汽温度应正常。

6）高、低旁及 361 阀关闭后，停止真空泵运行。

7）转速降至 600r/min，检查顶轴油泵联启，顶轴油压力在 10～12MPa 之间，检查盘车喷油电磁阀开启，喷油压力正常。

8）检查主蒸汽管道疏水门关闭，转速降至 300r/min，开启真空破坏门。

9）转速至零，盘车装置啮合正常后，投入盘车，就地检查机组动静部分声音正常，记录惰走时间、转子偏心及晃动度、盘车电流及摆动值，当盘车电流大并伴有异音时应查明原因，及时汇报处理。

10）真空到零，退轴封。

11）开启再热器疏水门，再热器降压。

12）检查确认辅助蒸汽无用户，退出辅助蒸汽联箱运行。

13）调整冷油器出水门，维持润滑油温在规定值。

14）发电机相关操作：①根据发电机进水温度，关小或关闭内冷水冷却器冷却水出水门，根据情况停用内冷水泵；机组停机 8h 后，开始内冷水反冲洗，反冲洗应正、反交替进行，冲洗是否合格以化学监督为准；②降低内冷水压力至 0.2MPa，发电机氢气压力排放至 0.22MPa；③退出氢冷器冷却水，防止氢温过低引起发电机结露。

15）当排汽温度小于 50℃时，关闭凝汽器循环水出水门，根据循环水母管压力可停用一台循环泵，确认下列条件满足，停运凝结水泵：①低压缸排汽温度及汽轮机疏水扩容器不喷水时，温度小于 40℃，确认无汽水进入凝汽器；②给水泵盘车已经退出，凝结水系统的用户已停用。

16）检查闭式和凝补水各用户已经无须供水，停止闭式水系统和凝结水补水系统运行。

17）当高压缸内上壁调节级处金属温度小于 150℃时，检查机组偏心及晃动度正常，停止主机盘车及顶轴油泵，当高压缸内上壁调节级处金属温度小于 140℃，停止主机油循环。

18）停机后做好重点参数监视及记录，直至机组下次热态启动或高压内缸内上壁温度小于 150℃为止，并采取可靠隔离措施，防止汽轮机进入冷汽、冷水。

【任务引导】

学习完相关知识后，需回答下列问题。

（1）什么是滑参数停运？有什么注意事项？

（2）简述滑参数停运主要步骤及流程。

【任务实施】

（1）课前学生自行观看在线开放课程，并完成网上自测。

（2）查阅《仿真机组的运行规程》及参考任务流程表，以运行小组为单位填写“机组滑参数停机”任务操作票，操作票由组长负责编写，指导教师负责检查和评分。

（3）恢复火电机组仿真机初始条件为“机组满负荷”，确认机组运行状态，记录机组当前状态。

（4）按照任务操作票，运行值班员具体操作，组长负责安全监护。

（5）启动完成后，检查机组状态，记录主要参数，填写实训报告。

资源 5.1.1：凝结水泵停运

资源 5.1.2：一次风机停运

【检查评估】

检查任务完成情况，检查评估表见表 5-1。

表 5-1　　机组滑参数停机任务检查评估表

评估内容	评价标准	评价人	权重	评分	总评
预习测试	课程平台自动评分	平台	10		
学习态度	出勤情况：迟到扣 2 分，缺勤扣 5 分	班委	5		
	课堂表现：积极发言，表达清晰、流利	教师	5		
任务实施	1. 工作计划				
	停机任务流程正确	小组成员	10		
	操作票里设备和阀门描述和操作正确	教师	10		
	2. 参数监视与调整				
	检查项正确，无遗漏	小组成员	10		
	操作正确，温降、压降符合规定	小组成员	10		
	3. 停机操作				
	降负荷操作正确，无遗漏	小组成员	10		
	发电机解列和停炉操作正确	小组成员	10		
	汽轮机惰走曲线正确	教师	10		
团队协作	与小组成员一起分工合作	小组成员	5		
学生自评	客观评价自己	自己	5		

注　主要操作界面及机组状态参数，以小组为单位截图保存，附在实训报告后。

【知识拓展 5.1-汽轮机惰走】（本项目末扫码获取）

任务二　事故及紧急停机

【学习目标】

（1）能区分事故停机和紧急停机。
（2）说出机组故障停机和紧急停机的申请条件。
（3）说出机组故障停机和紧急停机处理思路。
（4）能在仿真机上完成故障停机和紧急停机的操作。

【任务描述】

机组发生一般性故障或控制参数接近极限值，但还不会立即造成严重后果时，应尽量采取措施予以处理，处理无效时，应故障停机。故障停机前，应尽可能先减负荷再停机。当机组发生影响人身或设备安全的重大事故时，应紧急停机停炉。

本任务建议采用项目教学法组织教学，其实施过程参照教学实施过程表（表 1-1）。

【情景案例】

事故经过：2000 年 9 月 4 日，某电厂 6 号机停机备用，5 号机正常运行。零米值班员在接到主值班员下达的“开 6 号机凝汽器至室外放水门”的命令时，没有认真执行，心不在焉，拿着工具就去操作，将 5 号机的凝汽器汽侧放水门误当成 6 号机凝汽器至室外放水门进行操作，致使运行中的 5 号机真空急剧下降，汽轮机“凝汽器真空低”保护动作跳机。

事故原因：一是无票操作，习惯性违章。零米值班员在接到主值命令时，没有填写操作票和危险点分析预测卡，没有认真执行“五要领”，心不在焉，拿着工具就去操作，走错位置，误将 5 号机的凝汽器汽侧放水门当成 6 号机设备进行操作，造成 5 号机低真空保护动作跳闸。二是违反了《防止电力生产重大事故的二十五项重点要求实施细则》相关规定：“运行人员必须严格遵守值班纪律、集中思想监盘，经常分析各运行参数的变化，调整要及时、准确判断及处理事故。”的要求。运行主值班员发出命令后，既没有派监护人对其操作进行监护，也没有注意单元表计的参数变化，更没有直接到就地去查看，没有及时发现人员误操作。错失了异常处理的宝贵时间，最终使异常扩大，保护动作而停机。

【知识导航】

一、机组故障停运

机组发生下列情况时，应汇报调度和总工，申请故障停机。

（一）锅炉故障申请停炉条件

（1）锅炉承压部件发生泄漏尚能维持运行。
（2）锅炉管壁温度超限，经采用降负荷等降温措施处理仍不能恢复正常。
（3）锅炉严重结焦，虽经处理，仍难维持正常运行。
（4）锅炉安全门不能正常起座或回座。
（5）仪用气压力低于 0.46MPa，经处理后仍无法恢复正常。

(6) DCS 故障，致使机组某些重要参数无法监视，将危及机组正常运行。

(7) CCS 控制系统和伺服机构故障，人工干预无效，将危及机组正常运行。

(8) 主蒸汽、再热蒸汽、主给水或其他管道破裂，隔离无效，无法维持机组运行。

(9) 化学指标控制值大于二级处理值，处理后仍不能恢复。

(10) 单台空预器故障，不能维持正常运行时。

(11) 电除尘故障，除尘效率很低。

(12) 除灰、除渣系统故障，不能维持正常运行。

(13) 脱硫系统故障，不能维持正常运行。

(二) 汽轮机故障申请停机条件

(1) 主、再热蒸汽参数超过规定值，在规定时间内不能恢复正常。

(2) 凝汽器真空缓慢下降，采取措施，负荷降至零仍无效。

(3) 轴向位移接近限值经处理后仍不能恢复正常。

(4) 高、中压主汽门或调门卡涩，经活动无效。

(5) 高、中压缸上、下缸温差超限。

(6) EH 油管道破裂或 EH 油箱油位低，补油来不及。

(7) DEH 控制系统或高、中压调门故障，不能维持运行。

(8) 主要辅机故障无法维持运行。

(9) 汽水管道泄漏无法维持运行。

(10) 汽轮机润滑油系统故障，不能正常运行。

(11) 低压缸排汽温度异常升高，调整无效。

(12) 凝汽器泄漏严重，水质恶化，无法隔离半边。

(三) 发电机故障申请停机条件

(1) 发电机铁芯过热超过允许值调整无效。

(2) 发电机内部漏水，但不影响绝缘时。

(3) 发电机甩负荷后，汽轮机空载运行超过 15min。

(4) 发电机氢冷系统故障，氢温超限调整无效。

(5) 发电机漏氢，氢压无法维持。

(6) 发电机密封油系统故障，无法维持必要的油压和油位。

(7) DEH、DCS、TSI 系统故障，致使一些重要的汽轮机运行参数无法监控，无法维持汽轮机及其辅机正常运行。

(8) 发电机滑环、碳刷严重冒火，无法处理。

(9) 定冷水导电度达到 9.9μS/cm 或定冷水中断，或发电机定子线圈漏水，无法处理。

(四) 机组故障停运处理

(1) 机组任一故障停机条件满足时，应汇报值长，请示公司领导，汇报调度申请停机。

(2) 故障停运前应将厂用电切为备用电源供电。

(3) 根据故障原因应选择适当的停机方式。

(4) 停炉过程中，应维持分离器储水箱正常水位。

(5) 为了防止故障扩大，可加快减负荷速度。

(6) 若机组工况进一步恶化，可按紧急停机处理。

二、机组紧急停运

当机组发生严重危及人身或设备安全的故障时，应紧急停止机组运行。

（一）锅炉紧急停运条件

（1）MFT 拒动。

（2）主蒸汽、再热蒸汽、给水或锅炉汽水管道、受热面爆破或严重泄漏，严重危及人身、设备安全时。

（3）锅炉油管道爆破或油系统着火威胁人身、设备安全时。

（4）燃料在尾部烟道内发生二次燃烧，两侧排烟温度均不正常地升高至超限。

（5）所有锅炉给水流量表计损坏，不能正常监视锅炉上水流量。

（6）热工仪表电源中断、控制电源中断、热控系统故障、空压机及系统故障造成控制汽源压力低或消失，电源及汽源无法及时恢复，无法对机组进行正常监视或控制。

（7）所有 DCS 画面黑屏或 DCS 控制系统故障，不能监视运行参数时。

（8）单台空预器停转且挡板关不严、转子盘不动时。

（9）当锅炉压力超过安全门的起座压力时而所有安全门拒动且主汽电磁泄压阀、高压旁路无法打开。

（10）炉膛内或烟道内发生爆炸，使设备遭到严重损坏。

（11）炉墙发生裂缝或钢架、钢梁烧红。

（12）脱硫岛退出运行。

（二）汽轮机紧急停运条件

汽轮机发生下列情况之一，应破坏真空紧急停机：

（1）汽轮机跳闸保护拒动（超速、低油压、轴向位移超限、轴振高或轴承金属温度高）。

（2）机组突然发生剧烈振动达保护动作值而保护未动作或机组内部有明显的金属撞击声。

（3）推力瓦块温度突然升高到极限。

（4）汽轮机任一轴承断油冒烟，或任一支持轴承金属温度达 113℃，或其回油温度达 82℃，或推力轴承金属温度达 107℃。

（5）汽轮机油管道破裂或主油箱油位急剧下降，补油来不及时。

（6）汽轮机轴承或端部轴封摩擦冒火。

（7）汽轮机油系统发生火灾无法扑灭，严重威胁机组设备安全时。

（8）发电机内冒烟、冒火或氢气爆炸时。

（9）密封油完全中断无法恢复时。

（10）主变、高厂变、励磁变着火或冒烟。

（11）DCS 中全部操作员站和工程师站黑屏或死机，无可靠的后备操作监视手段。

（三）机组紧急停机处理

（1）机、炉、发电机任一紧急停运条件满足，应立即手动按下相应的“紧急跳闸”按钮停运机组。

（2）检查锅炉、汽轮机、发电机连锁动作正确，确认锅炉燃料全部切断，汽轮机高、中压主汽门、调门关闭严密，汽轮机转速下降，根据需要破坏汽轮机真空。

（3）确认厂用电系统切换正常，否则应手动切换。

（4）检查汽轮机交流辅助油泵、启动油泵及顶轴油泵自启动，否则应立即手动启动；检查发电机密封油系统正常运行。

（5）注意汽轮机惰走情况，胀差、振动、轴向位移、缸胀和上下缸温差等，倾听汽轮机内部声音正常。

（6）汽轮机转速到零后盘车应自投，检查油压、油温正常，盘车电流正常。

（7）机组跳闸后，应迅速将轴封切至辅汽供汽。及时调整轴封供汽压力，真空到零，停用轴封，隔离轴封减温水。

（8）检查汽轮机防进水保护相关阀门自动开启，否则应手动开启。

（9）检查本体疏水扩容器冷却水自动投入正常，否则手动投入。

（10）检查凝汽器、除氧器水位自动调节正常，否则手动调节保持凝汽器、除氧器水位正常。

（11）检查主机润滑油温、密封油温、发电机氢温、定冷水温度正常，必要时进行调整。

（12）检查低压缸喷水正常投入。

（13）发电机内部着火或发生氢气爆炸时，要用二氧化碳灭火，并紧急排氢，转子惰走到近 200r/min 时，要关闭真空破坏阀，建立真空，尽量维持转速，直至火被扑灭。

（14）立即关闭本机冷再及四抽汽至辅汽电动阀，将除氧器用汽切换为辅汽，并通知邻机保证辅汽压力。

（15）若引、送风机未跳，应将锅炉总风量调至 25%～30%BMCR 工况的风量，吹扫 5min。如风机跳闸，开启风烟系统挡板自然通风 15min 后，启动送、引风机对炉膛进行吹扫。若短时间不点火，吹扫后停送、引风机，进行闷炉。

（16）完成机组其他正常停运操作。

（17）向调度及公司有关领导汇报故障情况。

（18）将有关曲线、事故记录打印并保存好，做好事故记录。

【任务引导】

学习完相关知识后，需回答下列问题。

（1）什么是故障停机？什么是事故停机？

（2）说出机组故障停机和紧急停机处理流程。

【任务实施】

（1）课前学生自行观看在线开放课程，并完成网上自测。

（2）查阅《仿真机组的运行规程》及参考任务流程表，以运行小组为单位填写“事故及紧急停机”任务操作票，操作票由组长负责编写，指导教师负责检查和评分。

（3）恢复火电机组仿真机初始条件为“事故及紧急停机任务”，确认机组运行状态，记录机组当前状态。

（4）按照任务操作票，运行值班员具体操作，组长负责安全监护。

（5）启动完成后，检查机组状态，记录主要参数，填写实训报告。

【检查评估】

检查任务完成情况，检查评估表见表 5-2。

表 5-2　事故及紧急停机任务检查评估表

评估内容	评价标准	评价人	权重	评分	总评
预习测试	课程平台自动评分	平台	10		
学习态度	出勤情况：迟到扣 2 分，缺勤扣 5 分	班委	5		
	课堂表现：积极发言，表达清晰、流利	教师	5		
任务实施	1. 工作计划				
	任务流程正确	小组成员	10		
	操作票里设备和阀门描述和操作正确	教师	10		
	2. 故障停机				
	停机方式选择正确，工况无恶化	小组成员	5		
	操作正确，完成停机操作	小组成员	5		
	有关曲线，故障记录，值班日志	小组成员	10		
	3. 紧急停机				
	检查项正确，无遗漏	小组成员	10		
	操作正确，完成停机操作	小组成员	10		
	有关曲线，事故记录，值班日志	教师	10		
团队协作	与小组成员一起分工合作	小组成员	5		
学生自评	客观评价自己	自己	5		

注　主要操作界面及机组状态参数，以小组为单位截图保存，附在实训报告后。

资源 5.2.1：拓展知识：机组故障

【知识拓展 5.2-机组跳闸后处理】（本项目末扫码获取）

拓展资源 _ 项目五

项目六　单元机组保护与试验

任务一　单元机组保护

【学习目标】

(1) 能说出单元机组保护原则。

(2) 能说出机组主机都有哪些主要保护，并分析保护动作。

(3) 能说出机组辅机都有哪些主要保护，并分析保护动作。

【任务描述】

单元机组的保护是发电厂自动控制的一个重要环节，主要是指锅炉、汽轮机、发电机等主机之间，以及主机与给水泵、送风机、引风机等主要辅机之间的连锁保护，它能根据电网事故或机组主要设备故障自动进行减负荷、停机、停炉等处理，并以安全运行为前提，尽量缩小事故范围。

本任务建议采用项目教学法组织教学，其实施过程参照教学实施过程表（表 1-1）。

【情景案例】

事故经过：2007 年 9 月 20 日 12：40，某电厂根据安排切至 TF 模式，手动加煤，开始由 600MW 升负荷，准备做 2 号机组最大出力试验。13：08，负荷升至 669MW，B 汽泵 1 瓦 X 向振动由 47.8μm 突升至 151.3μm，B 汽泵跳闸，电泵联启，B 汽泵其他各瓦振动也有突升。总给水流量由 1922t/h 最低降至 1185t/h。13：09，手动打跳 E、F 磨，总煤量减至 120t/h 左右，给水切手动，将电泵并入，加给水至 1420t/h 左右。同时 B 一次风机发喘振报警并跳闸。13：10，手动打跳 D 磨，B 磨一次风流量低跳闸，手动减煤至 100t/h，只有 A、C 磨在运行，将 A 层等离子拉弧，13：15，重启 B 磨，退出 A 层等离子。13：44，B 小机冲转，13：54，启 B 一次风机，将 B 一次风机并入，14：10，启 D 磨，14：24，并入 B 汽泵，将电泵停运。14：30，启 E 磨，14：38，机组重新投入 CCS 模式，负荷升至 600MW。

事故原因：此次事故暴露出了 B 小机保护方面存在的问题，因 B 小机振动是阶跃性的突变，至最高值后仅 1s 后便又回落，所以将小机振动保护加延时可有效避免小机跳闸，而保护设计中振动也有延时，通过近几次 B 小机跳闸情况看，并没有延时，任一瓦振动超 150μm 时立即引起小机跳闸，建议会同热控专业对小机振动保护进行整改，以避免再次造成汽泵跳闸的恶性事故。

【知识导航】

一、单元机组保护原则

运行和备用中的设备，其保护及自动装置应投入，禁止无保护的设备投入运行。必要时可停用部分保护，但两套主保护不得同时停用。继电保护、自动装置及其二次回路的检验应配合主设备停电进行，若因故需要将个别保护、自动装置、二次电流/电压回路等停用或在线工作，应根据下列不同系统办理相应的手续：

（1）500、220kV 系统必须填写申请单经公司内各级领导签字后，向调度部门申请，待调度部门批准并且已下开工令后，方可开始工作；发变组系统必须经总工程师批准、调度部门口头许可后，方可开始工作；重要辅机系统必须经总工程师批准。

（2）正常情况下，应按要求对继电保护及自动装置进行投入、退出及保护方式的切换等操作，软投退应在保护软件对话窗口或保护管理机中修改，硬投退通过专用连接片进行（见表 6-1）。

（3）在运行、备用或检修设备的继电保护回路上的任何工作，都应有工作票。同时检修人员应有必要的技术措施，并做好相应的安全措施后才能开工。

（4）继电保护更改定值和变动接线应有上级通知或设备异动报告，定值更改由继电保护人员执行，更改保护时必须由两个人进行，并做好详细的交代，无“能运行”的书面交代者不得投入运行。

（5）更改保护/自动装置的定值，或切换运行中保护/自动装置的电压、电流端子，或更换保护/自动装置所用的 TV 熔断器等工作，均应先停用有关保护。

（6）禁止在运行中的保护盘及自动装置上做任何引起振动的工作。特殊情况下，必须做好安全措施或停用有关保护。

（7）运行中的保护装置，当发现异常或有严重缺陷时，应立即汇报值长，决定是否停用该保护，并联系检修处理。

（8）保护动作后应进行分析是否正常，如怀疑保护误动或信号不正常，应得到继保人员的确认，待查出原因处理好后方可投入运行。

表 6-1　　继电保护投运和运行时的检查表

序号	投运前检查	运行中检查
1	检修后的保护及自动装置投运，应有继保人员“可投运”的书面交代	各装置外壳完好，对应运行灯、表、显示面板数字正常，电源电压正常
2	继电保护屏前后必须有正确的设备名称，屏上各保护继电器、连接片、试验开关、熔断器等均应有正确的标志	对长期带电的继电器，应注意温升正常，电阻或线圈无烧断变色、冒烟、明显断线等不正常情况
3	检查各继电器元件、连接片及试验部件和小开关应在正常运行位置	装置中各插件完好，无报警、扰动等异常现象，装置内部表计指示应正确
4	保护屏后的保护装置电源开关、保护出口继电器电源开关均要合上	各小开关位置及连接片投入情况与运行方式相符，各保护直流熔丝及小开关应完好
5	保护屏内各熔断器完好且投入	继电器触点位置正确，无抖动、发热、发响现象
6	检修确认保护定值设置正确	液晶显示日期、时钟、电流、电压、相角均正常
7	检查保护及自动装置面板信号指示正常、无异常报警	继电器无动作信号、掉牌及其他异常现象

图 6-1 危机遮断系统

二、汽轮机连锁保护

（一）汽轮机主保护

（1）机械超速保护。当汽轮机转速达到110%～111%额定转速时，偏心飞环式机械危急遮断器动作，通过机械跳闸阀泄去高压安全油，关闭高、中压主汽门及调门，开启高排通风阀及紧急排放阀；连锁关闭各级抽汽止回阀和高排止回阀，完成安全停机。

（2）就地手动打闸。就地打闸手柄位于汽轮机前箱，操作时，逆时针旋转90°后拉出，通过机械跳闸阀动作泄去高压安全油，关闭高、中压主汽门及调门，开启高排通风阀及紧急排放阀；连锁关闭各级抽汽止回阀和高排止回阀，完成安全停机。

（3）远方手动打闸。集控室紧急操作台上装设远方打闸按钮，需远方打闸操作时，同时按下两按钮，则机械跳闸电磁阀3YV和主跳闸电磁阀5YV、6YV、7YV、8YV均动作，关闭高、中压主汽门及调门，开启高排通风阀及紧急排放阀；连锁关闭各级抽汽止回阀和高排止回阀，完成安全停机。

（4）当机组发生表6-2中异常情况之一时，ETS保护动作跳机。

表 6-2 ETS 保护动作跳机的条件

项目	单位	停机值	备 注
推力轴承金属温度高	℃	≥107，延时2s	四只AST电磁阀全动
任一支持轴承金属温度高	℃	≥113	四只AST电磁阀全动
高排压力比低		＜1.734	四只AST电磁阀全动
轴向位移	mm	±1	四只AST电磁阀全动
*X*方向轴振与同一轴承*Y*方向振动大于报警值	mm	0.254	四只AST电磁阀全动
*Y*方向振动与同一轴承*X*方向振动大于报警值	mm	0.254	四只AST电磁阀全动
发变组保护动作			四只AST电磁阀全动
高压胀差	mm	−7.85，+7	四只AST电磁阀全动
低压胀差	mm	−2.04，19.11	四只AST电磁阀全动
锅炉MFT联跳汽轮机			四只AST电磁阀全动
远方打闸汽轮机			四只AST电磁阀全动
润滑油压低	MPa	0.048	四只AST电磁阀全动
EH油压低	MPa	9.3	四只AST电磁阀全动
凝汽器真空低	kPa	−73.5	四只AST电磁阀全动

续表

项目		单位	停机值	备　注
DEH 故障停机	DEH 电超速 110%	r/min	3300	四只 AST 电磁阀全动
	TSI 电超速 110%	r/min	3300	四只 AST 电磁阀全动
	高排温度高	℃	427	四只 AST 电磁阀全动
	发电机定子冷却水断水	t/h	≤84	四只 AST 电磁阀全动
	机械超速	r/min	3300	隔膜阀动作

（二）加速度继电器（ACC）

当发电机甩负荷量大于 15%且小于 40%额定负荷时，DEH 加速度继电器动作关闭中压调门，以防止汽轮机超速。当汽轮机转速降至 3000r/min 以下且不再上升时，继电器自动复位，中压调门重新开启，维持汽轮机转速在 3000r/min。

（三）功率负荷不平衡继电器（PLU）

当发电机甩负荷量大于 40%额定负荷时，检测到汽轮机的机械功率（以再热汽压力表征）和发电机负荷（以发动机电流表征）之间的不平衡值超过定值，PLU 动作，关闭高、中压调门，以防汽轮机超速。当不平衡值小于 40%1s 后，继电器自动复位，高中压调门可重新开启，维持转速在 3000r/min。

（四）超速保护控制单元（OPC）

功能是自动检测汽轮机超速，当汽轮机转速大于或等于 3090r/min 时，OPC 保护动作，关闭主机高中压调门、高排止回阀，开启 VV 阀（高排通风阀）和 BDV 阀（汽轮机事故排放阀）。汽轮机转速低于 3000r/min 时开启高中压调门、高排止回阀，关闭 VV 阀及 BDV 阀。

（五）低压缸喷水

1. 低压缸喷水自动开条件（以下任一条件满足时）

（1）机组负荷小于 15%额定负荷时（再热器压力小于 443kPa），低压缸喷水自动投入。

（2）当任一低压缸排汽温度高于 47℃时，低压缸喷水阀开始开启，至 80℃时全开。

2. 低压缸喷水自动关条件（以下任一条件满足时）

（1）当机组负荷大于 15%额定负荷时（再热器压力大于 443kPa），低压缸喷水阀自动关闭。

（2）当低压缸排汽温度降至 47℃时，喷水阀全关。

（六）汽轮机防进水保护

汽轮机负荷低于 10%额定负荷时，下列疏水阀自动开启（负荷高于 10%额定负荷时下列疏水阀自动关闭）：1、2 号高压主汽门上阀座疏水阀；1、2 号高压主汽门阀体疏水阀；高压调阀后主汽管疏水阀；BDV 阀前管道疏水阀；高排止回阀前疏水阀；一、二段抽汽止回阀前疏水阀。

汽轮机负荷低于 20%额定负荷时，下列疏水阀自动开启（负荷高于 20%额定负荷时下列疏水阀自动关闭）：1、2 号中压联合阀疏水阀；三、四段抽汽止回阀前疏水阀。

汽轮机负荷低于 30%额定负荷时，下列疏水阀自动开启（负荷高于 30%额定负荷时下列疏水阀自动关闭）：五、六段抽汽止回阀前疏水阀；六段抽汽止回阀前疏水阀。

高压缸通风阀连锁，满足以下任一条件自动开：高压主汽门、调门关闭；OPC 动作；汽轮机跳闸。满足以下任一条件时，自动关：CV 阀开启；高排止回阀开。

（七）泵的保护（见表 6-3）

表 6-3　单元机组主要水泵跳闸保护触发条件

序号	前置泵跳闸保护	电泵跳闸保护	汽泵跳闸保护	凝泵跳闸保护
1	除氧器水位低低	除氧器水位低低	除氧器水位低低	凝汽器液位低低低，延迟 5s 跳闸
2	前置泵出口流量低于 300t/h 且主泵给水进出口温差大于 15℃，延时 30s	泵入口流量低于 190t/h，且进出口温差大于 20℃，跳闸	汽泵入口流量≤340t/h 且再循环阀开度≤80%或前、后口电动门全关，延时 30s 跳闸	凝结水泵运行且凝结水泵进口电动门已关，延时 2s 跳闸
3	润滑油压低于 75kPa	泵入口流量低于 190t/h，且进出口温差大于 15℃，延时 15s 跳闸	给水泵推力轴承测温高（＞90℃）且高高（＞100℃），延时 3s	凝结水泵运行且凝结水泵出口电动门已关，延时 5s
4	小汽轮机跳闸	润滑油压低于 100kPa	轴承振动超规，延时 3s	泵电机轴承温度超过 85℃
5	前置泵出口流量低于 300t/h 且主泵给水进出口温差大于 20℃	电动给水泵电机轴承振动高 12mm/s（仅报警）	小汽轮机前推力轴承金属温度＞75℃，延时 3s	推力轴承温度超过 85℃，延时 3s
6	小汽轮机控制油压低于 850kPa	主泵及变速箱轴承振动高 15mm/s（仅报警）	小汽轮机前、后径向轴承金属温度＞107℃	凝结水泵运行，延时 5min，凝结水流量＜390t/h（2 个均低）且再循环门开度小于 60%，延时 30s
7	前置泵推力轴承温度高于 118℃		给水泵进口压力＜1.2MPa且滤网差压大于 60kPa，且汽泵转速大于 3000，延时 10s 跳闸	凝结水泵在变频位，且变频器重故障
8	主给水泵轴承振动高于 11mm/s（仅报警）		MFT 动作，当机组负荷大于 90MW 时，联跳汽泵	
9			润滑油母管压降至 0.23MPa	

三、锅炉连锁保护

（一）主燃料跳闸（MFT）

它是锅炉安全监控系统的主要组成部分，能连续地监视预先确定的各种安全运行条件是否满足，一旦出现可能危及锅炉安全运行的危险情况。就快速切断进入炉膛的燃料，以避免发生设备损坏事故，或者配合 CCS（协调控制系统）的调节功能限制事故的进一步扩大，快速地使锅炉从全负荷或高负荷运行退回到较低负荷运行（run back，RB）。DL/T 1091—2018 规定了 MFT 动作条件和连锁设备（见表 6-4）。

表 6-4　MFT 动作条件和连锁设备

序号	MFT 动作条件	连锁动作设备
1	手动“MFT”按钮	跳闸汽轮机（300MW 机组及以上）
2	炉膛压力高	关闭所有过热器减温水截止门
3	炉膛压力低	关闭所有再热器减温水截止门
4	锅炉总风量低（推荐为低于 20%～30%）	关闭主燃油跳闸阀
5	送风机全停	切除所有油燃烧器
6	引风机全停	跳闸磨煤机
7	失去全部燃料	跳闸给煤机
8	多次点火失败	打开高压旁路
9	延时点火（MFT 复位后，5～10min 内炉膛仍未有任一油枪投运）	跳闸除尘器
10	失去全部火焰	锅炉吹灰器全部退出
11	汽轮机跳闸且负荷大于旁路容量或高压旁路未打开	跳闸两台一次风机（若配置）
12	汽包水位高	跳闸所有排粉风机（若配置）
13	汽包水位低	跳闸所有给粉机及给粉机电源（若配置）
14	所有炉水泵停运（强制循环汽包锅炉）	跳闸所有给水泵（直流锅炉）
15	主蒸汽压力高（直流锅炉）	
16	断水保护（直流锅炉）	
17	主汽温度低（直流锅炉）	
18	两台一次风机停运且油枪都未投运（直吹制系统或热风送粉储仓制系统）；所有排粉机跳闸且油枪都未投运（乏气送粉储仓制系统）（可选）	
19	失去火检冷却风（可选）	
20	失去临界火焰（适用于直吹制或半直吹制系统）：至少三层煤投运且运行的煤粉燃烧器中部分火焰失去（可选）	
21	失去角火焰（适用于直吹制或半直吹制系统、四角切圆燃烧锅炉）：至少三层煤投运且某一角从上到下所有燃烧器（煤、油）都失去火焰（可选）	

（二）油燃料跳闸（OFT）

OFT 逻辑检测油母管的各个参数，当有危及锅炉炉膛安全的因素存在时，产生 OFT。关闭进油、回油母管快关阀，切除所有正在运行的油燃烧器（见表 6-5）。

表 6-5 油燃料跳闸和复位条件

序号	OFT 跳闸条件	复位 OFT 条件	连锁动作
1	手动 OFT	无 OFT 跳闸条件存在	跳闸所有油燃烧器
2	MFT 发生	MFT 复位	关闭进油、回油快关阀
3	进油供油母管压力低低（三取二）延时 2s，且任一油角阀未全关	油泄漏试验完成	
4	进/回油快关阀未全开，延时 2s，且任一油角阀未全关	手动复位指令或运行人员开进油母管快关阀指令	
5		全部油角阀关闭	

（三）辅机故障减负荷（RB）

RB 动作及引发条件见表 6-6。

表 6-6 RB 动作及引发条件

序号	动作条件	动作结果
1	两台空预器运行，任一台空预器跳闸，机组快速降负荷至 50%BMCR（机组负荷大于 50%BMCR 时）	锅炉有选择地切除部分制粉系统
2	两台引风机运行，任一台引风机跳闸，机组快速降负荷至 50%BMCR（机组负荷大于 50%BMCR 时）	机组快速降负荷至最大允许负荷
3	两台送风机运行，任一台送风机跳闸，机组快速降负荷至 50%BMCR（机组负荷大于 50%BMCR 时）	若机组在 CCS 方式下运行，将自动切除至 TF 方式
4	两台汽动给水泵运行，任一台汽动给水泵跳闸，电动给水泵启动不成功时，机组快速降负荷至 50%BMCR（机组负荷大于 50%BMCR 时）	投入相应的油枪稳燃
5	两台一次风机运行，任一台一次风机跳闸，机组快速降负荷至 50%BMCR（机组负荷大于 50%BMCR 时）	
6	某一台或两台磨跳闸，当实际负荷大于所剩运行磨最大允许负荷时，将 RB 至所剩运行磨最大允许负荷	

（四）风烟系统连锁保护

风烟系统主要包含引风机、送风机和一次风机，其连锁保护项目见表 6-7。

表 6-7 单元机组主要风机连锁保护条件

序号	引风机连锁保护	送风机连锁保护	一次风机连锁保护
1	引风机润滑油压低至 97kPa	送风机润滑油压低至 97kPa	一次风机润滑油压低 97kPa
2	引风机轴承温度高至 90℃	送风机轴承温度高 90℃	一次风机轴承温度高 82℃
3	引风机电机轴承温度高至 90℃	送风机轴承温度高 95℃	一次风机电机轴承温度高 95℃
4	引风机振动高达 10.4mm/s	送风机振动高达 10.4mm/s	一次风母管压力低 5kPa
5	引风机喘振达 1.96kPa	送风机喘振达 200mmH_2O	锅炉 MFT
6	本侧送风机跳闸	本侧引风机跳闸	就地事故按钮停一次风机
7	炉膛负压高，FSSS 跳引风机	炉膛压力高，FSSS 跳送风机	
8	就地事故按钮停引风机	就地事故按钮停送风机	

（五）超压保护

PCV 阀保护：正常运行时，如压力超过 PCV 的整定值（26.58MPa），PCV 自动起跳泄压；在需要时，也可在操作员站上单操开启 PCV 阀。

安全阀保护：当汽压超出安全阀整定的起跳压力时，安全阀将自动起跳排汽泄压，当汽压降至回座压力以下时，安全阀又将自动回座，停止排汽。

四、电气连锁保护

发电机和变压器是发电厂十分重要的电气设备，它们发生故障将对系统的正常运行和供电可靠性造成严重的影响，因此必须根据其故障和异常的情况，装设完善的保护功能（见表 6-8 和表 6-9）。

表 6-8　电力变压器保护

序号	变压器保护项	保护内容
1	纵差保护	纵差保护是电力变压器的主保护，保护范围为各侧电流互感器所包括的区域，可以反映在该区域内发生的各种短路故障，动作后瞬时跳开变压器各侧断路器
2	瓦斯保护	为了反映变压器油箱内的各种故障以及油面的降低，应装设瓦斯保护。它包括轻瓦斯和重瓦斯两种，其中轻瓦斯保护动作于信号，重瓦斯保护动作于各侧断路器跳闸
3	过负荷保护	变压器过负荷使绕组等温升过高，从而引起绝缘老化、寿命降低
4	过励磁保护	当频率降低或电压升高时，工作磁通密度增大，铁芯将饱和，使变压器励磁电流增大，造成铁芯、绝缘介质等过热
5	其他辅助保护	变压器绕组温度过高；冷却系统故障、油温升高；变压器油箱的压力释放装置动作；有载调压变压器的调压装置故障

表 6-9　发电机保护

序号	发电机保护项	保护内容
1	发电机纵差保护	发电机定子及引出线相间短路的主保护，瞬时动作于全停
2	定子绕组匝间短路保护	发电机定子绕组的匝间短路，包括同一分支匝间和同一相不同分支间的短路
3	定子绕组单相接地保护	为了安全，发电机的外壳、铁芯是接地的，若定子绕组与铁芯间绝缘在某一处损坏，就会发生单相接地故障
4	发电机失磁保护	发电机失磁是指发电机的励磁突然全部或部分消失
5	发电机的负序过电流保护	电力系统发生不对称短路或三相负荷不平衡时，在发电机定子绕组中将会出现负序电流，可能使转子某些部分产生危险的局部过热，甚至使护环受热、松脱，导致发电机重大事故

续表

序号	发电机保护项	保 护 内 容
6	发电机定子绕组过负荷保护	发电机尤其是大型发电机，由于定子材料利用率很高，其热容量和铜损的比值较小，热时间常数也较小，容易因过负荷而使温升过高，影响机组正常寿命
7	逆功率保护	当主汽门误关闭或汽轮机、锅炉保护动作关闭主汽门而出口断路器未跳闸时，发电机从电力系统吸收有功功率。这种逆功率工况，对发电机并无太大危险，但由于残留在汽轮机尾部的蒸汽与叶片产生摩擦，尾部叶片有可能过热受损，造成汽轮机事故
8	失步保护	对于大型发电机-变压器组和超高压电力系统，发电机和变压器的阻抗值增加，而系统的等效阻抗值下降，因此振荡中心常落在发电机端或升压变压器的范围内，使发电机端电压随振荡而周期性地下降，厂用设备难以稳定运行，甚至处于制动状态，可能造成停机、停炉或炉膛爆炸，失步后果严重
9	转子绕组过负荷保护	由于励磁回路故障或强励时间过长等原因，会造成转子绕组过负荷，引起发热

【任务引导】

学习完相关知识后，需回答下列问题。

（1）能说出机组主机的主要保护及动作。

（2）能说出机组辅机的主要保护及动作。

【任务实施】

（1）课前学生自行观看在线开放课程，并完成网上自测。

（2）查阅《仿真机组的运行规程》，以运行小组为单位填写“单元机组保护”任务书，完成工况分析，指导教师负责检查和评分。

（3）调取 3 个本小组启机时主要设备的跳闸工况，并进行分析原因（如汽轮机跳闸、炉膛熄火、给水泵跳闸等）。

（4）记录机组状态，分析跳机或跳闸原因，填写实训报告。

资源 6.1.1：拓展知识：低压缸喷水减温

【检查评估】

检查任务完成情况，检查评估表见表 6-10。

表 6-10　单元机组保护任务检查评估表

评估内容	评价标准	评价人	权重	评分	总评
预习测试	课程平台自动评分	平台	10		
学习态度	出勤情况：迟到扣 2 分，缺勤扣 5 分	班委	5		
	课堂表现：积极发言，表达清晰、流利	教师	5		
任务实施	1. 工作计划				
	任务流程正确	小组成员	10		
	操作票里设备和阀门描述和操作正确	教师	10		
	2. 工况选取与记录				
	包含主机和主要辅机跳闸	小组成员	10		
	工况记录正确，无遗漏	小组成员	10		
	3. 保护分析				
	分析直接原因	小组成员	10		
	避免措施，注意事项	小组成员	10		
	填写实训报告	教师	10		
团队协作	与小组成员一起分工合作	小组成员	5		
学生自评	客观评价自己	自己	5		

注　主要操作界面及机组状态参数，以小组为单位截图保存，附在实训报告后。

【知识拓展 6.1-机组大连锁保护】（本项目末扫码获取）

任务二　单元机组试验

【学习目标】

（1）能背诵单元机组试验目的。
（2）能说出机组主机都有哪些典型试验，并说出试验过程。
（3）能说出机组辅机都有哪些典型试验，并说出试验过程。

【任务描述】

单元机组的保护是发电厂自动控制的一个重要环节，主要是指锅炉、汽轮机、发电机等主机之间，以及主机与给水泵、送风机、引风机等主要辅机之间的连锁保护，它能根据电网事故或机组主要设备故障自动进行减负荷、停机、停炉等处理，并以安全运行为前提，尽量缩小事故范围。

本任务建议采用项目教学法组织教学，其实施过程参照教学实施过程表（表 1-1）。

【情景案例】

事故经过：2017 年 8 月 25 日 14：36，某电厂 1 号机组并网带初负荷 54MW 暖机，15：40，值长安排电气值班员常某、王某将 6kV 1A、1B 段工作电源进线开关由冷备转热备。15：49，常某、王某操作 6kV 1A 段工作电源进线开关从试验位置至工作位置过程中，该开关上下触头均发生三相弧光短路，造成两人受伤，1 号机组跳闸。

事故原因：1 号机组 6kV 配电室 1A 母线工作电源进线开关 B 相真空包泄漏，人员操作送电时，开关由冷备转热备过程中发生 B 相真空包击穿，最终发展为三相弧光短路故障。间接原因：发电分公司未按行业标准要求的预试周期开展电气预防试验，该开关自投运以来仅在 2013 年 3 月 19 日进行过耐压试验，未能及时发现该开关存在问题。

【知识导航】

一、单元机组试验总则

（1）为确保设备的安全运行，提高设备运行的可靠性，运行和备用设备、保护装置、自动装置、信号装置和危急保安装置等，都必须进行定期试验和切换，以保证其正常发挥作用。

（2）所有定期试验与切换必须征得值长同意，且应在机组或系统运行稳定、有关参数正常、严格按操作票或规程执行。运行中设备的试验，应做好局部隔离措施，不得影响运行设备的安全，对于试验中可能造成的后果，应做好事故预想。

（3）定期试验和切换不能按规定时间进行时，应征得值长和专工同意并做好记录，在条件具备后再进行，并做好详细记录并在《定期试验登记本》上登记试验结果。

（4）一般定期试验与切换应由一人操作，另一人监护。

（5）设备试验由检修负责人协调组织，运行人员配合操作，有关人员在场。

（6）机组大、小修后，必须先进行主辅设备的保护、连锁和各项定期试验，试验合格后才允许设备试转和投入运行。

（7）进行各项试验时，要根据试验措施要求，严格按规定执行。试验时如出现异常，应立即中止试验并查明原因，复位相关报警，并将设备恢复到正常状态。

（8）临修或设备系统检修、保护和连锁的元器件及回路检修时，必须进行相应的试验且合格。

（9）设备试验方法分静态、动态两种。静态试验时，6kV 以上辅机仅送试验电源，400V 低压电源均送上动力电源。动态试验时，操作电源、动力电源均送上。动态试验必须在静态试验合格后方可进行。

（10）进行机组、设备连锁保护试验前，热工控制人员需强制满足有关条件。进行设备连锁试验前，应先进行就地及远方手动启停试验并确认合格。试验后应恢复强制条件，并可靠投入相应的保护连锁，不得随意改动，否则应经过规定的审批手续。

（11）试验结束后，做好系统及设备恢复工作，校核保护值正确，分析试验结果，做好详细记录。

（12）试验结束后，应切断动力电源，若不停电应做好防误启措施，需启动的设备开关应切至“远方”位置。

（13）下列操作必须有总工或指定负责人参加方可进行：机组大、小修后的启动；锅炉超水压试验；安全门热态校验；机组超速试验；机组甩负荷试验；主设备改造后的首次启动。

二、汽轮机、锅炉、电气试验（本项目末扫码获取）

【任务引导】

学习完相关知识后，需回答下列问题：

（1）能说出单元机组冷态启动应进行哪些试验，并总结各典型试验的过程。

（2）能说出单元机组停运后应进行哪些试验，并总结各典型试验的过程。

【任务实施】

（1）课前学生自行观看在线开放课程，并完成网上自测。

（2）查阅《仿真机组的运行规程》，以运行小组为单位完成电源联动试验、水泵与风机连锁试验，并填写“单元机组试验”任务书，指导教师负责检查和评分。

（3）记录试验过程，填写实训报告。

【检查评估】

检查任务完成情况，检查评估表见表 6-11。

表 6-11　单元机组试验任务检查评估表

评估内容	评价标准	评价人	权重	评分	总评
预习测试	课程平台自动评分	平台	10		
学习态度	出勤情况：迟到扣 2 分，缺勤扣 5 分	班委	5		
	课堂表现：积极发言，表达清晰、流利	教师	5		
任务实施	1. 工作计划				
	任务流程正确	小组成员	10		
	操作票里设备和阀门描述和操作正确	教师	10		
	2. 电源联动试验				
	柴油发电机试验	小组成员	10		
	380V 各 PC、MCC 段电源联动试验	小组成员	10		
	3. 水泵与风机连锁试验				
	顶轴油泵、开式水泵等	小组成员	10		
	排烟风机	小组成员	10		
	填写实训报告	教师	10		
团队协作	与小组成员一起分工合作	小组成员	5		
学生自评	客观评价自己	自己	5		

注　主要操作界面及机组状态参数，以小组为单位截图保存，附在实训报告后。

资源 6.2.1：拓展知识：抽发电机转子

【知识拓展 6.2-机组试验】（本项目末扫码获取）

拓展资源 _ 项目六

项目七　机组事故分析与处理

任务一　锅炉常见故障诊断及处理

【学习目标】

(1) 能背诵机组事故处理原则。

(2) 能说出锅炉常见事故都有哪些，并说出其现象、原因和处理方法。

(3) 能根据运行规程，在仿真机上完成锅炉典型事故的处理操作。

【任务描述】

锅炉常见故障一般有蒸汽参数异常、给水或汽包水位异常、燃烧异常、受热面异常、风烟异常及辅机故障等。如果处理不当，轻则停机，重则造成锅炉设备，甚至汽轮机的损坏，因此，应高度重视。本任务主要学习锅炉常见故障的现象、原因及处理思路。

本任务建议采用项目教学法组织教学，其实施过程参照教学实施过程表（表 1-1）。

【情景案例】

事故经过：2009 年 9 月 30 日，某电厂 3 号机组调停解列，10 月 2 日进行水冷壁节流孔圈割管检查，发现右侧墙 R12、R22、R38 管节流圈内部结垢严重，10 月 2 日 15∶30 实施水冷壁酸洗。10 月 3 日 11∶30 酸洗结束放酸完成，酸洗后节流圈处清洁无结垢，17∶10，3 号炉上水至汽水分离器见水，按冲洗要求，启动炉水循环泵进行循环，23∶30 由于水质不合格，停运炉水循环泵。10 月 4 日 10∶44，3 号炉点火。10 月 4 日 18∶27，3 号机组发电机并网。机组启动检查发现前墙 708 管和 696 管温度较相邻管高 100℃。10 月 9 日 23∶08，3 号机组水冷壁温度高停机消缺。检查发现 696 管下部二分四三通内部有氧化铁杂质，节流圈未见异常。中间联箱以上 16m 位置有氧化铁杂质堵塞。检查 708 管下部二分四三通内部有氧化铁杂质，节流圈未见异常。水冷壁 8.3m 位置和冷灰斗水平弯头处氧化铁堆积，分别采取下部向上疏通等手段疏通.10 月 11 日 1∶00，检修结束，10∶58，3 号炉点火，21∶05，机组并网发电。

事故原因：3 号机组调停临修安排酸洗，酸洗结束后没有安排针对性水冷壁冲洗，启动后气塞造成水冷壁 696 管、708 管立管段堵塞，造成水冷壁管超温，机组被迫停机检修。防范措施：加强锅炉水冷壁酸洗浸泡后的冲洗工作，酸洗后水冷壁必须安排单独冲洗，加强锅炉内部清洁度的检查，酸洗后用内窥镜进行联箱检查，防止杂质积存。

【知识导航】

一、事故处理原则

(1) 事故发生时，应按“保人身、保电网、保设备”的原则进行处理。

（2）事故处理过程中应严格遵守《防止电力生产重大事故的二十五项重点要求》。

（3）根据声光报警、有关参数指示及设备异常现象，判断故障性质、发生的地点和范围。事故处理应迅速，首先解除对人身、电网及设备的直接威胁，然后正确判断事故原因，努力消除故障，同时应注意保持非故障设备的正常运行，必要时应立即解列或停用发生事故的设备。

（4）应首先保证厂用电系统的正常运行，特别是保安电源、直流系统和UPS的正常运行。

（5）采取一切可行措施，防止事故扩大，查明原因并消除后，恢复机组正常运行。在确定设备不具备运行条件或对人身、设备有损害时，应立即停止机组运行。

（6）事故处理时，值长是全厂机组事故处理统一指挥者，负责协调各机组、各专业进行事故处理，并及时将事故情况向调度和上级领导汇报。在不危及人身或设备安全的情况下应坚决执行值长的命令。

（7）发生规程中未列举的事故时，运行人员应根据具体情况，主动采取措施，迅速处理，防止事故扩大，下列情况无须等待调度命令，有关人员可自行处理，但事后应尽快汇报调度：①对人身或设备安全有直接威胁时。②厂用电全部或部分失电时。③保护拒动时。④隔离已损坏的设备。⑤其他需立即紧急处理的事故。

（8）事故处理完毕，运行人员应实事求是地把事故发生的时间、现象、相关的历史记录、所采取的措施等做好记录。按照相关的安全管理制度的规定组织有关人员对事故进行分析、讨论、总结经验，从中吸取教训。

二、蒸汽参数异常

在汽轮机运行中，初终汽压、汽温、主蒸汽流量等参数都等于设计参数时，这种运行工况称为设计工况，此时的效率最高，所以又称为经济工况。在实际运行中，很难使参数严格地保持设计值，这时进入汽轮机的蒸汽参数和流量的变化，将引起各级的压力、温度、焓降、效率、反动度及轴向推力等发生变化。这不仅影响汽轮机运行的经济性，还将影响汽轮机的安全性。因此在日常运行中，要注意监视和维持蒸汽参数。

（一）主蒸汽温度异常

1. 现象

（1）主汽温度异常报警。

（2）主汽温度快速变化，一、二级减温水调节门频繁大幅动作。

（3）汽水分离器出口蒸汽过热度超过或低于正常值。

（4）若蒸汽带水，机组会发生水冲击。

2. 原因

（1）燃料与给水比例失调，分离器出口温度异常。

（2）煤质影响或燃烧工况变化，如升、降负荷过快。投停磨煤机及制粉系统异常。

（3）自动装置失灵增、减风量幅度过大等。

（4）炉膛火焰中心改变，如炉底水封破坏、W火焰下行程不够等。

（5）减温水控制失灵，使减温水流量不正常地减小或增大。

（6）给水温度突变。

（7）风煤不匹配。

（8）受热面二次燃烧。

（9）炉膛严重结焦或积灰。

（10）受热面泄漏、爆管。

（11）烟气挡板开度不正常。

（12）煤质发生骤变。

（13）送粉均匀度发生大幅度变化。

3. 处理

（1）机组协调故障造成燃水比失调应立即解除协调，根据当前需求负荷，参照汽水分离器后蒸汽过热度，调整燃料量和相应的给水量，配合一、二级减温水迅速将主蒸汽温度控制在正常范围内。当燃水比失调后应尽量避免煤和水同时调整。当燃水比调整相对稳定后再进一步调整负荷。及时联系维护人员处理。

（2）当给水系统故障，炉膛工况发生大幅度扰动时应注意协调和自动的工作状况，尽量不要手动干预，当协调和自动工作不正常时，应手动调节，稳定给水流量，根据给水流量参照分离器后蒸汽过热度，相应调整燃料量，配合一、二级减温水迅速将主蒸汽温度控制在正常范围内。及时联系人员维护处理。

（3）因负荷增减过快引起，应调整负荷变化率。由于保护动作等原因引起的负荷变化引起，应迅速调整锅炉热负荷维持主汽压力稳定。

（4）减温水自动调节异常，应将相应的减温水调门切换为手动，必要时可对给水控制系统的中间点温度进行修正或将给水控制切为手动控制，适当降低升、降负荷速度，防止主汽超温。及时联系维护人员处理。

（5）炉膛严重结焦和积灰造成主汽温度异常，可通过适当修正汽水分离器出口蒸汽的过热度，进行调整，并且及时进行炉膛和受热面吹灰。当吹灰后屏式过热器或高温过热器出口温度仍然超过正常值并且一、二级减温水调节门全开，要检查炉膛的配风和燃烧系统是否正常，经检查处理仍然超温时要降低机组负荷。

（6）调节烟气挡板至适当开度。

（7）若炉底水封失去后应立即恢复正常。

（8）加强对汽轮机膨胀、胀差、轴向位移、轴振及轴瓦温度的监视，若出现异常，按相应规定处理。

（9）采取上述措施后，如果无效，应立即降负荷处理。

（10）主汽门前主蒸汽温度10min内急剧降低50℃时，应紧急停机。

（二）再热蒸汽温度异常

1. 现象

（1）再热蒸汽温度异常报警。

（2）再热汽温度快速变化时，汽轮机膨胀、胀差、振动等有异常变化。

（3）事故减温水调节门频繁大幅动作。

（4）烟气调节挡板位置不正常。

2. 原因

（1）烟气调节挡板开度过大或控制失灵。

（2）再热器减温水调节失灵。

（3）锅炉总风量过大或过小。

（4）炉膛水冷壁结垢、结焦、积灰等，造成炉膛出口烟气温度偏高。

（5）再热器受热面泄漏、爆管或再热器处发生二次燃烧。

（6）高旁误开启，高旁后减温水调节不正常，汽温偏高。

（7）再热汽管道爆管。

3. 处理

（1）再热器减温水或烟气调节挡板自动调节不正常时，应立即将其切至手动调节正常。

（2）如风量过大则应及时调整风量。

（3）若炉膛水冷壁脏污，应对水冷壁进行吹灰，必要时可适当降低主蒸汽温度。

（4）如再热器受热面泄漏、爆管或再热器处发生二次燃烧，造成再热蒸汽温度升高时，除迅速采取降温措施外，还应分别按相应规定进行处理。

（5）汽轮机侧再热蒸汽温度 10min 内急剧降低 50℃时，应紧急停机。

（6）若为高旁误动作，应立即关闭，并调整高旁后蒸汽温度在规定范围。

（三）主蒸汽压力异常

1. 现象

（1）主蒸汽压力偏离当前负荷对应的正常值。

（2）主蒸汽沿程温度异常升高或降低。

（3）机组负荷急剧升高或降低。

（4）给水流量不正常地升高或降低。

（5）PCV 投“自动”时，压力达高限值时动作开。

（6）高旁内漏，就地有泄漏声，减温器后温度高或减温水调门开启。

2. 原因

（1）机组负荷控制失灵。

（2）给水自动控制失灵。

（3）汽轮机主调门异常动作、关闭。

（4）机组负荷骤变。

（5）锅炉 PCV 阀、安全门误动起座或严重内漏。

（6）高旁误开或严重内漏。

（7）煤质发生骤变。

（8）锅炉燃烧系统工作失常。

（9）过热蒸汽系统有泄漏。

3. 处理

（1）切除机组协调控制，手动调节给水平衡。

（2）若为锅炉燃烧系统工作失常，应立即退出 CCS 控制，调整燃料量及燃水比与目标负荷相对应，防止出现超压、超温。

（3）可通过增加汽轮机调门开度使压力恢复，但注意机组不许超负荷。

（4）联系维护人员检查主调门异常关闭原因，无法处理时，应申请停机处理。

（5）将误开的 PCV、高旁关闭，如强制关闭无效或内漏严重无法处理，应申请停炉处理。

(6) 高旁严重内漏时，应申请停机处理。

(7) 过热汽泄漏按相应规定处理。

(8) 过热器安全门不能回座时，除降低压力运行外，应通知维护人员处理，无效时要申请停炉处理。

(四) 再热汽压力异常

1. 现象

(1) 再热蒸汽压力偏离当前负荷对应正常值。

(2) 再热蒸汽沿程温度异常升高或降低。

(3) 机组负荷异常变化。

(4) 汽轮机中压主汽门或调门故障、晃动、卡涩，不正常地关小。

(5) 高旁、低旁内漏，就地有泄漏声，减温器后温度高或减温水调门开启。

(6) 压力达高限时，再热器出口安全阀动作开。

2. 原因

(1) 再热器安全门误动作或内漏造成再热器压力低。

(2) 低旁误开或严重内漏造成再热器压力低。

(3) 高旁误开或严重内漏造成再热器压力高。

(4) 中压缸调门或主汽门故障，中压自动主汽门、调门关小或关闭造成再热汽压力高。

(5) 再热蒸汽系统严重泄漏。

(6) 抽汽系统异常、高压加热器解列。

3. 处理

(1) 再热器安全门误动作应降低至动作压力以下运行。

(2) 再热器安全门不能回座时，除降低压力运行外，应通知维护人员处理，无效时要申请停炉处理。

(3) 高旁或低旁误开时，立即关闭。无效或手动关闭后仍然严重内漏申请停炉处理。

(4) 高旁误开造成再热蒸汽安全门开启无法关闭立即停炉处理。

(5) 热控人员开启中缸主汽门、调门，不能开启，停机处理。

(6) 再热蒸汽系统严重泄漏或爆破立即停炉处理。

(7) 若因抽汽系统引起，应按相应规定处理。

三、锅炉给水或水位异常（本项目末扫码获取）

四、锅炉燃烧事故（本项目末扫码获取）

五、受热面异常事故

(一) 过、再热器管壁超温事故

1. 现象

(1) 过、再热器管壁金属温度高于正常值。

(2) 过、再热器管壁金属温度存在偏差。

2. 原因

(1) 制粉系统运行方式不合理。

（2）炉膛热负荷不均。

（3）局部吹灰效果不好。

（4）管屏积灰不一致、管屏间距支撑或管卡损坏造成管屏或部分管子出列造成过、再热器产生热偏差。

（5）炉膛严重结焦造成过、再热器产生热偏差。

（6）过、再热器管内结垢造成管壁超温。

（7）过、再热器管内杂物堵塞或焊口错位造成通流量低。

（8）高压加热器解列燃烧调整不及时。

（9）火焰中心偏高。

（10）过热汽、再热汽温度自动跟踪不及时或过、再热器管内蒸汽温度超温运行造成管壁超温。

3. 处理

（1）尽量维持制粉系统正常方式运行，如部分制粉系统检修不能投入运行应通过调整配风和各制粉系统的出力使炉膛热负荷趋于均匀，经过调整仍不能使金属温度降至正常值以下应降低过、再热蒸汽温度运行。

（2）加强水冷壁、过热器蒸汽吹灰，吹灰器损坏应及时处理投入运行。

（3）加强化学监督，如锅炉运行时间长，过、再热器管内积盐严重应降低过、再热蒸汽温度运行。尽早安排锅炉酸洗。

（4）如部分过、再热器管壁超温应适当降低蒸汽温度运行并在锅炉停炉时安排割管检查。

（5）自动跟踪不及时应查找原因对控制参数进行调整和设置，在处理好之前可适当降低机组升、降负荷速度或将自动切换为手动进行操作。

（二）水冷壁泄漏、爆管事故

1. 现象

（1）给水流量不正常地大于蒸汽流量。

（2）炉膛负压瞬时偏正且不稳定。

（3）炉管泄漏检测装置报警。

（4）炉膛不严密处可能向外喷烟气和水蒸气，并有明显泄漏声。

（5）主蒸汽压力下降。

（6）锅炉燃烧不稳定火焰发暗，严重时引起锅炉灭火。

（7）引风机投自动时，动叶开度不正常地增大、电流增加。

（8）凝结水补水量增大。

2. 原因

（1）水冷壁管材质存在缺陷或后期制造、安装对管材产生损伤，焊接质量不良。

（2）管内结垢超温。

（3）管内腐蚀。

（4）水冷壁磨损。

（5）长期高负荷运行，炉膛结焦，煤含硫量高造成水冷壁高温腐蚀。

（6）燃烧方式不当，火焰偏斜。

（7）管内有异物，水循环不良。

（8）管壁长期超温运行。

（9）水冷壁管间温差大，机械应力拉裂。

（10）吹灰器内漏或未正常退出，蒸汽吹破炉管。

（11）大块焦砸坏水冷壁管或炉膛发生严重爆炸，造成水冷壁管遭受外力损坏。

（12）锅炉长期超压运行。

（13）锅炉启动升温、升压速度过快。

（14）管材老化失效。

3. 处理

（1）如泄漏不严重，尚能维持运行时，注意各自动装置的动作情况，若不正常，应立即将其切至手动，必要时可降压、降负荷运行。密切监视损坏部位的发展趋势，做好事故预想，申请尽早停炉。

（2）若泄漏严重，使爆破点后工质温度急剧升高，导致管壁严重超温，无法维持锅炉正常运行或威胁设备安全时，应按紧急停炉规定进行处理，当汽温达到极限值，应立即手动MFT。

（3）注意电除尘的工作情况，加强巡视检查，防止电除尘电极积灰和灰斗、管道及空预器等堵灰。

（4）停炉后，应保留引风机运行，维持一定的炉膛负压，待不再有汽水喷出后再停止引风机运行。

（三）省煤器泄漏、爆管事故

1. 现象

（1）炉管泄漏检测装置报警。

（2）给水流量不正常地大于主蒸汽流量。

（3）省煤器两侧烟气温差变大，泄漏侧排烟温度下降。

（4）烟道负压变小。

（5）空气预热器两侧出口风温偏差大，且风温降低。

（6）省煤器爆管处有泄漏声，并从不严密处可能冒蒸汽和烟气。

（7）烟道下部不严密处可能漏灰水。

（8）投自动的引风机电流增大。

（9）凝结水补水量增大。

（10）可能会输灰不畅。

2. 原因

（1）材质存在缺陷或后期制造、安装对管材产生损伤，焊接质量不良。

（2）管内腐蚀。

（3）飞灰磨损使管壁变薄。

（4）管内有杂物堵塞。

（5）省煤器长期超压运行。

（6）吹灰不当造成管壁磨损。

（7）运行中发生断水、严重缺水、超温。

（8）尾部烟道发生二次燃烧，使省煤器管壁过热。

3. 处理

（1）省煤器泄漏不严重，给水流量能够满足机组负荷需要，各水冷壁金属温度不超温，注意监视各受热面沿程温度，锅炉降压运行，申请停炉。

（2）在省煤器人孔、灰斗处增设围栏并悬挂标示牌，防止汽水喷出伤人。

（3）若泄漏严重，爆破点后工质温度急剧升高无法维持正常运行时，应立即手动 MFT。

（4）维持运行期间注意监视除灰系统和空预器的工作情况，加强巡视检查，若除灰系统或空预器堵灰严重，电除尘器无法正常工作应请示停炉处理。

（5）停炉后，应保留引风机运行，待不再有汽水喷出后再停止引风机运行。

（6）联系除灰值班员加强监视输灰系统。

（四）过热器泄漏、爆管事故

1. 现象

（1）炉管泄漏检测装置报警。

（2）给水流量不正常地大于蒸汽流量。

（3）炉膛负压瞬时偏正且不稳定。

（4）过热器爆管侧有泄漏声，不严密处可能向外冒蒸汽。

（5）主蒸汽压力下降。

（6）过热器爆管侧排烟温度下降。

（7）投自动的引风机电流不正常地增大。

（8）低过爆管，主蒸汽温度升高。

（9）过热器、再热器两侧汽温偏差增大。

（10）凝结水补水量增大。

2. 原因

（1）材质存在缺陷或后期制造、安装对管材产生损伤，焊接质量不良。

（2）过热器管内结垢、热偏差等，引起管壁长期超温。

（3）飞灰磨损造成管壁减薄。

（4）过热器区域发生二次燃烧。

（5）过热器管内有杂物。

（6）吹灰器使用不当造成管壁磨损。

（7）过热器管内水塞引起局部过热，或交变应力引起疲劳损坏。

（8）锅炉启动升压、升温速度过快。

（9）锅炉长期超压运行。

（10）管内腐蚀。

（11）管材老化失效。

3. 处理

（1）过热器泄漏不严重，泄漏点后沿程蒸汽温度能维持正常运行，应并核实泄漏部位，及时汇报并关注泄漏情况的发展趋势，锅炉降负荷降压运行，为防止泄漏点吹损其他管屏或相邻管子流量降低造成超温损坏，应申请停炉处理。

（2）在过热器泄漏不严重维持运行期间，在泄漏点人孔、检查孔处增设围栏并悬挂标示牌，防止蒸汽喷出伤人。

(3) 维持运行期间注意监视除灰系统和空预器的工作情况，加强巡视检查，若除灰系统或空预器堵灰严重，电除尘器无法正常工作时，应请示停炉处理。

(4) 停炉后，应保留引风机运行，待不再有汽水喷出后再停止引风机运行。

(五) 再热器泄漏、爆管事故

1. 现象

(1) 炉管泄漏检测装置报警。

(2) 再热蒸汽压力下降，再热蒸汽流量下降。

(3) 泄漏点后的再热管壁温度上升，泄漏点前壁温下降。

(4) 再热器泄漏侧排烟温度下降。

(5) 再热器泄漏点有泄漏声，不严密处向外冒蒸汽。

(6) 投自动的引风机电流不正常地增大。

(7) 机组补水量不正常地增大。

(8) 过热器、再热器两侧汽温偏差增大。

2. 原因

(1) 材质存在缺陷或后期制造、安装对管材产生损伤，焊接质量不良。

(2) 再热器管内结垢、热偏差等，引起管壁长期超温。

(3) 管材质量不合格，焊接质量不良。

(4) 再热器区域发生二次燃烧。

(5) 管内有杂物堵塞。

(6) 飞灰磨损使管壁变薄。

(7) 吹灰器使用不当。

(8) 管壁腐蚀。

(9) 管材老化失效。

3. 处理

(1) 再热器泄漏不严重，泄漏点后沿程温度能维持正常运行，应立即汇报并核实泄漏部位。为防止泄漏点吹损其他管屏，在泄漏点确认后立即将机组负荷降至最低稳燃负荷并及早停炉处理。

(2) 再热器爆管，泄漏点后温度急剧升高无法维持正常运行或相邻管金属温度严重超过允许温度应立即停炉处理。

(3) 在再热器泄漏不严重维持运行期间，要密切监视泄漏点的发展状况，在泄漏点人孔、检查孔处增设围栏并悬挂标示牌，防止蒸汽喷出伤人。

(4) 维持运行期间注意监视除灰系统和空预器的工作情况，加强巡视检查，若除灰系统或空预器堵灰严重，电除尘器无法正常工作应请示停炉处理。

(5) 停炉后，应保留引风机运行，待不再有汽水喷出后再停止引风机运行。

六、锅炉主要辅机常见故障

(一) 送风机

电厂主要风机有送、引风机，一次风机、密封风机及冷却风机等，其结构和系统大致相同，故障诊断和处理思路基本一致，本文仅介绍引风机常见故障诊断及处理（见表 7-1）。

表 7-1　　引风机常见故障诊断及处理

	轴承振动大	轴承温度高	送风机喘振	送风机跳闸
现象	①轴承振动大报警。 ②就地风机振动大。 ③DCS 画面显示振动值大	①轴承温度高报警。 ②就地风机轴承温度高。 ③DCS 画面显示轴承温度高	①"送风机喘振"报警。 ②炉膛负压、风量大幅波动，锅炉燃烧不稳。 ③电流摆动大，风压、流量下降且摆动。 ④就地检查声音异常，机壳发出低频蜂鸣声。 ⑤风机轴承振动大	①"送风机跳闸"报警。 ②RB 功能投入时，两台送风机均运行，负荷大于 60% BMCR 时，发出 RB 信号。 ③"CCS"切换为"TF"。 ④炉膛负压大幅度波动。 ⑤锅炉总风量下降。 ⑥同侧引风机联跳
原因	①地脚螺丝松动。 ②轴承损坏、轴弯曲、轴磨损。 ③联轴器松动或中心偏差大。 ④叶片损坏或叶片与外壳碰磨。 ⑤风道损坏。 ⑥风机喘振。 ⑦送风机振动测量装置误报警	①送风机轴承温度测量装置误报警。 ②润滑油油质恶化，润滑油供油压力低、流量低。 ③温度高，滤网堵塞。 ④润滑油冷却器工作不正常。 ⑤轴承损坏。 ⑥轴承振动大。 ⑦送风机过负荷	①系统阻力增大，如空气预热器严重积灰、风机入口滤网堵、风烟系统挡板误关、风道布置不合理等，造成风机动叶开度与进入的风量不匹配，导致风机喘振。 ②操作风机动叶时，幅度过大导致风机喘振。 ③动叶调节特性变差，并列运行的两台风机发生"抢风"，导致风机喘振。 ④自动控制装置失灵，导致风机喘振	①送风机运行 60s，出口门未开。 ②同侧空气预热器停运。 ③两台引、送风机运行，同侧引风机停运。 ④两台引风机全停。 ⑤送风机轴承温度高。 ⑥送风机电机轴承、线圈温度高。 ⑦润滑油压力低低且送风机轴承温度高。 ⑧油泵均停。 ⑨送风机轴承振动大
处理	①就地测量送风机振动值，确认送风机振动装置无故障。 ②根据风机振动情况，加强对风机振动值、轴承温度、电机电流，风机风量等参数的监视。 ③适当降低风机负荷，观察风机运行情况。 ④尽快查出振源，并联系维护人员处理。 ⑤若振动超过跳闸值，风机未跳闸，应手动打闸。 ⑥若振动因喘振引起，按风机喘振事故处理。 ⑦若采取各种措施均无效，汇报值长，并做好风机停运准备	①就地测量送风机轴承温度值，确认送风机轴承温度测量装置无故障。 ②如果滤网差压大，风机轴承回油量小时，应立即切换滤网，切换滤网时应注意防止风机轴承断油。 ③根据风机轴承温度情况，加强对轴承温度、电机电流等参数的监视。 ④就地检查油系统是否正常，如油温高，尽快查出原因，必要时联系维护人员处理。 ⑤视轴承温度上升情况，及时降低送风机的负荷。如由于振动大引起轴承温度高，应尽快消除振动。 ⑥当轴承温度>110℃时，应自动跳闸，若没有自动跳闸，则手动停止运行。 ⑦经上述处理无效后，汇报值长，联系维护人员处理	①若因系统阻力增大，如风烟系统的风门、挡板误关引起，应立即打开，同时调整动叶开度。如风门、挡板故障引起，应立即降低锅炉负荷，同时调小动叶开度，联系维护人员处理。 ②若风机并列过程中发生喘振，视情况关小喘振的风机动叶，同时注意维持炉膛负压、总风量及风箱差压在允许范围内。经上述处理无效，应停止并列，恢复至原状态，待风机恢复正常后再进行并列。经处理，风机喘振现象消失，则稳定运行工况，进一步查找原因并采取相应的措施后方可逐步增加风机的负荷。 ③经上述处理无效或已严重威胁设备的安全时，则立即停止该风机运行	①确认、检查 RB 动作，自动调节系统正常，手动调节各二次风门开度，保持二次风与炉膛差压正常。 ②若 RB 未投入或 RB 未动作时，应切手动处理，及时投油助燃，保留四台磨煤机运行。 ③确认另一台送风机、引风机动叶开度自动增加，否则手动增加，但要防止过电流。 ④调整送风量，使炉膛负压、氧量正常。 ⑤减负荷时，注意汽温、汽压的变化，严密监视燃水比、风煤比，及时调整减温水量，保持主、再热汽温的稳定。 ⑥调整机组、稳定新负荷。 ⑦查明跳闸原因，如误动，应立即恢复；若确有问题，将其隔离，通知检修人员处理。 ⑨故障消除后，尽快恢复机组正常运行方式

（二）空气预热器

空气预热器常见故障有积灰堵塞、单侧跳闸、着火等，其现象、原因和处理措施见表7-2。

表 7-2 空气预热器常见故障诊断及处理措施

	积灰堵塞	单侧空气预热器跳闸	空气预热器着火
现象	①空气预热器烟气侧、一二次风侧差压异常增大。 ②空气预热器出口烟气压力，热一、二次风压发生有规律地增大和减少。 ③堵塞严重时锅炉风烟系统发生压力波动	①对应侧引、送风机延时30s跳闸。 ②一次风机出口联络门关延时30s同侧一次风机跳闸。 ③空气预热器主、辅电机跳闸，主、辅电机不自投，相应声光信号报警。 ④空气预热器转子停转声光信号报警。 ⑤一、二次出口风温下降，出口烟温上升。 ⑥空预器出口一、二次风挡板及空气预热器入口烟气挡板连锁关闭	①空气预热器入口、出口烟温升高，空气预热器火灾探测装置报警。 ②空气预热器电流摆动大，轴承温度升高，严重时发生卡涩。 ③热一次、二次风温升高。 ④炉膛压力波动，引风机动叶自动开大，引风机电流上升。 ⑤空气预热器后氧量下降
原因	①启动初期吹灰不足，吹灰蒸汽压力、温度低，空气湿度大。 ②长期燃用高硫煤或煤质水分过大。 ③投油时间长且燃烧不完全，引起油烟黏结于换热片上，投粉后引起积灰。 ④锅炉长期低负荷运行，排烟温度控制过低。 ⑤省煤器或炉内其他受热面发生泄漏或空气预热器消防、清洗水门关闭不严，有水进入空气预热器。 ⑥空气预热器长时间未进行吹灰，或空气预热器吹灰工作不正常，疏水未排尽。 ⑦空气预热器水清洗后烘干不彻底	①误操作或误碰事故按钮。 ②空气预热器电机电源消失。 ③空气预热器机械卡涩，电机过负荷跳闸。 ④空气预热器电机电气保护动作。 ⑤空气预热器主、辅电机跳闸，辅、主电机未联动。 ⑥空气预热器内部掉入异物卡涩。 ⑦空气预热器温升过快蓄热片变形发生卡涩	①锅炉启、停过程中，煤、油混燃时间太长，空气预热器波形板积存燃料。 ②锅炉燃油期间油枪着火不良。 ③锅炉低负荷运行时间过长、锅炉启动过程中过剩空气量较小或投粉过多，造成燃烧不完全，使空气预热器内积存可燃物。 ④煤粉过粗或燃烧调整不当，使未燃尽的煤粉进入空气预热器。 ⑤空气预热器吹灰器未及时投运。 ⑥尾部烟道漏风严重。 ⑦锅炉灭火后或点火前，未按正常的程序进行锅炉吹扫或吹扫时间不足

续表

	积灰堵塞	单侧空气预热器跳闸	空气预热器着火
处理	①检查空气预热器消防、清洗水门关闭严密。 ②检查省煤器或其他锅炉受热面是否发生泄漏。 ③增加空气预热器吹灰次数。 ④燃用煤种变化较大、锅炉启停或负荷低于50%时，应控制排烟温度，提高空气预热器进口空气温度。 ⑤空气预热器堵灰严重，风压波动大已危及锅炉安全运行时，应申请停炉进行空气预热器清洗工作	①确认及监视RB动作，自动调节系统正常，手动调节各二次风门开度，保持二次风与炉膛差压正常。 ②若RB未投入或RB未动作时，应手动处理，及时投油助燃。保留三台磨煤机运行。 ③检查同侧送风机、引风机延时跳闸。 ④确认空预器出口一、二次风挡板及入口烟气挡板关闭。 ⑤确认另一台送风机、引风机动叶开度自动增加，否则手动增加，但要防止电机过电流。 ⑥调整送风量，使炉膛负压、氧量正常。 ⑦在减负荷过程中，注意汽温、汽压的变化，严密监视燃水比、风煤比，及时调整减温水量，保持主、再热蒸汽温度稳定。 ⑧调整机组运行工况，维持机组稳定运行。 ⑨当故障消除后，启动空气预热器主（辅）电机运行，同时投入空气预热器吹灰，尽快恢复机组正常运行方式，如空气预热器误跳，立即恢复。 ⑩两台空气预热器均跳闸时，锅炉MFT动作，按锅炉MFT处理	①检查确认空气预热器确已发生着火，立即汇报值长。 ②投入空预器连续蒸汽吹灰，无效时，降低机组负荷运行。 ③停运着火侧风机，隔离该侧空气预热器，停止通风，空气预热器保持连续运转。 ④经处理无效，空气预热器出口烟温上升至250℃时，按紧急停炉处理。 ⑤停炉后，停运所有引、送风机，关闭各风烟挡板，禁止空预器通风。 ⑥当空预器着火后仍可保持继续运行时，应利用固定式清洗装置进行灭火，一旦空预器发生卡涩，则应投入消防水进行灭火。 ⑦检查本体，放尽空预器本体及各风道积水。 ⑧确认着火已熄灭，接值长命令后，进行通风、吹扫，准备恢复。 ⑨全面检查空预器转子和密封损坏情况，如有损坏，不得再次启动。经检修处理且充分干燥后方可重新启动，防止尾部烟道积灰或空气预热器发生腐蚀。 ⑩在处理过程中严密监视另一台空气预热器运行情况

（三）制粉系统（见表7-3）

表7-3　制粉系统常见故障诊断及处理

	给煤机断煤	磨煤机出口温度高	磨煤机堵煤	磨煤机内着火或爆炸
现象	①给煤机发断煤信号。 ②磨煤机出口温度上升，自动状态下冷风门开大，热风门关小。 ③磨煤机料位降低，磨煤机电流下降	“磨煤机出口温度高”报警	①出口温度降低。料位偏高。 ②进、出口压差高。一次风量异常降低。 ③磨煤机电流增加，严重堵塞时电流减小。 ④磨煤机声音沉闷，进、出口冒粉。 ⑤锅炉汽压下降，机组负荷下降，自动状态下的各磨煤机燃料主控指令明显增大，严重时燃烧不稳	①磨煤机出口温度急剧升高，磨煤机入口风压变化幅度增加。 ②严重时从分离器顶部及磨煤机本体间隙处向外喷火星或煤粉。 ③磨煤机筒体温度升高。 ④炉膛负压大幅度波动，严重时锅炉MFT动作

续表

	给煤机断煤	磨煤机出口温度高	磨煤机堵煤	磨煤机内着火或爆炸
原因	①给煤机断煤信号误报警。 ②煤仓搭桥或无煤。 ③煤湿、煤中杂质多，给煤机入口堵塞。 ④给煤机皮带断裂。 ⑤给煤机皮带打滑	①磨煤机内着火。 ②风温自动控制系统故障。 ③风门故障。 ④磨煤机内煤量过少。 ⑤断煤或落煤管堵	①料位信号失灵，造成给煤自动失灵，给煤量太多。 ②一次风风压、风速、风量不够。 ③原煤湿度大或磨煤机进水，堵塞磨煤机入口。 ④制粉系统风门挡板自动调节失灵，未及时发现造成磨煤机内存煤量太多。 ⑤磨煤机出口温度低。 ⑥制粉系统出力高	①原煤斗内存煤自燃进入磨内引起着火或爆炸。 ②原煤中有易燃易爆物品，在高温条件下发生着火、爆炸。 ③原煤挥发分过高，磨煤机出口温度过高，煤粉过细。 ④磨煤机系统停运前未清煤，积煤、积粉时间过长，局部自燃。 ⑤磨煤机断煤未能及时发现和处理，引起磨煤机内煤粉浓度达到爆炸极限
处理	①就地检查给煤机是否断煤。若信号误报，则停运给煤机，联系维护人员处理。 ②加大其他给煤机给煤量，减少故障磨煤机风量并注意磨煤机出口温度。 ③当煤斗煤位指示低时，应及时联系燃料运行人员上煤。若煤斗空仓时，应及时停运给煤机，检查给煤机出口闸板门联关，避免热风反吹烧毁给煤机皮带。 ④当给煤机入口落煤管堵煤时，应立即启动疏松机，无效则通知维护人员处理。 ⑤监视自动调节正常，其他给煤机给煤量自动增加正常，锅炉总燃料量正常。 ⑥监视主汽温度正常、锅炉燃烧正常，必要时投油稳燃。 ⑦保持给水量和总煤量比例和给煤机断煤前的煤量相同。 ⑧如给煤机皮带断裂，则立即停运	①若磨煤机着火，按磨煤机着火规定进行处理。 ②若因断煤或磨内煤量过少引起，应立即排除断煤故障，增加给煤量。 ③若风温自动控制系统故障，应立即切除自动，手动调节关小热风门，开大冷风门，恢复磨煤机出口温度。 ④若属风门本身故障，磨煤机出口温度无法控制，应停运磨煤机，联系维护人员处理	①燃烧不稳时，投入磨煤机相对应的油枪助燃。 ②如确认磨煤机堵煤，应立即降低给煤机转速或停运给煤机，关小旁路风门，开大容量风门疏通，必要时停止两侧给煤机运行。 ③表计故障应解除相关自动，采用手动调节，维持制粉系统及机组稳定运行，联系维护人员处理。 ④切除容量风自动调节，手动开大容量风风门。若堵塞严重处理无效，则停运磨煤机进行人工疏通、抽粉。 ⑤处理完毕后，待系统恢复正常，方可重新启动磨煤机运行	①确认磨煤机内煤粉着火时，应紧急停运磨煤机，关闭磨煤机所有入口关断门和调节门，通入消防蒸汽 8～10min 进行灭火。 ②磨煤机内温度下降到50℃以下时，打开磨煤机本体人孔对磨煤机进行检查（包括分离器）彻底消除着火隐患。联系维护人员对磨煤机全面检查并恢复损坏部件。 ③加强与燃料运行的联系，根据煤质情况采用相应的运行方式。 ④磨煤机正常运行时，风粉混合物流速不应过低，以防煤粉沉积。严格控制磨煤机出口温度、煤粉细度和水分在规定范围内。 ⑤磨煤机停止备用或检修期间，定期检查磨煤机筒体温度变化情况。 ⑥各加球装置上盖必须保证密封垫良好

【任务引导】

学习完相关知识后，需回答下列问题：

（1）能简述机组事故处理原则。

（2）简述锅炉常见故障，说出故障现象、原因及处理思路。

【任务实施】

（1）课前学生自行观看在线开放课程，并完成网上自测。

（2）教师统一设置故障，同学们查阅《仿真机组的运行规程》，以运行小组为单位填写“锅炉常见故障”任务单，包含故障现象、原因分析及处理操作，指导教师负责检查和评分。

（3）教师再次设置相同故障，同学们在仿真机上完成故障判断及处理，指导教师负责检查、评分。

（4）记录事故经过、原因分析及处理流程，填写实训报告。

【检查评估】

检查任务完成情况，检查评估表见表 7-4。

表 7-4　锅炉常见故障任务检查评估表

评估内容	评价标准	评价人	权重	评分	总评
预习测试	课程平台自动评分	平台	10		
学习态度	出勤情况：迟到扣 2 分，缺勤扣 5 分	班委	5		
	课堂表现：积极发言，表达清晰、流利	教师	5		
任务实施	1. 故障现象判断				
	找出故障现象，无遗漏	小组成员	10		
	故障恶化推测分析	教师	10		
	2. 故障分析				
	原因分析正确，无遗漏	小组成员	10		
	处理思路正确	小组成员	10		
	3. 故障处理				
	检查项目正确、无遗漏	小组成员	10		
	操作正确，处理及时	小组成员	10		
	故障分析报告	教师	10		
团队协作	与小组成员一起分工合作	小组成员	5		
学生自评	客观评价自己	自己	5		

注　主要操作界面及机组状态参数，以小组为单位截图保存，附在实训报告后。

资源 7.1.1：事故处理原则
资源 7.1.2：风机轴承温度高事故处理思路
资源 7.1.3：风机轴承振动大事故处理思路
资源 7.1.4：过、再热器管壁超温事故处理思路
资源 7.1.5：过热器泄漏、爆管事故处理思路
资源 7.1.6：省煤器泄漏、爆管事故处理思路
资源 7.1.7：水冷壁泄漏、爆管事故处理思路
资源 7.1.8：送风机跳闸事故处理思路
资源 7.1.9：送风机喘振事故处理思路
资源 7.1.10：拓展知识：炉膛结焦

【知识拓展 7.1-机组跳闸后启动】（本项目末扫码获取）

任务二　汽轮机常见故障诊断及处理

【学习目标】

（1）能说出汽轮机常见故障都有哪些，并说出它们的危害。

（2）能说出汽轮机常见故障的现象、原因及处理思路。

（3）能根据操作规程，在仿真机上判断、处理汽轮机常见故障。

【任务描述】

汽轮机是高速旋转的、精密的大型热力原动机。特别是大机组，其进汽参数已接近金属安全极限，各种异常工况导致的汽轮机动静间隙变化、机组振动及热应力等都严重威胁机组安全。汽轮机与热力系统联系紧密，相互影响，容易发生误操作。在设备隔离时因操作不到位，措施不完善，常常引起各种故障的发生。

本任务建议采用项目教学法组织教学，其实施过程参照教学实施过程表（表 1-1）。

【情景案例】

事故经过：2003 年 5 月 30 日 17∶10，某厂运行人员巡检发现“2 号机主机冷油器切换阀手轮密封套漏油严重”，记缺陷，要求检修消缺。5 月 31 日 7∶52，检修处理后申请验收该缺陷。5 月 31 日 15∶09，运行人员发现仍然漏油，没有同意验收。检修继续处理（网上消缺）。5 月 31 日 15∶10 左右，检修人员继续处理漏油缺陷。15∶42∶38，2 号汽轮机突然跳闸，首出信号“润滑油压低”，主机交、直流润滑油泵联启，润滑油压回升至 0.11MPa。高中压主汽门、调门、高排止回阀联关。锅炉 MFT 动作，A、B 一次风机、A、B、C、D 磨煤机跳闸，燃油速断阀关闭，锅炉安全门动作。

事故原因：检修人员存在侥幸心理，凭经验工作。违反了《防止电力生产重大事故的二十五项重点要求》第 8.4.12 条“油系统（如冷油器、辅助油泵、滤网等）进行切换操作时，

应在指定人员的监护下按操作票顺序缓慢进行操作，操作中严密监视润滑油压的变化，严防切换操作过程中断油”的要求。运行人员现场把关不严，对无票工作不仅未提出质疑，加以制止，反而给予默认，无形中怂恿了检修无票工作。

【知识导航】

一、汽轮机超速

汽轮发电机组是在高速下工作的设备，汽轮机作为原动机，具有强大的动力矩，在运行中调节系统一旦失灵。就可能使汽轮机转速急剧升高，使叶片甩脱、轴承损坏、转子断裂，甚至整个机组报废。因此一旦发生汽轮机超速事故便是极易损害本体的恶性事故。

1. 现象

(1) 转速升高超过超速保护动作值、报警。

(2) DEH 控制系统中 OPC 动作报警。

(3) 机组发出异常声音、振动变化。

2. 原因

(1) 调节控制系统工作异常。

(2) 发电机甩负荷到零，汽轮机调速系统工作不正常。

(3) 进行超速保护试验时转速失控。

(4) 汽轮机脱扣后，主汽门、调速汽门、高排止回阀及抽汽止回阀等卡涩或关不到位。

(5) 汽轮机主汽门、调速汽门严密性不合格。

3. 处理

(1) 立即紧急停机，破坏真空，确认转速应下降。

(2) 开启真空泵气动快速切换阀 1、2。

(3) VV 通风阀应开启。

(4) 检查高压主汽门、高压调门、中压主汽门、中压调门、高排止回阀、抽汽止回阀、抽汽电动门均已经关闭到位。

(5) 若发现转速继续升高，应采取果断隔离及泄压措施。

(6) 查明超速原因并消除故障，全面检查确认汽轮机调速系统正常后方可重新启动，应经校验危急保安器及各超速保护装置动作正常方可并网带负荷。

(7) 重新启动过程中应对汽轮机振动、内部声音、轴承温度、轴向位移、推力轴承温度等进行重点检查与监视，发现异常应停止启动。

(8) 由于汽轮机主汽门、调速汽门严密性不合格引起超速，应经处理且严密性合格后才允许启动。

4. 预防

(1) 启动前认真检查高、中压主汽门、调速汽门开关动作灵活，调节系统存在调节部套卡涩、调整失灵或其他工作不正常时，严禁启动。

(2) 机组启动前的试验应严格执行。

(3) 机组主、辅设备的保护装置必须正常投入，汽轮机安全监控系统各参数显示正确，否则禁止启动，运行中严禁随意退出保护。

（4）主汽门、调速汽门严密性试验不合格，严禁进行超速试验。

（5）严格按规程要求进行调节保安系统的定期试验并做好完整的试验记录，运行中任一汽轮机超速保护故障不能消除时应停机消除。

（6）应定期进行危急保安器充油试验、各停机保护的在线试验和主汽门、调速汽门及各抽汽止回阀的活动试验。

（7）在机组正常启动或停机的过程中，汽轮机旁路系统的投入应严格执行规程要求。

（8）停机过程中发现主汽门或调速汽门卡涩，应将负荷减至0MW，主汽压尽可能降低，锅炉熄火，汽轮机打闸，发电机解列。

（9）加强汽、水、油品质监督，确保品质符合规定。

（10）转速监测控制系统工作应正常。

（11）检查OPC功能应正常。

（12）在任何情况下不可强行挂闸。

（13）对新投产机组或汽轮机调节系统经重大改造后的机组必须进行甩负荷试验。

二、汽轮发电机组振动大

由于汽轮发电机组是高速回转设备，因而在正常运行时，通常有一定程度的振动，但是当机组发生过大的振动时存在极大危害，如发生在机头部位，有可能引起危急保安器动作，而发生停机事故，同时极有可能造成机组的轴瓦、轴承座的紧固螺钉及与机组连接的管道损坏。过大的振动造成轴封及隔板汽封磨损，严重时磨损造成转子弯曲，振动过大发生在发电机部位，则使滑环与电刷受到磨损，造成发电机励磁机事故。而且，振动还可能影响汽轮发电机组的经济性，其原因是动静部分发生摩擦后扩大了间隙，增大了漏汽量，导致汽轮机热耗升高。

1. 现象

（1）DEH振动指示增大。

（2）DEH“汽轮机轴振大”声光报警。

（3）就地轴承盖及基础有明显振动。

2. 原因

（1）机组发生油膜振荡。

（2）动静碰磨或大轴弯曲。

（3）转子质量不平衡或叶片断落。

（4）轴承工作不正常或轴承座、盖、台板松动。

（5）汽轮机进冷汽、冷水或汽缸变形。

（6）中心不正或联轴器松动。

（7）滑销系统卡涩造成膨胀不均。

（8）润滑油压严重下降或油温过高，使轴承油膜破坏或供油中断。

（9）氢温过高或过低，各组冷却器氢温不平衡，发电机两侧氢温相差过大。

（10）发电机励磁不正常或三相电流不平衡。

（11）机组负荷、进汽参数骤变。

（12）发电机或系统发生振荡。

（13）机组启动过程暖机不充分。

（14）汽轮机进汽阀误关。

3. 处理

（1）在启动过程中，重新进行盘车，对机组进行全面检查，分析并查明原因。连续盘车不少于4h，偏心不小于原始值的110%才能再次启动，严禁盲目启动。禁止将汽轮机转速停留在临界转速范围之内。

（2）机组瓦振动超过0.070mm，应查明原因，设法消除。

（3）机组轴振动达0.150mm报警，应查明原因；若机组轴振动达0.250mm，汽轮机应自动跳闸，否则手动停机。

（4）确认汽轮机内部发生明显的金属撞击声或汽轮机发生强烈振动，应立即破坏真空紧急停机。

（5）检查轴承金属温度及润滑油温、油压是否正常，不正常则应进行调整。

（6）由于发电机三相电流不平衡引起的振动，应降低机组负荷，查明发电机三相电流不平衡的原因，予以消除。

（7）调整氢冷器冷却水流量，使两侧氢温相等。

（8）检查汽轮机有关进汽阀是否误关，若误关应设法恢复或采取降负荷措施降低振动。

（9）若机组负荷或进汽参数变化大引起振动增加，应稳定负荷及进汽参数，同时检查缸胀、胀差、轴向位移、上下缸温差变化情况及滑销系统有无卡涩现象，待上述参数均符合要求，振动恢复正常后再进行变负荷。

三、轴承损坏

四、叶片损坏

五、大轴弯曲

六、轴向位移增大

七、汽轮机进水

八、汽轮机胀差增大

九、真空下降

十、高压加热器跳闸

以上三～十扫描本项目末二维码获取内容。

十一、润滑油系统常见故障

润滑油系统常见故障多跟油压、油位等参数有关，若参数异常可能导致轴承损坏。油系统泄漏易导致火灾发生（见表7-5）。

表 7-5 润滑油系统常见故障诊断及处理

	油压下降，油位不变	油位下降或升高，油压不变	油压、油位同时下降	冷油器出口温度升高
原因	①主油泵工作失常。 ②油涡轮工作不正常。 ③油涡轮节流阀、旁路阀、溢流阀开度不合理。 ④交、直流润滑油泵故障。 ⑤交、直流润滑油泵出口止回阀关闭不严密。 ⑥套装压力油管道漏油。 ⑦表计失常	①真空油箱、浮子油箱、回油扩大槽满油。 ②发电机进油。 ③密封油系统管道漏油。 ④油净化装置漏油或满油。 ⑤油箱放油门、取样门误开。 ⑥冷油器轻微漏油。 ⑦轴承甩油。 ⑧回油管道漏油。 ⑨主油箱回油滤网堵塞。 ⑩油位计失灵	①冷油器大量漏油。 ②压力油管道（包括压力表管、接头）外漏	①冷却水压力过低、温度过高。 ②冷却水调整门卡涩、失灵。 ③冷油器水侧积空气、结垢
处理	①润滑油压下降时，应立即核对各表计，查明原因。 ②当润滑油压下降到0.115MPa时，应自启动交流润滑油泵，当润滑油压下降到0.105MPa时，应自动启动直流润滑油泵，否则手动启动。 ③检查主油泵进出口油压，若主油泵及油涡轮增压泵工作失常无法恢复，应启动交流润滑油泵、启动油泵，汇报值长，申请停机。 ④润滑油压低至0.069MPa，低油压保护应动作，破坏真空紧急停机。 ⑤检查油涡轮节流阀、旁路阀、溢流阀开度不合理时，应重新调整。 ⑥启动过程中，若交流润滑油泵故障而造成润滑油压下降时，应立即启动直流润滑油泵，脱扣停机，待故障消除后，方可重新启动	①校对油位计，确认油位下降，汇报值长。 ②检查密封油系统运行是否正常，有无满油、漏油情况。 ③检查事故放油门、取样门、放油门是否严密及回油滤网是否堵塞。 ④对冷油器放水检查，如泄漏应切换冷油器。 ⑤检查汽轮机各轴承是否甩油，油箱负压过低时，应提高油箱负压。 ⑥油系统漏油，应设法消除，严防漏油至高温管道及设备上。 ⑦当油位降至－100mm时，应及时补油，补油无效，应紧急停机。 ⑧油位升高或有明显上升趋势时，应检查调节轴封供汽压力，并通知化学人员取样化验，油质不合格应及时滤油。达不到标准时，应停机更换	①冷油器泄漏，应切换冷油器。 ②压力油外漏，应检查冷油器、油管（包括压力表管、接头）是否漏油，因大量漏油、润滑油压降至0.069MPa，在补油同时按紧急停机处理。 ③压力油外漏时，应做好外漏油的隔离措施，防止出现火灾事故	①与就地温度核对并检查冷却水调整门动作情况。 ②若调整门故障，立即手动调整并联系热工人员处理。 ③切换冷油器或冷油器并列运行。 ④加强监视各轴承的金属温度、回油温度以及油膜压力。 ⑤汽轮发电机组轴承温度或回油温度达到极限时应紧急停机。 ⑥检查冷却水压是否正常，及时恢复

【任务引导】

学习完相关知识后，需回答下列问题：

（1）能说出汽轮机超速故障的现象、原因及处理思路。

（2）能说出高压加热器故障的现象、原因及处理思路。

【任务实施】

（1）课前学生自行观看在线开放课程，并完成网上自测。

（2）教师统一设置故障，同学们查阅《仿真机组的运行规程》，以运行小组为单位填写“汽轮机常见故障”任务单，包含故障现象、原因分析及处理操作，指导教师负责检查和评分。

（3）教师再次设置相同故障，同学们在仿真机上完成故障判断及处理，指导教师负责检查、评分。

（4）记录事故经过、原因分析及处理流程，填写实训报告表。

【检查评估】

检查任务完成情况，检查评估表见表 7-6。

表 7-6　　汽轮机常见故障任务检查评估表

评估内容	评价标准	评价人	权重	评分	总评
预习测试	课程平台自动评分	平台	10		
学习态度	出勤情况：迟到扣 2 分，缺勤扣 5 分	班委	5		
	课堂表现：积极发言，表达清晰、流利	教师	5		
任务实施	1. 故障现象判断				
	找出故障现象，无遗漏	小组成员	10		
	故障恶化推测分析	教师	10		
	2. 故障分析				
	原因分析正确，无遗漏	小组成员	10		
	处理思路正确	小组成员	10		
	3. 故障处理				
	检查项目正确、无遗漏	小组成员	10		
	操作正确，处理及时	小组成员	10		
	故障分析报告	教师	10		
团队协作	与小组成员一起分工合作	小组成员	5		
学生自评	客观评价自己	自己	5		

注　主要操作界面及机组状态参数，以小组为单位截图保存，附在实训报告后。

资源 7.2.1：主蒸汽温度异常

资源 7.2.2：主蒸汽压力异常

资源 7.2.3：再热蒸汽温度异常

资源 7.2.4：直流锅炉给水流量低

资源 7.2.5：拓展知识：油膜振荡

【知识拓展 7.2-汽轮机闷缸操作】（本项目末扫码获取）

任务三　电气常见故障诊断及处理

【学习目标】

（1）能说出电气常见故障都有哪些，并说出它们的危害。

（2）能说出电气常见故障的现象、原因及处理思路。

（3）能根据操作规程在仿真机上判断、处理电气常见故障。

【任务描述】

发电厂电气设备在运行中难免出现异常或故障，如何迅速有效地进行分析处理，对企业本身和维护电力系统运行稳定有着重大的意义。本任务主要学习电气常见故障的诊断与处理。

本任务建议采用项目教学法组织教学，其实施过程参照教学实施过程表（表 1-1）。

【情景案例】

事故经过：1999 年 7 月 1 日 20：07，某电厂 3 号机组发出声光报警，故障录波器启动，机组跳闸，大连锁动作，3 号锅炉 MFT 动作，首出为“负荷大于 30%时汽轮机跳闸”，3 号汽轮机跳闸首出为“发电机跳闸”，发电机出口断路器跳闸，励磁断路器跳闸。3 号发电机保护装置第一、第二套过励磁保护及 95%定子接地保护动作。检查发现 A 相出线套管接地。7 月 3 日 12：00，3 号发电机 A 相出线套管更换完毕。7 月 4 日 8：00，3 号发电机绝缘电阻、吸收比、定子绕组泄漏电流和直流耐压试验结束，试验结果合格。7 月 5 日 16：00，3 号机组并网。

事故原因：经解体检查，发现故障套管法兰面内的绝缘材料上有一击穿孔洞，说明绝缘材料在制造过程中该处内部包裹了杂质，导致此处绝缘下降，在运行电压的作用下击穿接地。机组更换故障套管，同时加强监视其他类似套管运行情况，综合评估和验证这些套管能否满足安全运行需要。

【知识导航】

一、发电机跳闸

1. 现象

（1）发变组出口开关跳闸，灭磁开关跳闸，厂用电工作电源开关跳闸，备用电源开关自投。

（2）发电机有功、无功、定转子电压、电流表计到零。

（3）DCS 上发变组出口开关、灭磁开关、厂用电工作电源开关位置指示跳闸。

（4）汽轮机跳闸。

2. 原因

（1）发变组保护动作跳闸。

（2）机、炉保护动作跳闸。

（3）升压站出线故障引起发电机过电流等越级跳闸。

（4）人为误触、误碰、误操作造成跳闸。

3. 处理

（1）检查灭磁开关是否跳闸，如未跳闸，应手动灭磁。检查确认汽轮机跳闸。

（2）检查 6kV 母线备用电源自动切换是否成功，如不成功则按厂用电失去处理。

（3）如保安段失电，检查柴油发电机的自启动情况，若柴油发电机未启动，则在保安段工作电源开关均已跳闸情况下手动启动柴油发电机，恢复保安段供电。

（4）检查汽轮机交流润滑油泵、密封油泵运行情况，如无法运行应及时启动直流油泵。

（5）监视汽轮机转速及 OPC、超速保护动作情况，观察主汽门及调速汽门关闭情况，防止汽轮机超速。

（6）加强锅炉压力监视，若锅炉超压，检查安全阀应动作，否则手动打开电磁安全阀，防止超压。

二、发电机过负荷

1. 现象

（1）发电机定子三相电流、转子电流超过额定值。

（2）“发电机对称过负荷”报警。

（3）发电机定子线圈、定子冷却水出水温度升高。

（4）发电机氢气温度升高。

（5）发电机对称过负荷保护定时限部分动作于减负荷，反时限部分动作于跳闸。

2. 原因

（1）AVR 异常造成发电机定子过电流。

（2）强励动作造成发电机定子过电流。

（3）发电机机端电压过低，造成发电机额定功率运行时电流超限。

（4）DCS、DEH 控制系统调节异常，使发电机过负荷。

（5）功率信号异常引起发电机过负荷。

（6）系统振荡。

3. 处理

（1）在事故情况下，允许发电机定子、转子绕组短时间过负荷运行。过负荷与时间的关系见表 7-7 和表 7-8。

表 7-7　定子电流过负荷与时间关系

定子额定电流标幺值	2.17	1.69	1.5	1.39	1.32	1.27
允许时间（s）	10	20	30	40	50	60

表 7-8 励磁过负荷与时间的关系

额定励磁电压标么值	1.12	1.25	1.46	2.08
允许时间（s）	120	60	30	10

（2）正常情况下，电压不低而发电机过负荷：

1）应减少励磁电流，使定子电流降低到允许值以内，但应注意监视发电机进相运行时相关参数应在正常范围内（如发电机出口电压、厂用电母线电压、发电机绕组温度等）。如减小励磁电流不能使定子电流降到正常值，应申请减有功负荷。

2）若自动励磁调节器故障引起，则励磁装置将自动切到备用调节器运行，否则应切至手动方式运行。

3）若因励磁调节器故障引起发电机跳闸，则按发电机事故跳闸处理，否则应打闸停机。

（3）发电机强励动作引起的过负荷，运行人员在 10s 内不得干涉。10s 后强励动作结束，应控制励磁电流在 1.05 倍额定值以下，并对励磁系统和发电机出口封闭母线进行检查。另外，还应监视机组轴系振动，以及相邻发电机的电流、电压和 500kV 系统电压情况。

（4）若 DCS、DEH 控制系统调节异常，应立即将 CCS 切除，手动降低负荷至正常值，并联系维护人员查找原因。

（5）发电机事故过负荷运行时，要密切注意发电机冷却系统及各部分温度不超过规定值，若超过应及时降低发电机负荷，使温度降低到规定值以内。

（6）应加强对机组轴系振动及轴承温度的监视。

三、发电机三组电流不平衡

四、发电机振荡或失步

五、励磁调节装置（AVR）异常

六、厂用电全部中断处理

七、厂用电 6kV 部分中断

八、厂用 380V PC 母线失压

以上三～八扫描本项目末二维码获取内容。

【任务引导】

学习完相关知识后，需回答下列问题：

（1）能说出发电机跳闸的原因及处理思路。

（2）能说出厂用电全部中断的处理思路。

【任务实施】

（1）课前学生自行观看在线开放课程，并完成网上自测。

（2）教师统一设置故障，同学们查阅《仿真机组的运行规程》，以运行小组为单位填

写“电气常见故障”任务单，包含故障现象、原因分析及处理操作，指导教师负责检查和评分。

（3）教师再次设置相同故障，同学们在仿真机上完成故障判断及处理，指导教师负责检查、评分。

（4）记录事故经过、原因分析及处理流程，填写实训报告表。

【检查评估】

检查任务完成情况，检查评估表见表 7-9。

表 7-9　电气常见故障任务检查评估表

评估内容	评价标准	评价人	权重	评分	总评
预习测试	课程平台自动评分	平台	10		
学习态度	出勤情况：迟到扣 2 分，缺勤扣 5 分	班委	5		
	课堂表现：积极发言，表达清晰、流利	教师	5		
任务实施	1. 故障现象判断				
	找出故障现象，无遗漏	小组成员	10		
	故障恶化推测分析	教师	10		
	2. 故障分析				
	原因分析正确，无遗漏	小组成员	10		
	处理思路正确	小组成员	10		
	3. 故障处理				
	检查项目正确、无遗漏	小组成员	10		
	操作正确，处理及时	小组成员	10		
	故障分析报告	教师	10		
团队协作	与小组成员一起分工合作	小组成员	5		
学生自评	客观评价自己	自己	5		

注　主要操作界面及机组状态参数，以小组为单位截图保存，附在实训报告后。

PPT7.3：电气常见故障 诊断及处理

【知识拓展 7.3-变压器的异常运行及事故处理】（本项目末扫码获取）

拓展资源 _ 项目七

参 考 文 献

[1] 杨成民. 600MW超临界压力火电机组系统与仿真运行. 北京：中国电力出版社，2010.
[2] 张卫东. 火电厂集控运行. 北京：中国电力出版社，2013.
[3] 吕红缨. 电厂汽轮机. 北京：中国电力出版社，2013.
[4] 陈曲进. 电厂锅炉设备. 北京：中国电力出版社，2013.
[5] 杨义波. 发电厂热力系统分析及运行. 北京：中国电力出版社，2015.
[6] 国家能源局. 1000MW等级超超临界机组运行导则. 北京：中国电力出版社，2018.